JN130565

海と
ヒトの
関係学
2

海の生物多様性を守るために

秋道智彌・角南篤
編著

西日本出版社

目次

はじめに　漂着物と海洋世界——境界の文明史……秋道智彌　5

漂着物はいずこから／漂着物の恩恵と災禍／異界との接点——漂着物の所有／不燃性ゴミの始末／海洋ゴミと生態系／海の生物多様性保全／生物多様性に関わる人的要因／ビーチコーマーの魅力／石油製品由来のゴミ／外来種は悪か？／二つの生物多様性戦略／バイオロギングと遠隔操作／海洋保護区の未来

第1章　海のゴミ問題を考える……23

1　海岸漂着物から地球環境を読む……鈴木明彦（北海道教育大学教授）　24

はじめに／ビーチコーミング入門／暖流系漂着物とは／アオイガイの謎／打ちあげ貝の生物多様性／ビーチコーミング学へのアプローチ

コラム◉海岸清掃の仕組み——一五〇キロの海岸を清掃して二七年……柱本健司（（公財）かながわ海岸美化財団）　36

2　漂着物にとりつかれた人たち……中西弘樹（長崎大学名誉教授・漂着物学会会長）　40

海辺に暮らす人々と漂着物／ビーチコーミングとビーチコーマー／漂着物学の基礎を築いた人——石井忠／海の教育とビーチコーミング／漂着物学と漂着物学会

コラム◉漂着する陶磁器……野上建紀（長崎大学多文化社会学部教授）　50

3　海域に浮遊するマイクロプラスチック研究の最前線……磯辺篤彦（九州大学応用力学研究所教授）　54

はじめに／マイクロプラスチックの生成／海域を浮遊するマイクロプラスチック／海洋プラスチック循環——海洋プラスチックゴミの行方／海洋プラスチック汚染の軽減に向けて

4　深刻化する深海のプラスチック汚染……蒲生俊敬（東京大学名誉教授）　66

はじめに／深刻さの高い海洋環境問題のひとつ／プラスチックゴミとは／外洋へ拡がっていくマイクロプラスチック／マイクロプラスチックのもつ二通りの毒性／ＰＯＰｓの悪玉ＰＣＢについて／誤食にはじまる生物濃縮過程の果て／深海への運び屋マリンス

ノー／深海底に到達したプラスチックとＰＯＰｓ／おわりに

5 世界で最も美しい湾クラブ……高桑幸一（美しい富山湾クラブ理事・事務局長）81
「世界で最も美しい湾クラブ」とは／加盟基準と富山湾の評価／日本の海の課題／美しい富山湾クラブの設立と活動／世界で最も美しい湾クラブ年次総会など

コラム◉海洋環境保全に向けた周辺国との協力の推進……馬場典夫（海上保安庁海洋情報部海洋情報指導官）91

6 海洋ゴミ解決に向けた世界の流れ……藤井麻衣（（公財）笹川平和財団海洋政策研究所研究員）95
海洋ゴミ問題への懸念の高まり／国連の動向①―持続可能な開発目標（ＳＤＧｓ）／国連の動向②―国連環境計画／主要国の動向―Ｇ７とＧ20／欧州における海洋プラスチックゴミ規制の動き／世界各国の動向―ＥＵ以外の国／民間セクターの動向／おわりに―動き出す世界と日本

第2章 生物多様性を守れ……107

7 ホンビノスガイは水産資源有用種か生態系外来種か？……風呂田利夫（東邦大学名誉教授）108
ホンビノスガイの侵入と生態／東京湾での生息環境と成長／在来種への影響／水産資源としてのホンビノスガイ／水産資源としてのホンビノスガイ／生態系への影響／ホンビノスガイは有用生物か有害生物か／まとめ

8 バラスト水が招く生物分布の拡散……水成 剛（日本海難防止協会）117
船舶バラスト水とは？／船舶バラスト水による問題の顕在化／船舶バラスト水によって移送される生物／船舶バラスト水規制管理条約／わが国のバラスト水管理条約への対応／バラスト水処理装置の例／規制管理条約の締結状況と地域規制について／船舶バラスト水規制管理条約の今後

9 季節の旅人スルメイカは海洋環境変化の指標種……桜井泰憲（北海道大学名誉教授・函館頭足類科学研究所）127
季節の旅人スルメイカ／スルメイカが消えた？／世界のイカ・タコ漁獲量は増加中！／日本海がスルメイカを救う！／日本周辺の海で何が起きている？／スルメイカの繁殖生態の謎を解く／スルメイカの再生産仮説の提案／風が吹けばスルメイカが減る？／スルメイカは環境変化の指標種／スルメイカの未来は？

コラム◉可能となったエチゼンクラゲ大発生の早期予報……上 真一（広島大学特任教授）143

10 バイオロギングで生態を探る……宮崎信之（東京大学名誉教授）147
はじめに／技術開発の歴史／研究トピックスの紹介／おわりに

コラム◉水中グライダー——新たな海洋観測ツール……安藤健太郎（（国研）海洋研究開発機構 地球環境観測研究開発センターグループリーダー）163

11 日本の海洋保護区の課題とは……八木信行（東京大学大学院農学生命科学研究科教授）167
海と生態系に関する人々の捉え方／海洋保護区をめぐる国際的な議論／公海域の海洋保護区を設定しようとする議論／国際的にはペーパー保護区が問題／日本国内における海洋保護区／日本政府内における取扱い／結論

コラム◉南極ロス海、世界最大の海洋保護区に——その本当の意味……森下丈二（東京海洋大学教授）179

12 海洋生物多様性の保全に向けた世界の取組み……前川美湖・角田智彦（（公財）笹川平和財団海洋政策研究所主任研究員）183
海洋生態系の危機／国連海洋会議の開催／国連海洋会議二〇一七／私たちの海洋会議／行動への流れと課題／海洋保護区の設置に関する世界の取組み／「公海」での海洋生物の保全と持続可能な利用／さらなる取組みに向けて

おわりに 生物多様性の劣化をくい止めるために……秋道智彌・角南篤 196
海洋ゴミの削減革命／ゴミをめぐる離島振興と住民参加／生物多様性保全の複合作戦／海洋保護区—ノーテイクから海洋動物との共生まで

用語集 214

凡例
文中の（著者名 年号）は節末の参考文献を参照のこと。
各著者の肩書は二〇一八年一一月時点のものを示す。

はじめに

漂着物と海洋世界――境界の文明史

秋道智彌

生物多様性の問題を漂着物から考える発想は意外と思われる向きもあるだろう。愛知県渥美半島先端にある伊良湖岬の浜に流れついた椰子の実（ココヤシ）を見つけた柳田国男が遠い南の国に思いを馳せ、それが縁で島崎藤村による「椰子の実」の唱歌が生まれたことを知る人は多い。時代は明治三一（一八九八）年のことである。

漂着物はいずこから

「名も知らぬ　遠き島より流れ寄る　椰子の実一つ」。椰子の実はどこから流れてきたものなのか。本論で漂着物の問題を考えるため、身近な例をあげよう。八年ほど前、山形県遊佐町吹浦《ふくら》の浜で、小さなオニグルミの殻がたくさんころがっているのを見つけた。これは海をただよって漂着したというより、近隣の山に生育するクルミの実が川を下って浜に到達したものであろう。

おなじ浜の波打ち際に数尾のクサフグがただよっていた。死後、それほど時間がたっていない。あたりを見回すと、防波堤で竿釣りをする数名の人が目に入った。このフグは釣り人が「外道」として海に捨てたものに相違なく、フグが漂流した距離は数百メートルにもならない。

海流に乗って数百キロ、数千キロの旅を経てきた漂着物も多いだろう。前述した椰子の実の場合、柳田国男は日本人の源流ともつながる「南の島」を想定した。黒潮によって運ばれたに相違ないが、椰子の実のルーツは台湾東方に特定できるわけではない。北半球の低緯度を西に流れる北赤道海流周辺のカロリン諸島にはサンゴ礁の

図１　飛島の海岸における漂着物。網、流木に混じって金属製の砲弾のようなものも見受けられる。

島々が鎖状にならんでいる。そのどこかから西に流れ、黒潮に乗って伊良湖岬まで漂流してきたかもしれない。ちなみに前述した山形県吹浦周辺にある縄文時代の小山崎《こやまざき》遺跡からココヤシ殻製の容器が出土している。沖合にある飛島でもココヤシの実がよく漂着するという。つまり、南の島のメッセージは縄文時代から対馬暖流を介して北上し、東北に達していたことになる。

二〇一一年三月一一日に東日本を襲った大津波で沿岸地域の多くの人命と財産やモノが失われた。大槌《おおつち》町（岩手県上閉伊《かみへい》郡）でも、沿岸にあるほとんどの家屋が流出した。町内の豆腐屋「栄七屋」のプラスチック製容器が米国西岸ワシントン州で見つかり、二〇一五年六月九日、四年三ヵ月ぶりに地元に戻った。私も津波前年の一一月にこの豆腐屋を訪れ、流失したのと同じ容器を実見している。椰子の実と豆腐容器の例は北太平洋における海流の大循環を示すものであろう。

漂着物の恩恵と災禍

人類の歴史を通じて、海岸に漂着したモノは歓喜のなかで迎えられる場合や、不吉な前兆として忌避ないし嫌悪されることがあった。

一九九六年の六月、トビウオ漁の調査で飛島に滞在したおり、漂着した大量の材木で家を建てたという話を聞いた。おそらく材木運搬船から投げ出された角材が海を漂い、飛島に流れ着いたものであろう（図1）。その島民は数十〜数百万円相当の「拾い物」で得をしたわけだ。日本には「クジラ一頭、七浦賑わう」のことわざがある通り、漂着したクジラで多くの浦がうるおった例がある。さらには、飢饉を回避できたとか、漂着したクジラの鯨肉を売却して学校建設の費用にあてた逸話も柏崎市（新潟県）にある。漂着クジラの恩恵に感謝し、記念碑を建立したり、鯨骨を祀る地域もある（秋道二〇〇九）（図2）。

ミクロネシアのカロリン諸島では流木に付着して接岸するフジツボをロコヨックと称し、自らのお守りとして胸に下げる習慣がある。流木とともに招来するフジツボは幸をもたらす呪符とされた。

日本でも海岸に流れ着いた軽石は「エビス」と称され、大漁や幸運をもたらすものとして祀《まつ》られた。一方、島袋源七（島袋一九五一）によると、鹿児島県沖永良部島では海岸への漂着物であるユイムン（寄り物）には、シバナ、シュバナ（潮花）と称される海のカミがついており、シュバナトートーとよばれる儀礼でお祓いをした。奄美諸島の徳之島でも、漂着した寄り木には死者の霊がついており、生きている人を病気にするとして疎《うと》まれた。沖縄でも、漂着物を個人が使うことは災いを拾うことになるとして忌《い》み嫌われる一方、村の共有物として受け入れて利用するところもあった。

図2　漂着したセミクジラの骨が史料館に寄贈された。約100年前のものとの記載がある（長崎県対馬上県町・1980年代筆者撮影）。

このように、漂着物は有用であれば誰もが自由に利用できたのではない。災いをもたらすとして忌み嫌われる場合もあった。ニュージーランドのマオリ族の人びとは浜に漂着するクジラを「カミからの贈り物」として大切

図３　漂着した褐藻類を使って、自分の家の周囲になわばりを作る（長崎県対馬上県町）。

に扱った。マオリはこれを「タホガ」と称した。

異界との接点—漂着物の所有

海洋空間を漂流する物体はふつう誰のものでもない。波にただよう漂流物の所有者を特定することはできないからだ。だが、漂流物が海岸に漂着すると、誰のものでもない無主物に対して、その扱いに特別の価値づけがなされることがある。江戸時代、海岸への漂着物のうち、漂着船や死体などについてはかならず番所に届け出るべしとの触《ふ》れがあった。鎖国下の日本では、海を通じて異域・異国から日本に到来するものを国家として管理するための措置にほかならなかった。

漂着物の利用権や所有権については、誰のものでもなく、暗黙の了解として先に見つけた人のものとなる場合、自分の家の前浜に漂着したものには「なわばり」を主張できる場合、共同体が共有して利用するもの、特定の階級や身分の人が優先的に利用権を主張できる場合、誰も利用しない邪魔物扱いされる場合まで多様な事例が見られる。

先にふれた飛島に漂着した材木は早い者勝ちで先取された例である。長崎県対馬では漂着したホンダワラなどの褐藻類を畑の肥料とするため、寄り藻（波や風で浜辺に寄せられた藻）で境界線を自分で設けてなわばりを主張する例を実見したことがある（秋道　一九九五）（図３）。共同体で共有とする場合は、ニュージーランドで漂着したクジラの肉や骨を村で分配する例に該当する。ハワイ諸島では、漂着したマッコウクジラは王のものと決められていた。その巨大な歯は首飾りに加工され、王のみが身につけることのできる威信財とされた。

中世ヨーロッパでは、海に陸と同じような聖職者が住むと考えられていた。一六世紀の博物学者C・ゲスナーは『動物誌』に、バルト海西部で捕獲されたビショップ・フィッシュ（半魚人）について解説している。それによると、捕獲された半魚人は「どうぞ逃がしてください」と司祭たちに懇願した。司祭たちはその願いを聞き届けて海へ逃がしてやることにした。すると、半魚人は十字を切って礼をして海へと消えていったという。この半魚人はカスザメと考えられている。カスザメは体長が一・五メートル前後で、体形が平たい三角形をしている。体も暗褐色であり、この特徴が当時の聖職者の服装と似ていることと結びつけられた。カスザメはモンク・フィッシュともよばれる。この例では、異界から境界を越えて人間世界にやってきたカスザメが海の聖職者と見なされたわけであり、当時の人びとの漂着物に対する独特の観念を示している（秋道二〇一六）（図４）。

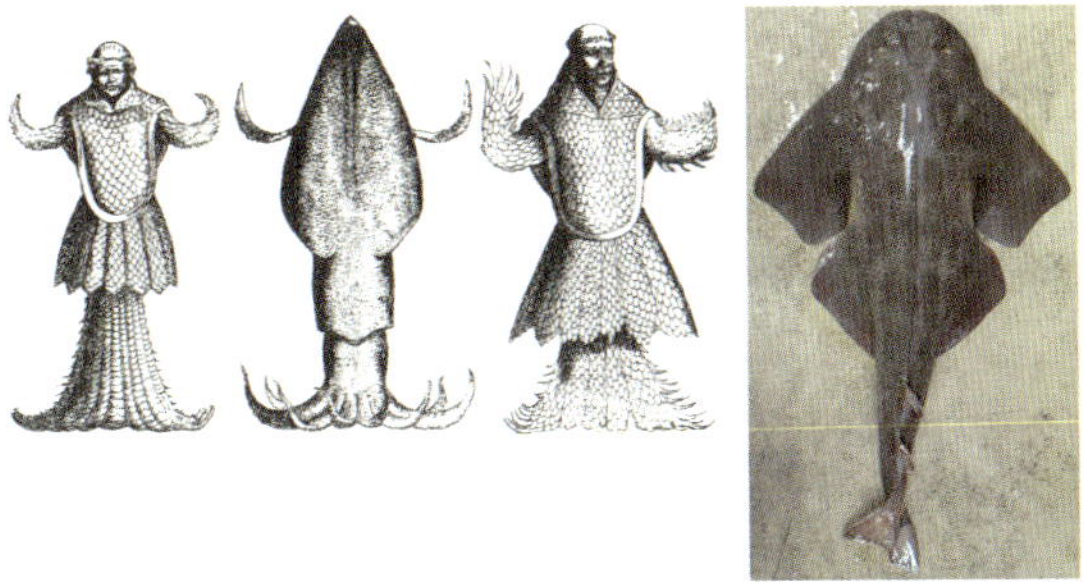

図４　ビショップ・フィッシュ（左）とカスザメ（右）

不燃性ゴミの始末

異邦人としての漂着物は文化に組み込まれた存在であるが、やっかいなのは誰も相手にしない邪魔な漂着物である。このなかには流木、流れ藻、貝殻、魚の死骸、植物の種子などの自然物と、漁具や船の綱、PET、プラスチック製品、発泡スチロール、廃油ボールなど種々のものがふくまれる。

二〇一六年、沖縄の久米島で漂着物の調査を実施したことがある。久米島は

図5　久米島に漂着した不燃性のゴミ。中国・韓国からのペットボトル、網用のプラスチック製浮きが見える。

沖縄本島の西約一〇〇キロメートルに位置する。島を一周すると、北西・南西海岸にとくに大量の不燃性ゴミが打ち上げられていた。久米島は東シナ海に浮かぶ島であり、台風や大波で漂着した不燃性ゴミの内、ペットボトルはその銘柄からみて中国や韓国のものが多い（図5）。

一九七一年三月、与那国に滞在した。日も暮れた夕方、浜を歩いている時、大きな糞のようなものを運悪く踏んづけてしまった。海水で洗えばいいかとスリッパを海水につけたが、その粘ったものは一向にとれそうもない。よく見たら、それは廃油ボールであった。嵐で島に漂着したにちがいないが、どこで、いつ、どの国の船から投棄されたのかは知る由もない。

海洋ゴミと生態系

海上で投棄されたプラスチック袋などは、ウミガメが餌のクラゲと間違えて摂食し、腸閉塞を起こして死亡する例が報告されている。使い物にならない漁網や籠などを投棄した結果、海底の海洋生物がそれにからまって死亡することがある。これをゴースト・フィッシング（幽霊漁業）と称する。国連食糧農業機関（ＦＡＯ）は「責任ある漁業」をおこなうため、ゴースト・フィッシングの根絶を提案している。ゴミの不法投棄にたいする世界の目は厳しい。

網、プラスチック製の漁具や浮き、廃油ボールのような粗大ゴミは生態系だけでなく、海岸部の景観や環境をも劣化させる。さらに問題となるのが直径五ミリ以下の微小なマイクロプラスチックである。プラスチック・ゴミは浜に漂着し、波や砂、日射によって分解されて小さくなると、ふたたび波とともに沖に出ていく。

食物連鎖系のなかで動物プランクトンは植物プランクトンを消費するが、この微小な粒子を取り込んだ動物プランクトンが小魚に食され、その小魚は大きな魚の餌となる。挙句の果てはマグロ、サメなどの高次の消費者や人間が食べることにつながる。マイクロプラスチックは消費者の体内で栄養分として消化吸収されるわけではない。こうして、人為起源の汚染物がふたたび自然界での汚染を生態系全体に及ぼすことが危惧される。マイクロプラスチック本体だけでなく、その表面に付着したさまざまな金属物質も生物に取り込まれることになり、有害物質による生物濃縮の汚染が考えられている。本書で磯辺篤彦と蒲生俊敬が取り上げている、微小なマイクロプラスチックの輸送・循環過程についてはいまだ未解明の側面が数多くあり、今後の詳細な研究の進展が期待されている。マイクロプラスチックは微小な物質であるが、その影響ははかりしれず、化け物的な存在といえる。

海の生物多様性保全

以上の点を踏まえ、本書の表題にある「海の生物多様性は守れるか?」について検討を進めよう。この問いに対して、以下のような三つの回答を想定することができる。

一つ目は悲観論であり、人類が世界の海の生物多様性を守れるのは期待薄とする予測である。国際自然保護連合(IUCN)、FAOなどの国際機関や世界中の多くの生態学者がいかに声高に叫び、さまざまな条約や規制を適用したとしても、その法規制の網の目をかいくぐる集団や個人の違法行為が蔓延し、その発生も拡大している。つまり、人類にとっての生物多様性保全は上からの掛け声にすぎない。その実現は無理としかいいようがない。人間を性善説ではなく、性悪なものとみなす発想が根底にある。

二つ目は楽観論である。現在、生物多様性保全のために適用されていない法的規制が多々あっても、将来的に実効化することで生物多様性の維持はほぼ実現することができるとするシナリオが想定されている。いかなる法的規制の完全実施は難しいとして、半数から八割程度の国の合意が実現できれば、生物多様性保全の目標は大枠で実現されるとする肯定的な考え方である。

三つ目は慎重論とでもいえる考え方である。というのも、生物の多様性を人類が守るためにはコストと犠牲をともなう。

たとえば、地球温暖化にともなう二酸化炭素の排出規制をめぐる国際的な合意がいかに困難であるかの議論を振り返ろう。二〇一五年一二月に合意された「パリ協定」（第二一回気候変動枠組条約締約国会議）後に、米国が離脱した背景には、自国の経済発展や国内の反対派の意見があった。科学はいまだ地球の生物多様性を詳細にわたり評価する尺度をもってはいない。この点で、生物多様性の保全に合意したとしても、最終目標はいまだブラック・ボックスにあるとしかいえない。生物多様性を巡る科学・経済・政治の議論が錯綜していることも慎重論の背景となっているわけだ。

二〇一〇年に名古屋で開催された生物多様性条約締約国会議（ＣＢＤ　ＣＯＰ10）で、「愛知目標」が採択された。二〇二〇年までの目標として、海洋では二つの目標が設定された。少し長くなるが、抄訳を紹介しよう。

目標六では、「二〇二〇年までに、すべての魚類と無脊椎動物の資源及び水生植物が持続的かつ法律に沿ってかつ生態系を基盤とするアプローチを適用して管理、収穫され、それによって過剰漁獲を避け、枯渇したすべての種に対して回復計画や対策が実施され、絶滅危惧種や脆弱な生態系に対する漁業の深刻な影響をなくし、資源、種、生態系への漁業の影響が生態学的に安全な範囲内に抑えられる」とするものである。

目標一一では、「二〇二〇年までに、少なくとも陸域及び内陸水域の一七％、また沿岸域及び海域の一〇％、とくに、生物多様性と生態系サービスに特別に重要な地域が、効果的、衡平に管理され、かつ生態学的に代表的な良く連結された保護地域システムやその他の効果的な地域をベースとする手段を通じて保全され、また、より広域の陸上景観や海洋景観に統合される」としている。

二〇一八年現在、愛知目標の評価まで、あと二年を切っている。具体的な方策の結果、どれだけの成果が得られるのだろうか。

以上、生物多様性保全の未来に関する三つの考え方はそれぞれ異なっているが、依然としてどの考えも決定的な証拠を元に議論されているのではない。この点からして、生物多様性の保全に関わる議論は単なる生物種の数の多さだけを尺度とするのでなく、さらに異なった視点からなされるべきだろう。本書の眼目とねらいは、まさにこの点にある。

生物多様性に関わる人的要因

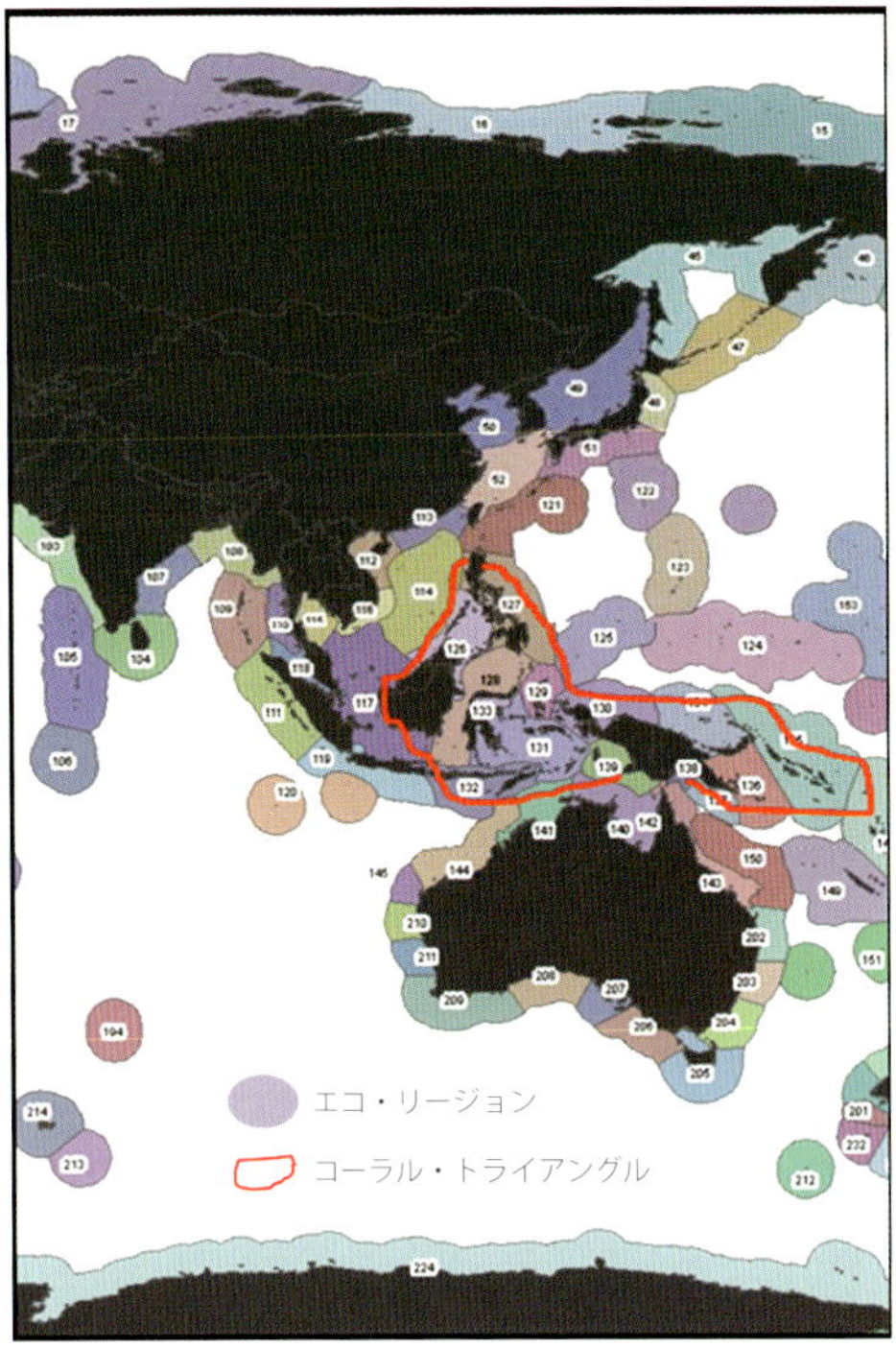

図6　コーラル・トライアングルとエコ・リージョン（海洋生物センサスを元に筆者作成）

世界の国ぐにが合意できる基準で生物多様性を保全する枠組みを設定したとして、具体的な政策と制度の運用にはそれぞれ独自のあるいは個別の事情を踏まえた方策が必要である。国内でも地域によって環境や社会文化的な条件は斉一ではないので、さらに問題は錯綜した状態になる可能性がある。この問題はとくに第2章で詳しく検討される。

二〇〇〇～二〇〇九年の一〇年間、

世界の海洋生物に関する生物地理学的な調査研究が実施された。それが海洋生物センサス・プロジェクトであり、八〇以上の国から約二七〇〇人の研究者が参画した。この研究により、世界中の海で二三二の生態区（エコ・リージョン）が設定された。生態区は海洋生物の生物地理学的な分布に依拠した区分であり、海洋における生物多様性の実態を探るうえでの大きな成果となった。

世界では熱帯・亜熱帯海域における生物多様性がもっとも高い海域とされている。なかでも、東南アジアからニア・オセアニア（旧石器文化をもった人々が五万〜一万年前に移動した地域）ではサンゴ礁の発達が顕著であり、種の多様性が高い。この海域には世界中のサンゴ礁海域に生息する魚類約四〇〇〇種の半分強、つまり約二〇〇〇種が生息しており、コーラル・トライアングルと呼ばれる。コーラル・トライアングルよりも北に位置する八重山諸島では同等の多様性がある（前頁図6）。しかし、海水温上昇、乱獲、サンゴの白化現象でこの海域の生物多様性は依然、危機的な状況にある（秋道 前掲書）。

海の生物多様性の問題はサンゴ礁海域だけの話にとどまらない。二〇一八年二月一七日、日本海学シンポジウム「いま日本海で起こっていること」（環日本海学推進機構主催）が富山市で開催された。冒頭でレブ・ネレティン氏（NOWPAP地域調整部・調整官）による「世界の海洋環境と日本海」と題する基調報告があった。国連開発計画（UNDP）は二〇一六年一月より持続可能な開発目標（SDGs）を施行した。SDGsが掲げた一七目標のなかの目標一四は「海の豊かさを守ろう」であり、ネレティン氏は日本海が世界の海のなかで注目すべき位置にあることを強調した。

以上の話題にもある通り、人類は果たして海の生物多様性を守れるのかという問いに対して多面的な視点から考察を加えることが肝要だろう。海の生物多様性の保全はそれを維持し、発展させる方策を指すが、生物多様性を阻害する諸要因の軽減ないし撲滅を図る具体策の実現可能性を模索することにもつながる。この点から、本書は第1章で「海のゴミ問題」について、第2章で「生物多様性保全」への挑戦を主題として取り上げる。なお、本書の分担執筆者については、括弧内に（章、著者名）で示した。

ビーチコーマーの魅力

海洋空間では、海流や潮流、吹送流などが漂流物を輸送する役割を果たす。運ばれるのは、微小なプランクトン（浮遊生物）、巨大なクジラや魚の死骸から、植物の種子や葉、海藻、軽石などの自然物だけではない。漁網、プラスチック製品、微小なペレット、投棄された廃油などの人工物が運ばれる。漂流物は海に浮かびながら移動し、さまざまなメッセージを運ぶ媒体となる。そして、その一部は漂流の旅を終え、海岸に漂着する。ここで、漂流物は新たな出会いに遭遇する。まず冒頭でさまざまな種類の漂着物の分析から、いま地球全体で何が起こっているのかについての読み解きを紹介する（第1章1：鈴木明彦）。

漂着物への思いは科学と想像の世界をまたいで多くの人びとを魅了してきた。漂着物には何が含まれているかわからないので、宝さがしに通じるワクワク感がある。漂着物探しは広くビーチコーミングと呼ばれる。このことから、かつては南太平洋の海岸をウロウロする西洋の捕鯨者をビーチコーマーと呼ぶことがあった。

大陸間、あるいは遠距離を漂流するモノは生物学的に多くのテーマを喚起してきた。二〇〇一年設立の漂着物学会長の故石井忠さんへの熱き思いを含め、中西弘樹現会長に漂着物研究の面白さを語ってもらう（第1章2：中西弘樹）。沈船由来と思われる貴重な陶磁器片やガラス片を見つければ、歓喜する人が多いに違いない。野上建紀氏にはビーチコーミングの魅力を紹介していただく（第1章コラム：野上建紀）。

漂着物は研究だけの対象ではない。海岸を清掃し、良好な環境を維持するクリーン活動も地域ごとの重要な環境保全への貢献だ。日本にはさまざまな海岸クリーン作戦を実施する団体や自治体がある（次頁図7）。なかでも神奈川県下の自然海岸一五〇キロメートルでこの二七年間、海岸清掃活動を実施されてきた例を紹介する（第1

図７　石垣島北端の平久保における海洋ゴミ清掃活動

章コラム：柱本健司）。

しかも、漂流物は海を越境する。漂着したゴミは一地域、一国だけの問題ではなく、匿名とはいえ多国にまたがっている。とくに、日本にとって、隣接する中国、韓国、北朝鮮、ロシアとの情報交換やゴミ問題への取組みの協働は不可欠である。日本海中央部にある富山県下の研究所の取組みに注目しておきたい（第1章コラム：馬場典夫）。

石油製品由来のゴミ

漂着物の種類はじつに多様であるが、その大半は海洋ゴミである。なかでも、微小なマイクロプラスチックへの取組みのもつ現代的な意義は注目すべきである。その研究の最前線について磯辺篤彦氏に紹介していただこう（第1章3：磯辺篤彦）。さらに、マイクロプラスチックが深海域にまで拡散している事実は衝撃的である。この問題のはらむ地球規模的な意味を興味深く聞いてみたい（第1章4：蒲生俊敬）。

先にあげた日本海のなかにある富山湾では、氷見《ひみ》を中心として戦国時代末期から台網《だいあみ》（大型定置網）漁が営まれてきた。網の素材はかつて稲作農村地帯産の稲藁《いなわら》から製作された。砧や杵を使って稲の繊維を柔らかくしたものが農村部から漁村地帯にもたらされ、漁民はこれを撚《よ》って編み、網を作った。漁村から農村へは見返りに水産物がもたらされた。こうして、農村と漁村の相互交渉が実現した。使用済みの藁縄製の網は切り落とされ、海底に「ゴミ」となって沈んだ。しかし、藁縄は単なるゴミではなく、分解されて植物プランクトンの栄養となった。植物プランクトンは動物プランクトンに、動物プランクトンは小魚に消費された。小魚は中型・大型魚により消費された。つまり、有機ゴミのリサイクルが近世期に成立しており、ひいては海洋生物の繁殖に大きく寄与してきた。だが、石油由来の人造繊維が稲藁にとって代わってからは、海に投棄された網は、海のゴミとして半永久的に海底に残存することとなった。これが先述したゴースト・フィッシングの元となった。石油製品が海のゴミとなった経緯を振り返り、今後の脅威について深く考えてみたい。

氷見をふくむ富山湾は、二〇一四年に日本で松島湾についで「世界で最も美しい湾クラブ」に加盟が決まった。富山湾では、景観の保全上、海岸清掃が重要な活動とされている。富山湾は沿岸から急に海が深くなる海底地形をなし、地元で「あいがめ」（藍甕）と呼ばれる。この急斜面をブリやマグロなどの回遊魚が移動するので、定置網を仕掛ける場所が決まる。水深一〇〇〇メートルの深海からも立山連峰に降った雨や雪に由来する海底湧水が出ており、つい最近には新種のクリオネも深海底で見つかっている。富山の海の魅力を歴史と生態を踏まえて紹介する（第1章5：高桑幸一）。

第1章の最後に、先述した国連による持続可能な開発目標（ＳＤＧｓ）の目標14で記載された「海の豊かさを守る」の条項で、海洋ゴミはどのように位置づけられているのか。この点についてわかりやすく解説を加えておこう（第1章6：藤井麻衣）。

外来種は悪か？

ここでまず注目すべきは、漂流物としてではなく外洋航路の船舶により人為的に輸送された「外来生物」の意味である。帆船時代から船底に付着した固着性の貝類がヨーロッパやアメリカから太平洋各地の寄港地で外来種として導入されることになった。過去の捕鯨者や探検家はそうしたことにまるで無頓着であった。現代では、外来種の拡散による事態は深刻である。外洋航路におけるバラスト水（貨物船が底荷として積載する出港地の海水）の大陸間移動は、海水に混じった微小な稚貝・固着動物が寄港地で排出されることで起こる外来種の侵入、拡散現象である。結果として、外来種は在来種への大きな脅威となっており、海のもつ脆弱性への最新の政策対応が望まれる分野である。

まず、バラスト水の与える生物多様性の問題点について整理しておこう。（第2章8：水成剛）。そのうえで、外来種イコール悪者、生態系の攪乱《かくらん》要素と考えるのか。

事情はそう簡単ではない。たとえば、ホンビノスガイは大西洋沿岸産の二枚貝であり、一九九八年以降、東京湾一帯や大阪湾で発見され、バラスト水起源の外来種とされた。しかし、東京湾、大阪湾以外の港に寄港した地域からの報告はなく、十分な証拠がない。一方、ホンビノスガイはベイ・エリアでハマグリに代わる美味な食材として人気がある。この問題をどう考えるか、たいへん興味が湧いてくる（第2章7：風呂田利夫）。

外来種はいつも悪者との烙印を押される論には少し無理がある。というのは、外来種であっても、新たな生態系で果たす積極的な意義を評価すべきとする視点もある。外来種を悪として生物多様性保全を語る教条主義に拘泥することのないようにしたい。

二つの生物多様性戦略

第2章の課題である生物多様性保全のためには、大きく二つの方策がある。一つ目は乱獲の防止、適正な漁具・漁法の適用、IUU漁業の取り締まり、海洋ゴミの清掃など、生物多様性を阻害ないし負となる要因を排除するアプローチである。もう一つは、人工魚礁、保全区、海洋保護区の設置、魚付き林の造成、森里海の循環整備など、生物多様性を促進する一連の方策である。本書では、第一のアプローチでゴミ問題を中心に取り上げ、違法性とその「取り締まり」が現状改善につながるとの認識をおいている。

二つ目は積極的な保全策の提案を指し、未来に向けての積極的な多様性保全策を中心に見据える発想である。海洋生物は独自に分布域を広げてきた歴史をもつ。その動態を明らかにすることで、海洋環境の変動を知る有力な感知計とすることができる。たとえば、日本周辺を回遊するスルメイカの回遊・移動路に関する動向は地球環境の変化を察知するうえで貴重なデータを提供してくれるモニターの役割を果たす（第2章9：桜井泰憲）。

特異的な場合として、生物の大発生が起こることがある。大発生は昆虫でよく知られた現象であり、生物種の密度が大きな影響をもつことが知られている（密度効果）。海洋では東アジアにおいて大型クラゲが二〇〇二年、二〇〇三年に大発生した例は記憶に新しい。プランクトン食のイワシ、アジなどの乱獲、東シナ海の汚染、テトラポットなどのクラゲ幼生の付着しやすい人工物の増加、長江中流域の三峡ダムによるケイ酸塩の海への流出不足、温暖化など、さまざまな要因が指摘されてきた。海洋生物の変動は一つや二つの要因に還元できないので、海洋現象の変動への科学のメスは今後も重要な課題である（第2章コラム：上真一）。

バイオロギングと遠隔操作

海洋保護区を設定する上で魚類の行動や生息域を詳細にわたり探る試みとしてバイオロギングの手法が注目されている。現在では、バイオロギングによる行動観察が有力な方法として、とくに長距離回遊性の魚類、ウミガメ、ジュゴンなどに応用されている。回遊性の動物は海洋を漂流するのではないが、緯度や経度を超えて移動する点で、航空機や船舶により移動する人類とは異なった移動メカニズムをもっている。バイオロギングの研究は海洋における動物の移動を探る最後の砦ともなっている（第2章10：宮崎信之）。海中に無人グライダーを飛ばし、データを取得する試みもユニークである（第2章コラム：安藤健太郎）。

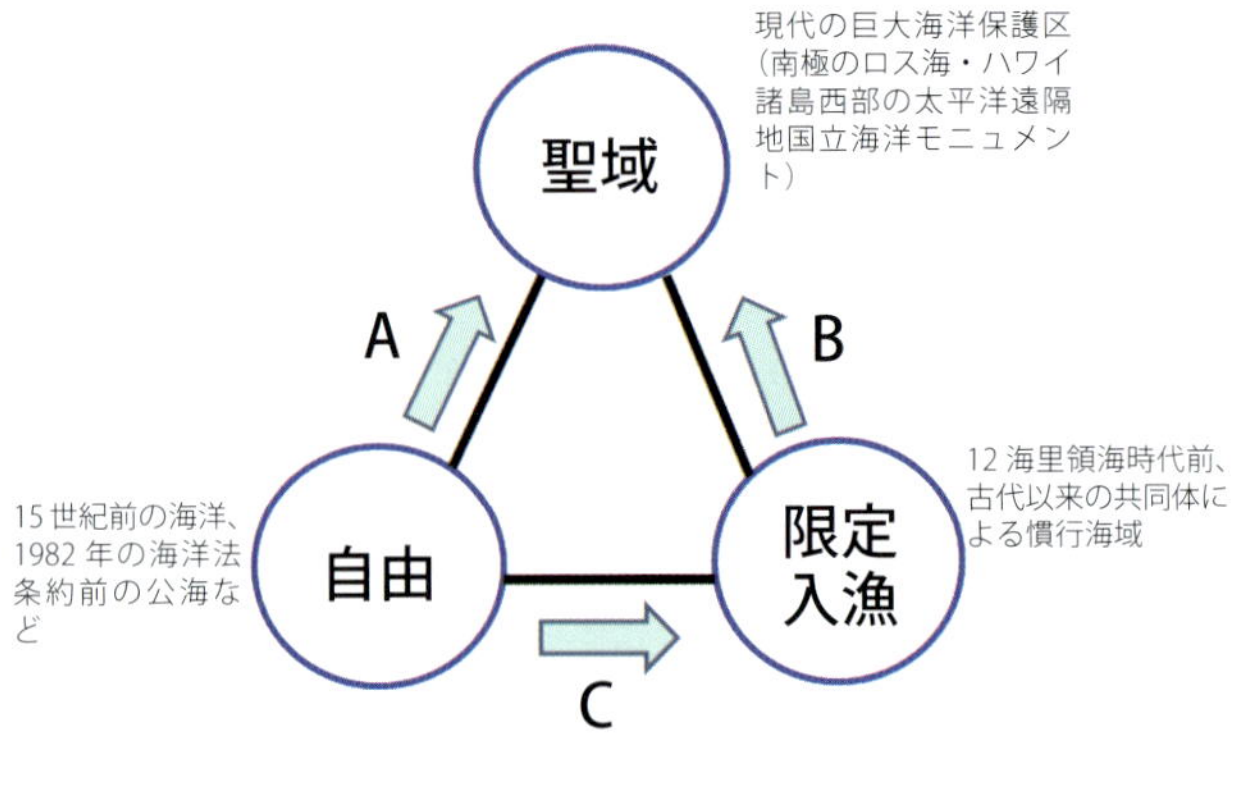

図８　海洋保護区とアクセス権の歴史的変化。

Aは自由入漁から聖域に、Bは一部入漁可能から聖域に、Cは自由入漁から聖域になる場合を指す。

海洋保護区の未来

海洋保護区は現在、世界各地で設定されており、その規模も千差万別である。世界最大級のものが南極海のロス海にある。これは、米国、中国、ロシア、日本など二四ヵ国と欧州連合（ＥＵ）が二〇一六年一〇月に合意したもので、総面積は一五五万平方キロで、ほぼモンゴル共和国の面積に当たる（第2章コラム：森下丈二）。

海洋保護区は、ふつう「ノーテイク」の聖域（サンクチュアリ）を指すが、条件付きで入漁可能な場合もある。もちろん、オープン・アクセス（自由）の海域とは峻別される（図8）。海洋保護区は、国によって依拠する法律や定義がまちまちである。ユネスコの世界遺産や「人間と生物圏計画」（ＭＡＢ）における核心地域、各国の国立（自然）公園におけるゾーニング（核心・緩衝・移行地域）のあり方は同心円構造的で、どちらかといって陸地中心に考えられた保護区であり、海洋の特殊性を十分に配慮したものとはいえない。

小規模な条件付き（季節限定）の海洋保護区の例として、八重山諸島の石西礁湖におけるハタ類・フエフキダイなどの産卵期にかぎった保護区の例をあげよう。四～五月の二ヵ月、これらの魚種は群れて産卵する産卵群集の性質をもち、特異的に産卵場が保護区となっており、現在五ヵ所設定されている（秋道 二〇一六）。産卵場がピンポイントで決まっている特殊性をのぞけば、面積の狭い保護区はあまり意味がない。保護区を設定しても、魚は移動するので、かならずしも保護区のなかにだけ生息するとはかぎらないからだ。

生物多様性の保全のうえで、海洋保護区の果たす役割はたいへん大きい。日本にかぎって保護区の問題を過去から現代におけるまで検証するとどのような問題点が浮かび上がるのか。明治期以降の沿岸漁業における共同漁業権漁場は近世にそのルーツを探ることができる。また漁業以外に、国立公園や世界遺産地域における保護区の問題はステークホールダーが錯綜し、利害関係が一元的ではない。そのため、ガバナンスを踏まえた保護区の果たす役割を精査する試みは、時代を切り拓く議論を創出する可能性がある（第2章11：八木信行）。

生物多様性保全の議論を世界的な枠組みで位置づけるため、これまでにふれた国連主導のＳＤＧｓの目標として設定された「豊かな海づくり」について、しっかりと理解しておく必要がある。というのは「豊かさ」の指標はかならずしも生態学・海洋学的な観点だけでなく、経済・社会面をも抱合するものと考えるべきだからである。本シリーズの「海とヒトの関係学」はそうした総合性を大きな狙いとしている。あわせて、国連主導の生物多様性条約（一九九三年発効）の枠組みからも、海洋保護区の位置づけについて明瞭にしておきたい（第2章12：前川美湖・角田智彦）。

人類は漂流と漂着の現象をはるかに凌駕するインパクトを海洋生態系に与えてきた。じっさい、生物多様性の減少や固有種の絶滅など、多くの海洋問題を引き起こしてきたのも人類にほかならない。現代にあっては、バラスト水の問題をめぐる規制は注目すべき海洋政策上の課題である。船舶が運ぶのは食料や自動車、石油・天然ガス、鉄鉱石だけではないことを深く認識すべきであろう。本書の最後に、海洋ゴミと生物多様性に関する諸議論から、今後、生物多様性の保全に向けての取組みについて政策提言をしてみたい（あとがき：秋道智彌・角南篤）。

本シリーズは、海洋に関するさまざまな問題を議論するガイドラインを広く読者に喚起することを大きなねらいとして企画されたものである。海とヒトとのかかわりは、有史以来の長い歴史をもつ。しかも、その関係性は生業と食から社会、文化、政治、環境問題、信仰に至るまでじつに重層的である。

海はヒトに数々の恩恵をあたえてきたが、同時に由々しい災禍をもたらしてきた。局所的な不幸は過去に何度も発生したが、二一世紀に至り、海の病理は地球全体に蔓延するようになった。未曾有の海の危機がヒトそのものに襲いかかろうとしているのである。温暖化、海面水温の上昇、水産資源の減少、海洋汚染などに顕著な海の劣化を克服する知恵がいまこそ求められている。地域の問題から地球全体までを見据え、よりよい未来に向けて有効な方策をいまこそ具体化すべき時にある。本シリーズで取り上げる諸テーマは、海とヒトとののぞましいかかわりを実現する手引きとなることを目指して選定されたものである。読者とともに地球の危機とその克服について深く考える契機としたい。

なお、本書に収録した論文・コラムは(公財)笹川平和財団海洋政策研究所が発行する『Ocean Newsletter』に既発表の執筆原稿を元にしたものである。この海洋に関する諸問題を総合的に議論するオピニオン誌のうち、おもに筆者が編集代表をつとめた二〇〇四～二〇一六年度に収録されたものから、本書のテーマにそって論文・コラムを選定した。ただし、それを元にした論稿は、新規に執筆を依頼したものもあることをことわっておく。

参考文献

秋道智彌　一九九五『なわばりの文化史―海・山・川の資源と民俗社会』小学館

秋道智彌　二〇〇九『クジラは誰のものか』筑摩書房

秋道智彌　二〇一〇『コモンズの地球史―グローバル化時代の共有論に向けて』岩波書店

秋道智彌　二〇一六『サンゴ礁に生きる海人―琉球の海の生態民族学』榕樹書林

島袋源七　一九五一「沖縄に於ける寄物」『民間伝承』一五(一一):八―一四

第1章

海のゴミ問題を考える

1 海岸漂着物から地球環境を読む

鈴木明彦（北海道教育大学教授）

はじめに

よく耳にする言葉に〈母なる海〉というものがある。ではどうして海は母にたとえられるのであろうか。海には母のような包容力があるからなのか、それとも私たちに豊かな恵みを与えてくれるからなのか。あるいは私たちの体液の組成が海とほぼ同じで、それゆえに私たちの体のなかには〈小さな海〉が存在しているからなのか。また、漢字の〈海〉をみると、そのなかには〈母〉という字が隠されている。さらにフランス語においても、〈海＝la mer〉と〈母＝la mère〉は、ともに〈ラ・メール〉と発音されるという。

このようにさまざまな理由があるにせよ、人々が海に限りない母性を感じるのは、海が生命を生み、これを永きにわたって育んできたからであろう。四六億年前に地球が生まれ、四十億年前に原始の海が出現し、三八億年前に最初の生命が誕生した。それ以来、生物が進化をくり返すメインステージは常に海であったといえよう。

しかし、三八億年の生命の歴史のなかでは、現在も海に子孫が残っているものはわずかである。今私たちが海のなかにみることができるのは、厳しい環境変化を生き延びてきた限られた生物である。地球が存続するかぎり、今後も海のなかでは、新しい生物の出現と絶滅の歴史が繰り返されてゆくだろう。まさしく海は、生物の進化と変遷を育んでゆく〈生命《いのち》のゆりかご〉である。

ところで人はなぜこんなにも海辺に魅きつけられてしまうのだろうか。人は海辺に立つと、心が洗われ、波音に安らぎを覚え、しだいに自分が癒されていることに気づくだろう。はるかな昔から、人は海辺を歩き、そこでひとしきり考え、さらにはまだみぬ遠い世界に憧れを抱いたのだろう。海辺とは、私たちにとってどのような場所なのか、人間だけでなくあらゆる生物にとっても、どのような場所なのかを考えてみるのは大切なことではないだろうか。

『ウォールデン―森の生活』（一八五四）で知られる一九世紀アメリカの作家・詩人・思想家のヘンリー・デイヴィッド・ソローには、海を対象とした著作もある。その海洋文学の傑作『コッド岬』（Thoreau 1865）において、「海辺は一種の中立地帯であり、この世界について深く考えるにはもっとも都合のよい場所だ」と、彼は語っている。

図１　さまざまな海岸漂着物

海辺は海と陸とが直接出会う場所である。そこは海と陸というまったく異なる生態系の境界に位置し、海から陸へと次第に環境が変化する緩衝地帯（エコトーン）ともいえる。そのため、海辺は海と陸との両方からさまざまな影響を受けやすい繊細な場所なのである。

海に行く機会があれば、ぜひとも自分の足で、海辺を歩いてみてほしい。たとえば砂浜を歩いてみれば、普段何気なく眺めている波打ち際にも、いろいろなものが打ち上げられていることに気づくことだろう。貝殻や小石、ボールやビーチグラス、流木やクルミなど、今までゴミだと思っていたもののなかに意外なものが紛れこんでいたりする。ひととき砂浜にしゃがみこんで、海からの贈り物である渚の漂着物を探してみてはいかがであろうか。

ビーチコーミング入門

砂浜の海岸を歩いてみると、漂着物が帯状に続いていることに気づく。それらはいずれも海岸線に平行しているが、たいてい数列の帯がみられる。一番海に近い帯は、波に洗われてまだぬれている。それより陸側の帯は最近の満潮線に沿ったものである。さらにより陸側にも海が荒れた時に打ち上げられた漂着物の帯がみられる。

海岸に打ち上げられた漂着物はさまざまである（図１）。貝殻、ウニ、カニ、クラゲなどの海洋動物、海藻、魚類、海獣や海鳥の死骸、種子や果実、流木、軽石、鉱物などの

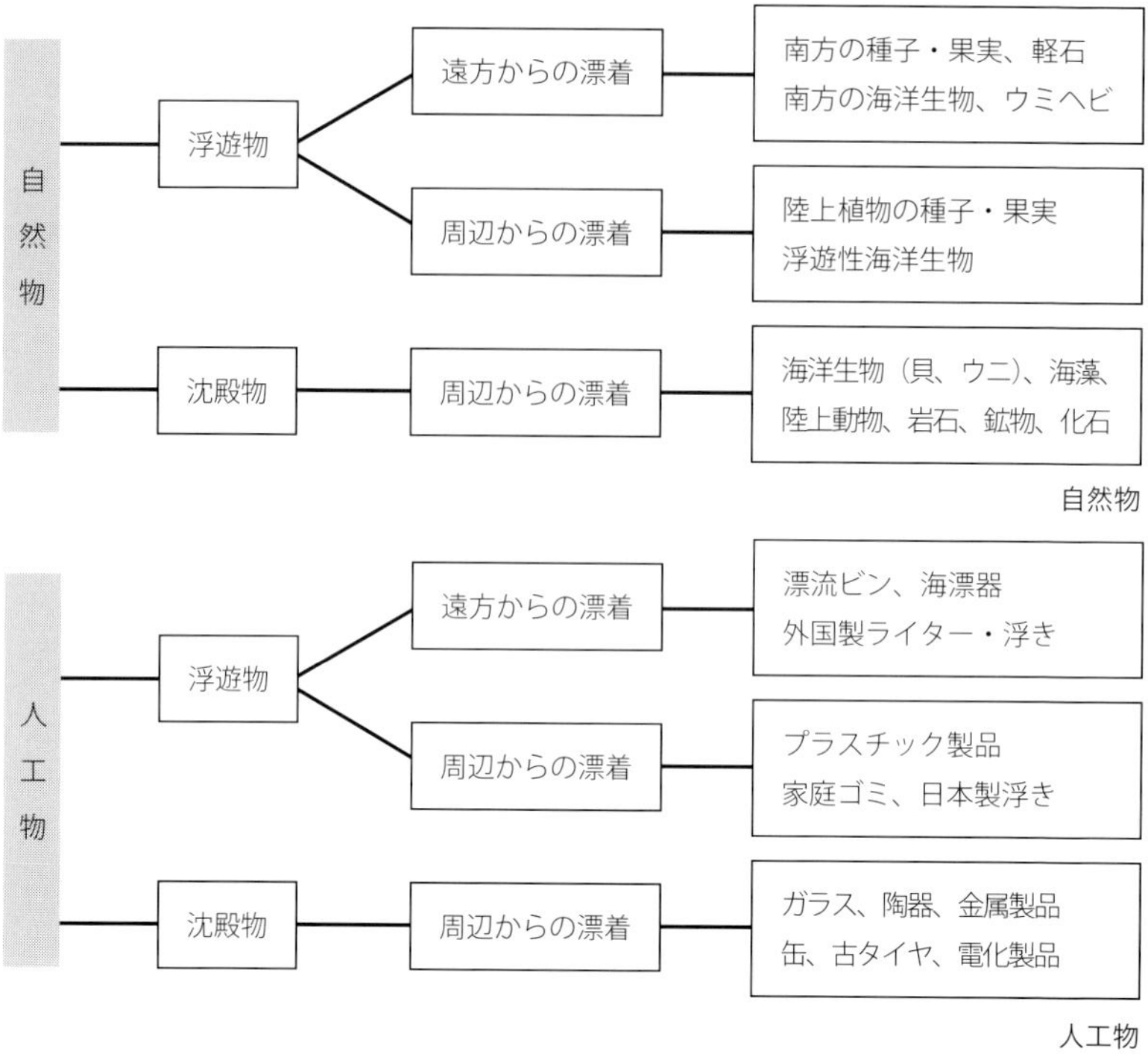

図2 海岸漂着物のルーツ

自然物がある。また、ペットボトル、空き缶、ガラスビン、サンダル、ボール、おもちゃ、ビニールシート、漁網、浮き、電球、タイヤなどの人工物も普通にみられるものである（図2）。

自然物の多くは近場に由来するものだが、なかには遠く離れた場所から漂着するものもある。台風の後などに、ココヤシのような南方系の果実・種子がたどり着くこともある。また、海底火山の爆発で飛び散った軽石が、海流に乗ってはるか遠くまで運ばれることもある。

人工物の大半も近場に由来するもので、近くに大きな河川があると、上流から大量のゴミが海に運ばれ、打ち上げられことも多い。しかし、そのようなゴミに混じって見慣れぬ外国製品がみられることがある。これらは外国の海岸や外国船から投げ捨てられたものであろう。使い捨てライターや浮きは、表面の文字や特有のスタイルで、どこの国のものか調べることができる。人工物であっても、海をさまよってたどり着く漂着物には独自の物語がある。

海辺は泳いだり、バーベキューをしたりするだけの場所ではない。海岸にいろいろなものが流れ着いていることに気づいたこともあるだろう。貝殻、骨、海藻、流木など自然のものから、浮き、ガラス、プラスチックなど人工のものまで、さまざまな漂着物が海岸には打ち上がる。ビーチコーミングとは、このような漂着物を拾ってコレクションしたり、アート作品にしたりするユニークな趣味である。海岸（beach）をくしの目のように細かくみる（combing）ことから、ビーチコーミング（beachcombing）という。

漂着物は多様性に富むためいろいろな楽しみ方が可能である。貝殻や石ころ、ガラス浮きや陶片などテーマを決めて、熱心にコレクションしている方もいるし、流木や海藻を使って独特のアートへと変身させている方もいる。また、漂流びんや外国製浮き、南方系の漂着果実などから、そのルーツを探ってみるのも興味深いことである。一方、海岸に打ち上げられる漂着ゴミや使い捨てライターなどの人工物に注目すれば、海の環境問題を考える機会にもなるであろう。

ビーチコーミングは、欧米では意外と人気のある趣味なのである。海岸を歩くことは体に良いし、潮風にあたれば気分転換にもなる。運がよければめずらしい漂着物にめぐりあうかもしれない。気に入った漂着物はコレクションになるし、それらを利用してアートを作ったりもできる。流木クラフトや貝殻細工や海藻おしばなど、海岸で拾った漂着物を使ったアートは自然の匂いが感じられて楽しいものである。

ビーチコーマーという言葉は、以前はあまり良い意味ではなく、海辺の浮浪者をさしていた。しかし、今ではビーチコーミングに興じる人をビーチコーマーとよんでいる。たとえばオーストラリアの海辺カフェには、ビーチコーマーズランチもあるようだ。なお、日本でも海が荒れた時に浜辺で寄り物（＝漂着物）を拾うことはありふれたことであった。日本でいうところの磯こじきというのが、ビーチコーマーにあたるのであろう。

海に囲まれた日本の子どもにとって、海岸は自然体験の場所であった。しかし、都市化が進むにつれ、護岸や埋め立てで陸と海が遮断され、海岸での自然体験が難しくなってきた。一方、海岸での自然体験や環境教育のために、海岸漂着物が注目されるようになった。漂着物の採集は、以前からビーチコーミング（Beachcombing）とよばれ、趣味や野外遊びとしての位置づけだったが、各地で漂着物展が開かれ、ビーチコーミング講座が開催されるようになった。

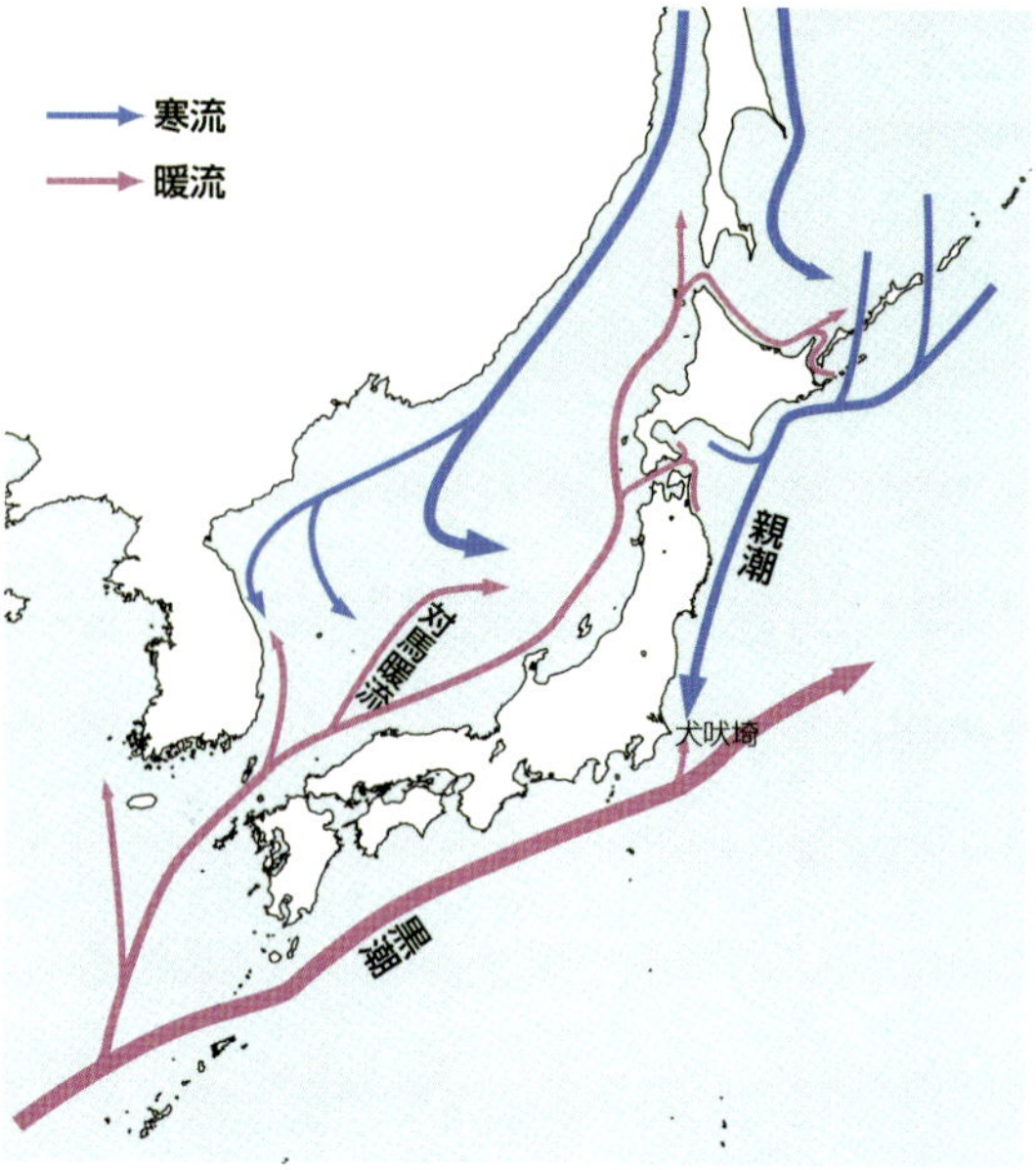

図３　日本列島周辺の海流模式図

海岸に打ちあげられた漂着物は、自然物と人工物に大別される。これらは個人コレクションやクラフト材料として興味がもたれ、ビーチコーミングは海岸を楽しむ趣味として国内外で市民権を得た。一方、自然体験学習や野外教育学においても、安全で手軽な野外体験活動として、ビーチコーミングが学校教育や生涯教育のさまざまな場面で活用されている。

ところで、動物・植物・岩石等で代表される自然の漂着物は、海岸を特徴づける自然史試料としては十分に評価されていない。大型で目立つ鯨類や美しい貝類などは環境モニタリングでも活用されているが、その対象は一部である。しかし、海岸に打ちあがる多様な自然の漂着物は、その地域の自然の豊かさを反映するものといえる。

趣味や遊びとしてとらえられていたビーチコーミングを、主に自然史科学の視点から再認識し、学際的な自然史分野を横断するビーチコーミング学（Beachcombing Science）として新たに提唱したいと考えた（鈴木　二〇一六）。また、ビーチコーミング学の実践として、野外や室内において海岸漂着物から自然の多様性や環境変化を理解し、それらを読み解く自然史教育のリテラシー能力を高めることを目標にした。

暖流系漂着物とは

北海道の日本海側には、南から対馬暖流が北上している。対馬暖流の多くは津軽海峡を通って太平洋側へとぬけているが、その一部は宗谷岬を回ってオホーツク海沿岸にも達している（図3）。そのため普段北海道周辺に棲んでいない南方系の生物が漂着することもある（鈴木 二〇〇六）。

暖流が運んでくるもので、もっとも印象的なものは熱帯〜亜熱帯の種子や果実である。その代表であるココヤシ（図4）は、近年北海道各地で漂着が確認されている。碁盤の脚のような長径一〇センチほどのゴバンノアシも、ココヤシの次によくみつかる。二〇一二年には、最北の地・稚内市の抜海海岸から、アツミモダマの漂着が確認された。

また、ビーチコーマーに人気の高いアオイガイ（図5）は、北西季節風が吹く秋頃に北海道の海岸に漂着する。また、最近はアオイガイよりもまれなタコブネ（図6）の漂着も確認された。注目されるのは、南方系のギンカクラゲ、カツオノカンムリ、カツオノエボシなどの出現である。これにともなってルリガイ（図7）、ヒメルリガイやアサガオガイもみつかった（鈴木ほか 二〇一七）。

また、南の海に生息する動物が、北海道周辺の海岸に漂着したり、定置網にかかったりすることがある。魚類では、

図4 ココヤシ（石狩浜）

図5 アオイガイ（石狩浜）

図6 タコブネ（蘭島海岸）

図7 ルリガイ（石狩浜）

小樽沿岸にハリセンボンやウマヅラハギが漂着したり、知床でマンボウやマフグが採集されたりした記録もある。さらに南国の水族館の人気者ジンベエザメが余市や知床で捕獲されたのもニュースになった。一方、北海道にも時々漂着するのは、大型のアカウミガメである。これに比べると まれだが、オサガメやアオウミガメの漂着も知られている。これら南の海の動物は北国の人たちにとっては、あこがれの漂着物といえよう。

アオイガイの謎

アオイガイ（*Argonauta argo*）は、らせん状の貝殻をもつタコの仲間である。軟体動物門の頭足綱（イカ・タコのなかま）のタコ目アオイガイ科（カイダコ科）に属す（図8）。別名カイダコ（貝蛸）といわれ、殻のなかで子育てをすることから、子安貝《こやすがい》とよばれることもある。他のタコ類との大きな違いは、メスが貝殻を作ることとメスの方がオスよりもはるかに大きいことである。世界中の熱帯から温帯の海洋気候の表層付近で浮遊生活を送っている。

アオイガイは謎が多い生物で、その生態は十分には明らかにされていない。貝殻の厚さはわずか〇・二三ミリ位で、英語では「ペーパーノーチルス（Paper Nautilus）」とよばれている。実際に貝殻をもってみると、この薄さを実感するであろう。アオイガイの殻は非常に薄いため、捕食者から身を守るには十分とはいえないが、アオイガイの殻には、海流を受けて遠くまで移動するためのヨットの帆のような役割があるとの説も提唱されている。

アオイガイの興味深い生態のひとつが生殖様式である。アオイガイのオスは交接の際、生殖器である交接腕をメスの外套空洞に入れ精子を送り込むのだが、その際に交接腕を切り離してしまう。この交接腕は一定期間メスの体内に残っているため、以前は寄生虫と勘違いされたこともあった（図9）。オスの生殖器である交接腕は切り離すと勝手に泳ぐことができるようだが、くわしいことはわかっていない。

これまで北海道にアオイガイが漂着することはまれであった。ところが、二〇〇五年以降は北海道各地の沿岸、主に日本海側でアオイガイの大量漂着が確認されている（図10）。とくに二〇一〇年や二〇一一年には、石狩湾沿岸や余市湾沿岸で大量のアオイガイが採集された。北方地域におけるアオイガイの大量漂着は、短期的・長期的な気候変動（たとえば、地球温暖化やエルニーニョ現象）を示す指標のひとつと考えることができる。漂着アオイガイの生態学解析と貝殻の同位体分析に基づいて、日本海の海洋環境変動を研究した例を紹介する。

この研究では、二〇一〇～二〇一四年の五年間、北海道余市湾沿岸でアオイガイの漂着調査を行い、各年度の個体数や殻のサイズの変動と海面水温との関連について検討した（圓谷・鈴木 二〇一五）。その結果、二〇一〇・二〇一二年の五〇〇個体を超える大量漂着は、九月上旬～下旬の平年値を超える高海水温と、一〇月上旬～下旬にかけての急激な海面水温の低下が関連することが明らかになった。

次に余市湾の漂着アオイガイの貝殻を対象に、酸素同位体比、炭素同位体比、主要元素比を分析した（Stevens *et al.* 2015）。このうち、酸素同位体比、炭素同位体比及びMg/Ca比は、貝殻の成長速度に支配されていた。また、酸素同位体比、Mg/Ca比及びSr/Ca比は、海面水温の変化とも連動しており、貝殻の早い成長速度を示唆している。貝

図８　雌の軟体部（余市浜中海岸）

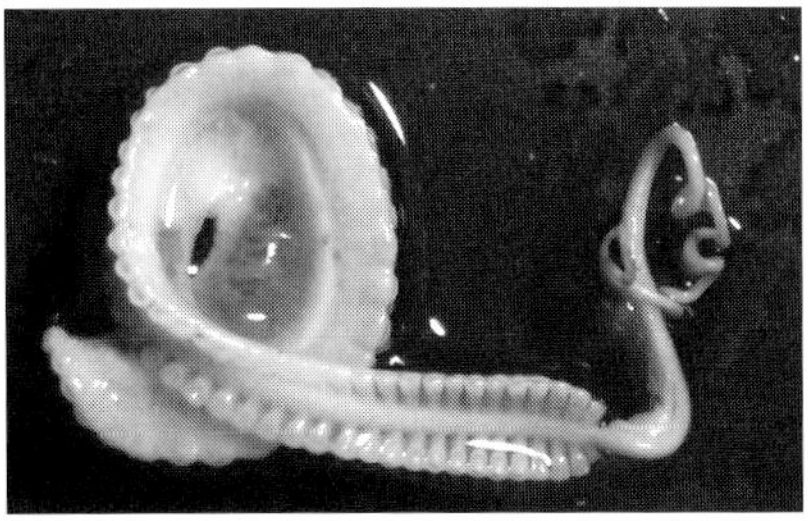

図９　雄の交接腕（小樽大浜）

図10　アオイガイの移動径路模式図

殻の同位体比や主要元素比は、アオイガイの生活史や環境変動を知るのに有意義なことが判明した。

打ちあげ貝の生物多様性

日本列島は南北に長いので、狭い国ながらもさまざまな気候帯が存在する。このため、日本列島を取り巻く海も、サンゴ礁で彩られる南方の海から、流氷が押し寄せる北方の海までバラエティに富んでいる。日本近海は、浅海性海洋生物（貝、カニ、ウニなど）に基づくと、亜熱帯、暖温帯、中間温帯、冷温帯、亜寒帯の五つの海洋生物地理区に区分される。

このうち、北海道周辺には中間温帯、冷温帯、亜寒帯の三つの生物地理区が認められる。中間温帯は、対馬暖流の分岐である津軽暖流の影響で特徴づけられ、暖流系種がよく漂着する。冷温帯では、寒流系種が優勢となるが、時には暖流系種の貝類も打ち上げられる。一方、亜寒帯ではほとんど寒流系種で占められ、親潮の影響下にある。このよ

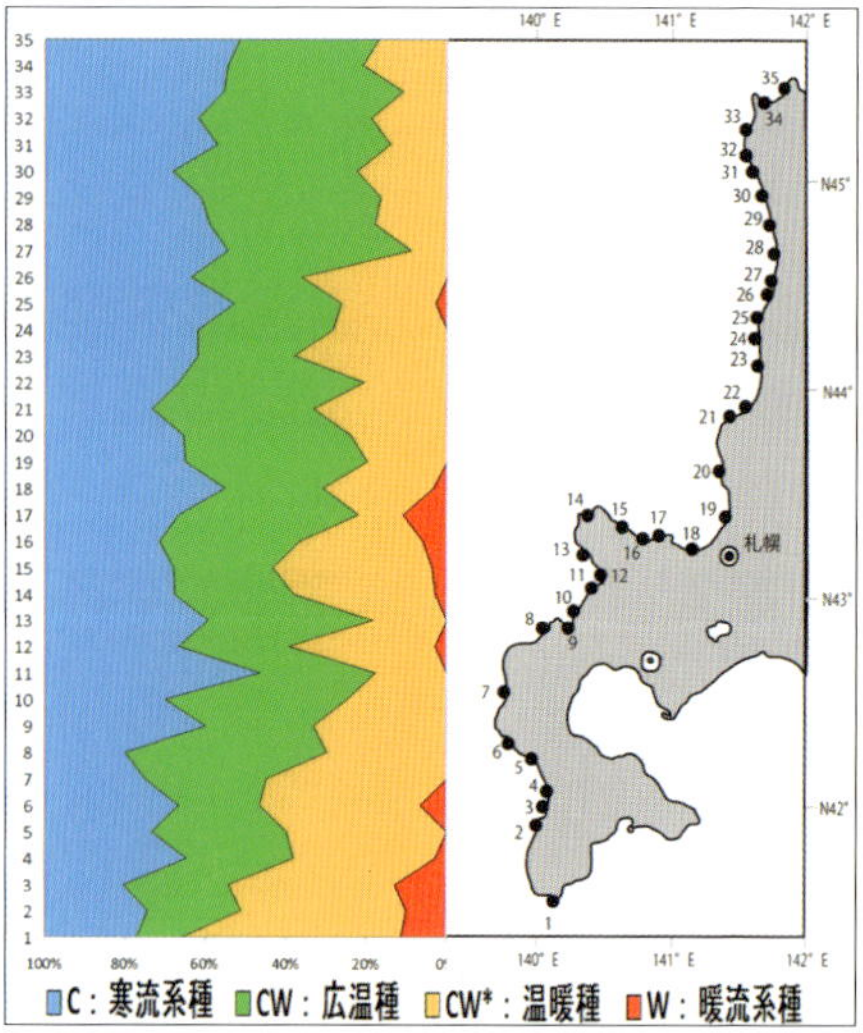

図11　北海道日本海側における貝類の地理分布

図12　カズラガイ（上ノ国町）

図13　メダカラガイ（松前町白神岬）

うな特徴が北海道の海洋生物相を豊かなものにしている。

二〇一二～二〇一三年に北海道日本海側で打ち上げ貝類の調査を行ったところ、多板類三種、巻貝類五七種、二枚貝類七七種、頭足類四種の計一四一種が確認された（鈴木・圓谷 二〇一四）。北海道沿岸には、冷たい海に棲む貝類（寒流系種）と南から北まで広範囲にすむことのできる貝類（広温種）だけが生息するとされてきた。しかし、この調査で従来北海道には生息しないとされる暖流系種が何種も発見された（図11）。それらは、カズラガイ（図12）、メダカラガイ（図13）などである。とくにメダカラガイは、北海道で最初に発見されたタカラガイ類として注目された。

このようなデータに基づいて、北海道日本海沿岸の海洋環境を推察してみる。まず、南方に生息する暖流系種の貝類の多くは一部を除き幼生期は浮遊生活をおくる。このため暖流系種の幼生分散には、産卵後の高い海水温と対馬暖流による運搬が必要である。近年の日本海中部の海面水温はかなり高くなっており、ここ一〇〇年あたりで二〇一二年はもっとも高くなった（圓谷・鈴木 二〇一五）。そのため、北海道南部以南に生息していた暖流系貝類の幼生が、対馬暖流により北方の海岸まで運搬される機会があったと考えられる。つまり、ここ一〇〇年間における日本海北部の冬期間平均海面水温の上昇は、北上してきた暖流系貝類の生息・越冬を可能にさせ定着をうながしたのだ。これらの原因には、世界的問題として知られる地球温暖化やレジーム・シフト（地球表層システムの基本構造の転換）などのさまざまな環境変動の影響が考えられる（鈴木 二〇一六）。

ビーチコーミング学へのアプローチ

海岸にはさまざまな場所からいろいろなものがたどりつく。自然物から人工物までその種類はさまざまである。これは海が世界のあらゆる場所につながっているからである。たとえば太平洋だけをみても、さまざまな海流の流れがあることがわかる。

日本列島周辺では、黒潮や対馬暖流が南から北へ流れ、南方の漂着物を北へ運んでくる。これがアオイガイで代表されるいわゆる暖流系漂着物である。一方、日本列島から太平洋に出た漂着物はどうなるのだろうか。これらは太平洋を時計回りに周回し、アメリカ西海岸のみならず、ハワイやミッドウェイの島々にたどりつく。漂着物のなかに震災漂着物があったことは記憶に新しいところである。

漂着物にはいろいろなものがみられる。自然物から人工物までさまざまである。海から来るものもあれば、陸から来るものもある。このような多様性が漂着物のもつ魅力ともいえよう。一見雑多にみえる多様性が、多面的に漂着物を調べることができる間口の広さにもつながるのである。

漂着物を、漂着物多様性という概念でとらえることも可能である。すなわち①漂着物の多様性情報、②漂着物相互の関係性、③漂着物における時間性という三つの要素から構成される。これらの要素の空間的―時間的に複雑な組み合わせが、漂着物の多様性を支えているといえよう。

ここでは学際科学（異なる分野にまたがった科学研究）としてのビーチコーミング学を考えてみる。日本では古くは柳田国男の『海上の道』や折口信夫の『海南小記』に代表される海洋の民俗学にその原点をみることができる。

ビーチコーミングや漂着物が注目されるようになったのは、国内外とも一九七〇年代からである。海外では、『Beachcombing for Beginners』（Hickin, N. 1975）、『The Beachcomber's Book』（Kohn, B. 1976）などが知られている。一方、日本では『漂着物《よりもの》の博物誌』（石井　一九七七）がその最初であろう。その後漂着物のバイブルといわれる石井忠の大冊『新版　漂着物事典』（石井　一九九九）、漂着物の意義をやさしく解説した『漂着物学入門』（中西　一九九九）が出版されて、漂着物は一般にも広く認知された。

その後、自然史科学のさまざまな分野から、その知識を漂着物に援用する試みが盛んになった。たとえば、漂着種子・果実、打ち上げ貝、海浜礫、海浜砂、環境教育などが、それらの代表的な成果といえよう。

ビーチコーミング学の今後の課題として、学際的な個々の分野の縦断的な特徴を活かすとともに、それぞれの専門分野に閉じこもらず、漂着物を広範に捉えてゆく必要があるだろう。海辺をくまなく歩くことで、各個人が対象とする特定の漂着物だけでなく、これらと随伴したりする特徴的な漂着物との接点を総合的に考えることが重要になろう。

また、漂着物を時系列的に検討したり、より広範な地域を対象としてリアルタイムで漂着物を追跡したりすることも可能になってきた。陸から川、川から海、そして大小さまざまな海はすべてつながっているのである。このようなグローバルな視点からも考えてゆく必要がある。

一方、自然史教育の観点からみると、ビーチコーミング学、自然史のリテラシー、体験型アクティビティの三要素がある（図14）。これらに注目して、野外体験や実践活動を進めてゆくことが、漂着物を活用した自然史教育リテラシーであるといえる。

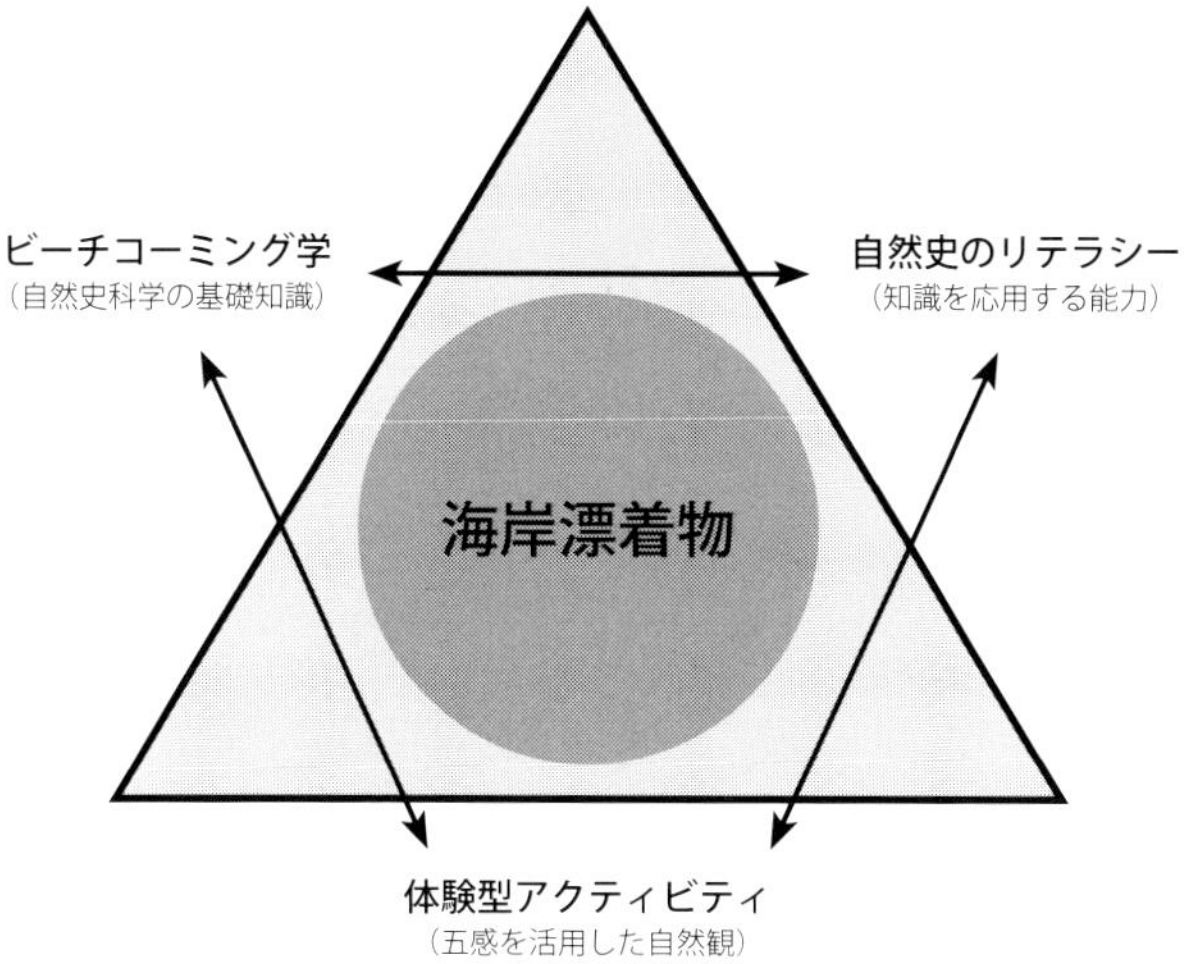

図14　海岸漂着物と自然史教育リテラシー

参考文献

圓谷昂史・鈴木明彦　二〇一五「二〇一〇〜二〇一四年において北海道余市湾沿岸に漂着したアオイガイ」『北海道開拓記念館研究紀要』四三：二七—三六

石井忠　一九七七『漂着物《よりもの》の博物誌』西日本新聞社：二五四

石井忠　一九九九『新編漂着物事典』海鳥社：三八〇

中西弘樹　一九九九『漂着物学入門—黒潮のメッセージを読む』平凡社：二一六

鈴木明彦　二〇〇六『北海道の漂着物—ビーチコーミングガイド』道新マイブック：一三〇

鈴木明彦　二〇一六『北海道の海辺を歩く—ビーチコーミング学入門』中西出版：一二〇

鈴木明彦・圓谷昂史　二〇一四『北海道ビーチコーマーズガイド』北海道海岸生物研究会：三〇

鈴木明彦・圓谷昂史・志賀健司・小林真樹・石川慎也　二〇一七「北海道沿岸へ漂着した暖流系浮表性巻貝類とクラゲ類」『地球科学』七一：八九—九一

Stevens, K./ Iba,Y./ Suzuki, A./ Mutterlose, J. 2015, "Biological and environmental signals recorded in shells of *Argonauta argo* (Cephalopoda, Octobrachia) from the Sea of Japan", *Marine Biology* 162 : 2203-2215.

Thoreau, H. D. 1865, *Cape Cod*, Ticknor & Fields.

コラム◉海岸清掃の仕組み──一五〇キロの海岸を清掃して二七年

柱本健司（公財）かながわ海岸美化財団

海岸清掃の一元化による活動

一九九〇年に開催された、海の総合イベント『相模湾アーバンリゾートフェスティバル一九九〇（通称「サーフ'90」）』において、自然環境の保全と良好な利用環境の創造を図るため、「海岸の散乱ゴミへの総合的な対策の取組み」の提言が示された。この提言を受け、それまで神奈川県や相模湾沿岸一三市町（横須賀市・平塚市・鎌倉市・藤沢市・小田原市・茅ヶ崎市・逗子市・三浦市・葉山町・大磯町・二宮町・真鶴町・湯河原町）等によって個々におこなわれていた海岸清掃が一元化され、その活動の拠点として、行政が中心に企業や団体等の参画も得て、一九九一年に財団法人かながわ海岸美化財団（以下、美化財団）が設立され、二〇一八年、美化財団は設立二七周年を迎えた。

美化財団の事業は、図1のように、横須賀市走水海岸から湯河原町吉浜までの一五〇キロメートルの自然海岸、河口部、海岸砂防林など、行政区域をこえた一体的な清掃をおこなっており、以下に示す四つの事業からなっている。まず、①活動の中心である「海岸清掃事業」、②ビーチクリーンアップイベントの開催や学校・企業等の環境教育の受入れをおこなう「美化啓発事業」、③年間約一六万人におよぶビーチクリーンボランティアに対しゴミ袋の提供・ゴミの回収・清掃用具の貸出などの支援をおこなう「美化団体支援事業」、④海岸ゴミ等の質や量等についての調査や清掃機械の開発研究等をおこなう「調査研究事業」の四つで構成されている。

この四つの事業のうち、②「美化啓発事業」以下の三つの事業は、財団基本財産の運用益や企業・団体・個人から寄せられる会費、寄附金等を財源としている。一方、①「海岸清掃事業」は、清掃費については、基本的に、総額の半分を神奈川県が、残りを一三市町が分担して負担している。台風などによって一度に大量のゴミが漂着した場合の緊急清掃費は、全額神奈川県の負担となっている。また、ゴミの焼却などにかかる処分費用については、一三市町が全額を負担している。この仕組みによって、美化財団はこれまで着実な活動を続けてくることができたのである。

ビーチクリーンボランティアの受入れ体制

海岸の清掃の担い手は、美化財団だけではない。年間約一六万人を超えるビーチクリーンボランティアの存在がある。設立当初は、五万七二二八人だったボランティアが、平成二九年度には、約二・八倍の一六万二二八四人まで増加した。現在では、環境団体、マリンスポーツ団体、地元住民、学校、企業、宗教団体等、多種多様の団体が参加している。

図1　海岸清掃範囲および主な流入河川とその流域

　ここまでボランティアが増加した背景には、ビーチクリーンをしたいと思い立ったら、いつでも気軽にできる支援の仕組みがある。海岸清掃を実施したいボランティアは、まず、電話・メール・ホームページの専用フォームで財団に実施日時と場所等を連絡する。折り返し、美化財団から必要なゴミ袋や軍手・清掃用具等が宅配便で送付され、ボランティアはそれらを利用して清掃をおこなう。

　清掃で集めた海岸ゴミは、指定場所にまとめておけば、後で美化財団が回収し、清掃用具は、清掃後に、美化財団まで返送すればよい。清掃申込みにともなう、事前の登録や、実施後の報告等はいっさい必要なく、なるべくボランティアの負担や手間を軽減する仕組みになっている。

　さらに、ビーチクリーン初心者には、おすすめの海岸や受入れ可能のボランティア団体を紹介するなど、きめ細かい対応をしてきたことも、参加者の増加要因の一つだと考えられる。

　こうしたボランティアに対して提供するゴミ袋や軍手、清掃用具の購入は、すべて企業の協賛で賄われている。企業はゴミ袋を協賛し、ボランティアはゴミを拾い、美化財団はゴミを回収す

清掃活動の様子（真鶴町）。プラスチック系と自然系のゴミが混在している。

る。海岸美化にとって非常に効果的な三角関係がここに成立している。

二七年間の活動から見えてきた課題

　設立から二七年以上経過した現在、「ゴミの量は変わらない」のに、「清掃費は減少」という二つの課題に直面している。図2のように、海藻を除いた、「可燃ゴミ」と「不燃ゴミ」の回収量は、年間約二〇〇〇トン前後で推移し、長らく有意な変化は見られない。

　一方、清掃費は、設立当初四億円台であったものが、平成二九年度には、半分の約二億円まで減少してきている。この状況に対して、これまで、国の「緊急雇用創出事業」や「地域グリーンニューディール基金」のような財源を補完的に活用して、対応してきたわけだが、こうした財源は時限的なもので継続性がないため、近年では清掃費不足で海岸のゴミを回収しきれない事態も発生している。

　海岸ゴミは、河川を通じて県外や沿岸に面していない自治体から流入するばかりか、海流を通じて国外からも漂着する。このため、海岸漂着物等処理推進法などを踏まえ、国からの継続的な財源措置が強く望まれる。

　また、美化財団のこれまでの調査からも、すでに、海岸ゴミの約七割が川に由来していることが明らかになっている。つまり、ゴミ量を減らすためには、沿岸周辺だけでなく、河川をさかのぼった地域への働きかけが不可欠であるといえる。このため美化財団では、河川上中流域の自治体や美化団体との交流の促進、連携した環境美化の取組みのほか、学校との連携や出前授業の取組みも続けてきた。

　これまで海岸美化活動では、「汚れたからキレイにする」といういわば事

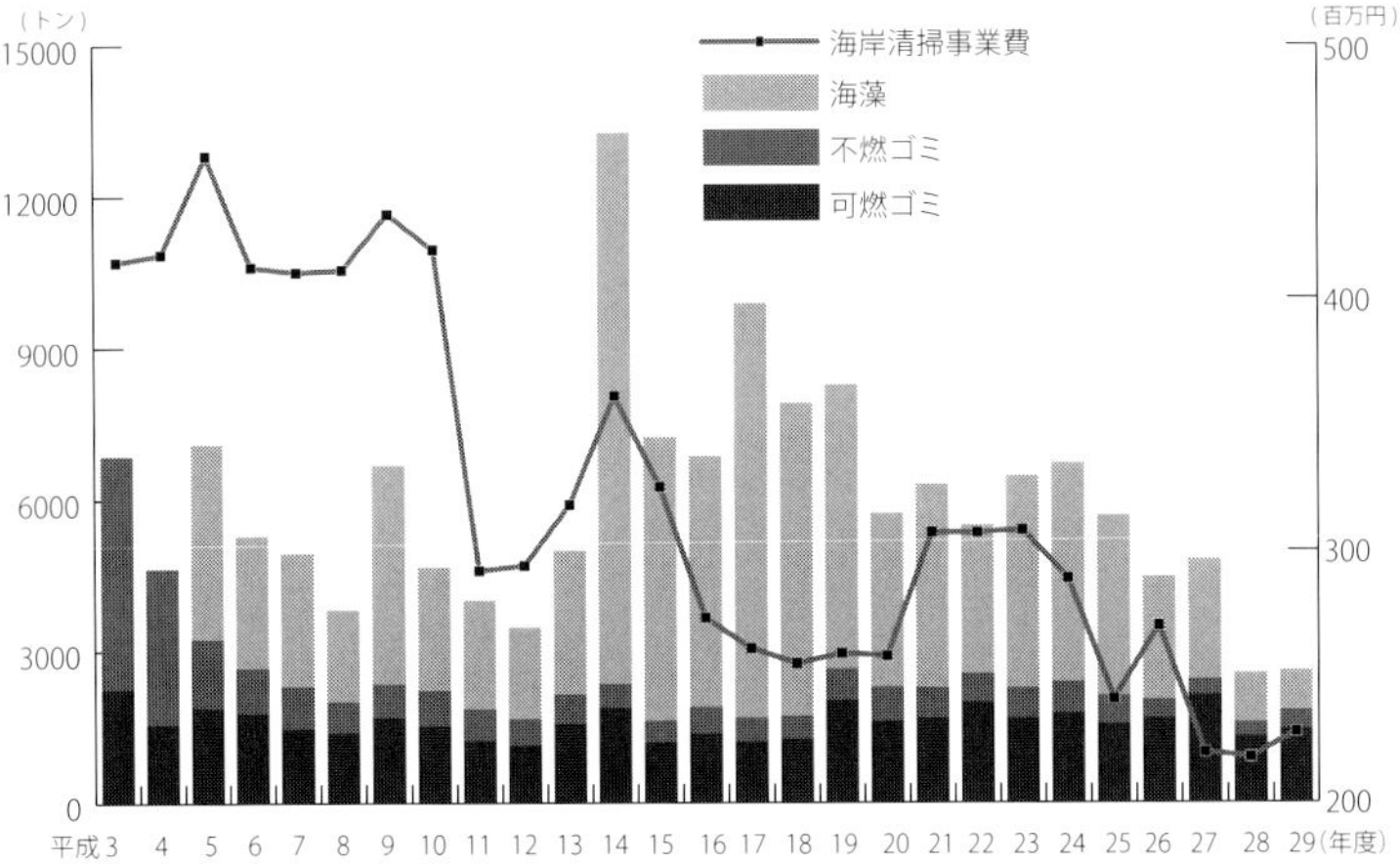

図２　海岸ゴミ量と清掃費の推移（平成３～29年度）

後対策に、重点が置かれてきた。しかし、発生ゴミ量が減らない現況からも、今後は「汚さないようにする」という、いわばゴミを減らすための事前の活動（広域的な発生抑制）に、より一層の力を注ぐ必要がある。

現在、世界的に海のゴミ問題がクローズアップされているなか、いかにゴミを出さないか、海まで流出させないかということは、社会全体で取組むべき喫緊の課題といえる。

そのために、美化財団では清掃の現場から海岸ゴミの実態をしっかりと発信していかなくてはならない。そして、市民、行政、企業など、社会のさまざまなファクターが関係のある問題としてとらえ、具体的な行動につなげていくことが必要だと考える。

2

漂着物にとりつかれた人たち

中西弘樹（長崎大学名誉教授・漂着物学会会長）

海辺に暮らす人々と漂着物

海岸には浮くことができるあらゆるものが、打ち上がっている。それらを漂着物と呼んでいるが、なかには貝殻、骨、石炭など海底に沈んでいたものが、沿岸流や波の力で打ち上がることがあり、それらも漂着物とみなしている。海辺に暮らす人々にとって、そうした漂着物はまさに海からの贈り物で、食料をはじめ、燃料、建築資材、道具をつくる材料など生活に必要なあらゆる種類のものを漂着物から見出していた。

現代の漁業は、魚群探知機の使用や合成繊維の漁網を機械で巻き取るなど、深い海から効率よく捕獲するのがふつうである。しかし、かつては海の表層からだけの漁業であったので、海中は魚類が群れていた。ただ海が荒れると生きた魚が打ち上がることがあり、沿岸に住む人たちにとっては嵐の後は収穫も多かった。浅海部はアマモ類や海藻が繁茂し、春になると波打ち際に山のように打ち上げられ、そのなかからウナギを獲る人もいた。海藻はテングサ類やフノリ類などの有用なものばかり集めていたわけでなく、食用とならないホンダワラ類は畑の肥料に利用されていた。図1は最近までみられた集めた海藻の所有を示すためのものである。

漂着物は、海を起源とするものばかりでなく、河川から流出する内陸起源のものもある。河川改修がおこなわれていなかった時代には、集中豪雨がおきるたびに、おびただしい内陸のものが海に流され、海流に運ばれ、遠く離れた海岸に打ち上げられ、生活に役立つ漂着物は多かったにちがいない。

私は愛知県の知多半島で育ち、家が海岸近くにあり、子どものころから漂着物に興味があった。当時風呂は薪を燃やして沸かしていたので、流木を拾うことは毎日の手伝いでもあった。風が吹いた翌日は、朝まだ薄暗いうちから人々が漂着物を求めて海岸に集まったものである。今のようにプラスチック製品がなかった時代であったので、漂着物の多くは自然物、あるいは人工物であっても木切れなどの燃やせるものであり、利用できる漂着物は多かった。人々の暮らしは歴史をさかのぼるほど直接自然に依存しており、海辺で暮らす人々の生活は、かなりの部分漂着物に依存していたにちがいない。一九六〇年ごろまでは、海辺に暮らす人々が漂着物を利用していた生活の名残が全国各地でみられた。

図１　集められた肥料用の海藻。石を置くことによって所有を示す。
(2008 年長崎県平戸市生月島)

　漂着物は野山の自然物と異なり、毎日の生活物資ばかりでなく、時には思わぬものが漂着した。人々は驚き、あるいは不思議に思い、みたこともない漂着物でも持ち帰り、何とか利用しようとしていた。例えば、ココヤシの内果皮《ないかひ》（内部の種子を包んでいる部分）が、縄文時代の福井県鳥浜遺跡、千葉県銚子市粟島台《あわしまだい》遺跡、石川県金沢市中屋サワ遺跡、弥生時代の福岡県福岡市比恵《ひえ》遺跡、長崎県壱岐市原の辻遺跡、同県平戸市里田原《さとたばる》遺跡などから出土している。これらは内果皮の一部を切ったり穴をあけたりして加工した跡があり、容器、あるいは笛など、何らかの利用をしていたと考えられる。これらは古代人がいかに漂着物に注目し、利用していたかを示す証拠といえる。

　また、縄文前期の遺跡からヒョウタンの果皮が発見されているが、当時、大陸との人々との交流があったと考えるよりは、海辺に暮らす人々の生活から判断すれば、漂着起源と考えた方が妥当であろう（中西　一九八三）。しかも、果実を拾った人が、なかのタネを蒔《ま》いたとすると、それが栽培植物の渡来起源となりうる。こうした例はヒョウタン以外にも日本ではスイセン、ナツミカンなどで、世界的にはココヤシ、ワタなどで考えられている（中西　一九九〇）。

漂着物のなかには信仰の対象になったものもある。海のむこうからやってきたといわれる神を祀った寄神《よりがみ》神社や、流木を集めて建てた寄木《よりき》神社という名前の神社があるし、漂着した観音様や仏像をご神体として祀《まつ》った寺もある。長崎県対馬には姫君がうつろ舟（大木をくりぬいて造った舟）に乗って漂着したという伝説が多く、南端の豆酘《つつ》の高御魂《たかみたま》神社のご神体はうつお舟（うつろ舟のこと）に乗って漂着したと信じられている霊石である。同じような伝説は西南日本各地に知られている。このような伝説は、海の彼方から祖霊たちがやってきて、現生の人々に幸福をもたらすというマレビト信仰に結びつき、今でも神社を中心とした祭りの行事として海辺に暮らす人達の間に残っている。

ビーチコーミングとビーチコーマー

ビーチコーミングとは、海岸を歩いて漂着物を収集することをいい、コレクションとハイキングを兼ねたような趣味として知られている。ビーチコーミングを文字通り直訳すれば「海浜を櫛《くし》でとかす」という意味になるが、浜を櫛でとかすように漂着物を探すことからその言葉が生まれたのであろう。その言葉は、日本では三〇年ほど前から使われはじめ、毎年発行される『現代用語の基礎知識』（自由国民社）では一九九二年版から「ビーチコーミング」の用語が掲載されている。最近では新聞や雑誌などの見出しにも時々登場し、野外活動としても取り入れられ、地方の観光パンフレットにも野外活動の一つとして載っていることもあり、すっかり日本語として定着した言葉となった。

漂着物の収集のなかでは、古くから打ち上げられた貝類を集めている人はいたが、最近になって漁網の浮き、特にガラス製の浮きを集めている人が多くなった。これなどは簡単に部屋のインテリアになる。漂着した玩具を集めている人、熱帯からの果実と種子を集めている人など、ビーチコーミングは漂着物のなかから自分の興味を引いたものだけを集めればよい。漂着物自体いろいろなものがあり、収集する人の知識や能力に応じて楽しむことができる趣味といえよう。

波の音を聞きながら海辺を歩くだけでも、気分が爽快となり、心身ともに健康的になり、さらに珍しいものをみつけた時には、喜びや感動を味わうことができ、宝探しの面白さがある。さらに集めたものを眺めたり、部屋のインテリアとして飾ることもできる。漂着物を集めることは、特別な技術や道具も必要としない。その楽しみ方はいろいろであり、子どもからお年寄りまで誰でもすぐにできる。他の収集と違って、お金もかからない点も、特徴である。ビーチコーミングは、趣味としていろいろな点で長所が多い。

ビーチコーミングの言葉の普及と共に、ビーチコーマーということばも使われはじめ、そのまま素直に解釈すればビーチコーミングをする人という意味になる。しかし、ビーチコーマー（beachcomber）の訳語を研究社の『新英和大辞典』（小稲 一九八〇）で調べてみると、「一．大波、寄せ波、二．浜で物を拾う人、（南太平洋諸島の）波止場をうろつく浮浪白人」とあり、ここでは二番目の人をさす場合を考えてみたい。後者の意味は、民俗学的にポリネシアにおいて石川（二〇〇六）の研究があるが、一般にはあまり良くない意味で「波止場のルンペン」「海辺の浮浪者」の意味がある。日本にも古くから「磯乞食《こじき》」という言葉があり、私もかつては漂着物を探しに行くというと、同僚などから「磯乞食に行くのか」と半分冗談でいわれたものである。

しかし、ビーチコーマーにはもう少し深い意味がありそうである。バンフィールド（一九八八）の『The Confessions of a Beachcomber（ビーチコーマーの告白）』を読むと、著者自身をビーチコーマーと称して、その生活について詳しく、そしてやや哲学的に述べている。そのなかで理解しやすい文章を引用すると「時間におわれ、あくせく努力する重苦しさから全く開放された生活を送るうちに、私はビーチコーマーの生活こそ、今一般に唱えられている自然への回帰の最も近道であり、他の何物にもない魅力をもつことを確信するに至った」とある。

『現代用語の基礎知識』にはビーチコーミングの意味として、当初は「浜で漂着物を拾い集めること」と解説されていたが、二〇〇〇年版からはさらに「また、海岸一帯で浮浪者のようにのらりくらりと暮らすこと」と解説が加わっている。南西諸島に行くと、冬でも暖かいせいか、人里離れた海辺の粗末な小屋で一人暮らしをしている人をみかける。小屋の前には、いろいろな漂着物が下がっている。大都会のなかで暮らすホームレスとは違って、自然のなかで暮らすことに意義を見出しているにちがいない。まさに、この人たちのことをビーチコーマーというのであろう。ビーチコーマーの意味は、かつての浮浪者や不良者のようなあまり良くない意味から、海辺の自然を愛する者というニュアンスに代わってきたように思われる。海外にはビーチコーマーという名前のホテルなどもあるが、このような現代的な意味がありそうである。

漂着物学の基礎を築いた人—石井忠

石井忠（一九三七～二〇一六）は、それまで日本人がだれも注目してこなかった漂着物に目を向け、それを収集し、それが何か、何がいえるのかということをまとめた。趣味や収集のレベルから学問のレベルに高め、漂着物学の基礎を築いた人である。彼の業績は一般には、民俗学者の柳田国男の考えを、漂着物を通して証明し、なかでも海の民俗学について漂着物を通して実証したと考えられている。そのことは『民俗の旅—柳田国男の世界』（松田編　一九七五）のなかで、「漂着物に見る海上の道」と題する報文を書いているし、最初の著書『漂着物《よりもの》の博物誌』（石井　一九七七）には民俗学者・谷川健一が序文を寄せていることからも明らかである。さらに『海辺の民俗学』（石井　一九九二）をまとめており、漂着物を民俗学的にとらえていたことは確かであろう。

しかし、私は彼が民俗学、社会学、歴史学などの文系の分野ばかりでなく、理系の分野においても一つの新しい考えを投げかけたと思う。一九七〇年代のはじめごろ、彼は生物教育の教材研究のための雑誌『採集と飼育』に「北部九州沿岸の漂着物」というタイトルの報文を書いた。これまでも漂着種子の記録はなされてきたが、珍しいものの記録にすぎなかった。この報文ではこれまで記録されてこなかった多くの漂着種子が記録されているばかりでなく、それが量的に多いのか少ないのか、いつ漂着するのかということをまとめた。私も海岸植物の調査のため、全国の海岸を歩き、漂着種子にも興味をもっていたので、その報文を目にした時は、「こういう研究があるのだ」という驚きとともに、大変感激したことを覚えている。その後も漂着生物について記事をいくつか投稿している。

また、貝類学会にも入会し、漂着貝にも関心を寄せ、記事を書いている。植物ばかりではなく、漂着した動物についても記録しており、博物学的な研究をしていたといえる。そういった意味で、彼は文系ばかりでなく、理系にもこの漂着物が関係しているということを実証した。これは彼が何にでも好奇心が旺盛で、徹底したフィールドワークによって、とことん調べてみようという考えをもっていたからである。

ふつう研究者は、いつ、どこで発見できるかわからないものを研究の対象とはしないであろう。しかし、彼は少年の頃から切手や古銭を収集したり、石器や土器など集めたり、考古学にもかなりのめりこんだ経験があり、漂着物を調べてどうするのかはまったく考えていなかった。彼の言葉を借りれば、「漂着物はなんかおもしろそうだ」ということで、知的好奇心のおもむくまま毎日のように海岸を歩き、漂着物を集め、整理した。まさに漂着物学の原点がそこにあった。

「漂着物学」という言葉は、すでに最初の著書（石井 一九七七）のなかにもみられるように、あらゆる漂着物を記録し、整理してそこから何がいえるのかを考えてゆこうとしていた。こうして漂着物学の基礎ができあがってゆき、二〇〇一年に私たち有志とともに、漂着物学会を立ち上げ、初代会長に就任した。石井忠は漂着物学という新しい学問分野の基礎を築いた人であった。

海の教育とビーチコーミング

レジャーとかバカンスという言葉がはやる前から、人々は海水浴に出かけたもので、とくに子どもがいる家庭では、夏休みの行事にもなっていた。海辺には海の家が立ち並び、連日にぎわったものである。また、義務教育のなかでも臨海学校があり、子どもたちにとって海を体験することはふつうのことであった。しかし、海は危険だということで、学校や自治体でプールが造られ、今では夏の海辺はすっかり様変《さまが》わりした。少子化の影響もあるのか、海で遊んでいる子どもたちの姿をみなくなったし、多くの海浜では海の家もなくなり、プールだけが繁盛する時代となった。泳ぐことだけを考えれば、プールの方が便利であるが、海で泳ぐことは、子どもたちにとって、いろいろな海の体験ができる。遠くで台風が発生すると、天気が良くても大波が押し寄せるし、海が荒れた後には、海岸地形が変わっていることに気がつく。いろいろな海産動物に出あうこともある。海水浴はいろいろな海からの影響を体験できる。

最近の海のレジャーは、サーフィン、シーカヤック、ダ

図２　小学生の漂着物教室

イビングなど多様化してきたが、いずれも高価な道具が必要であり、子どもたちにとっては簡単にできるものではない。その点ビーチコーミングは、お金もかからず、手軽に海の体験ができる。

漂着物は、海産動物や海藻、軽石などの自然物と、さまざまな形の漁網の浮き、洗剤の容器、空き瓶、ビーチサンダル、歯ブラシ、玩具などの生活用品などの人工物がある。人工物はいってみればゴミであるが、それらのなかには中国、韓国、台湾をはじめ、東南アジアの国々のものがあり、日本のものと違っていると、その国々の生活の様子がしのばれ、それなりに興味深いものがある。子どもたちにとっては、外国製品を発見することによって、目の前の海が外国とつながっていることを身をもって知ることができるであろう。またプラスチック製の漂着ゴミは、多くが生活用品に由来していることに気づき、環境教育に結び付けて指導できる。

貝類や海藻、果実や種子などの自然物を対象として漂着物を集めることによって、自然のおもしろさ、不思議さ、大切さなどを海岸という環境のなかで体験することができる。漂着した生物は多くが死んでいるので、生きた生物を採集するのと異なり、たとえ珍しいものであっても、環境への影響ははるかに小さいといえる。ビーチコーミングを主とした海での体験学習を私たちは漂着物教室とよんでいるが、学校の総合の時間を利用して小学校から高校まで、いろいろな学校、学年で開いてきた（図２）。漂着物は多様であるので、子どもから大人まで、知識や興味に応じて楽しむことができ、それを教材にした教育もさまざまな段階で可能となる。

漂着物学と漂着物学会

「漂着物学（Driftology）」とは私たちがつくった造語で、漂着物に関する総合学問のことである。日本は海で囲まれた島国で、沿岸を世界の二大暖流である黒潮が流れており、海岸にはさまざまな漂着物がみられる。その漂着物は日本人の暮らしや文化、あるいは生物相に大きな影響を与えてきたし、現代では漂着ゴミとして問題となっているものもある。

漂着物を発見して確実にわかるのは、発見日だけであって、いつ漂着したのか、どこからいつ漂流しはじめたのかは不明である。しかし、いつ漂着したのかは、調査回数を増やしたり、強風が吹いた日などから特定できる。どこからいつ漂流しはじめたのかわかる例もある。海底火山の爆発などで多量に噴出される軽石の漂流がそのよい例で、まだ日本近海の海流図が完成していなかった一九二四（大正一三）年一〇月、八重山諸島の鳩間《はとま》島付近の海域で火山が爆発した。付近の海面は噴出された軽石に被われ、やがて黒潮によって日本列島近海を北上しはじめた。全国沿岸の測候所や水産試験場の協力で、その漂着資料が集められ、その漂流状況から海流のようすがまとめられた。のちには、海流ビンや海流ハガキによる人工の漂流物を使って、海流の詳しい流れが研究されるようになった。

同じ人工物であるが、二〇〇六年に韓国釜山の南部沖で、コンテナが海に落下し、積み荷のプリンターのインクカートリッジが漂流し、日本各地の海岸に漂着することがあった。カートリッジは一個ずつビニール袋に入っており、ゴミとして投棄されたものとは区別できる。私の研究室では学生とともにこれを調べたことがある（由比ほか 二〇〇八）。漂流物の拡散によって、その時の海流の一端をとらえることができた例である。

漂着果実や種子の漂着は、海流による種子散布の一つの証拠となる。日本列島には、ココヤシをはじめ、ニッパヤシ、ゴバンノアシ、モダマなど熱帯植物の果実や種子が漂着している。これらの植物は海流によって分布をひろげることができる海流散布植物である。漂着果実や種子の観察を通して、どのような植物が海流で散布されるのか、また海流散布の可能性をどの程度もっているのかがわかる。

漂着動物の場合は、その死骸や衰弱した個体が打ち上がっている。種類によって幼個体が多く打ち上げられるもの

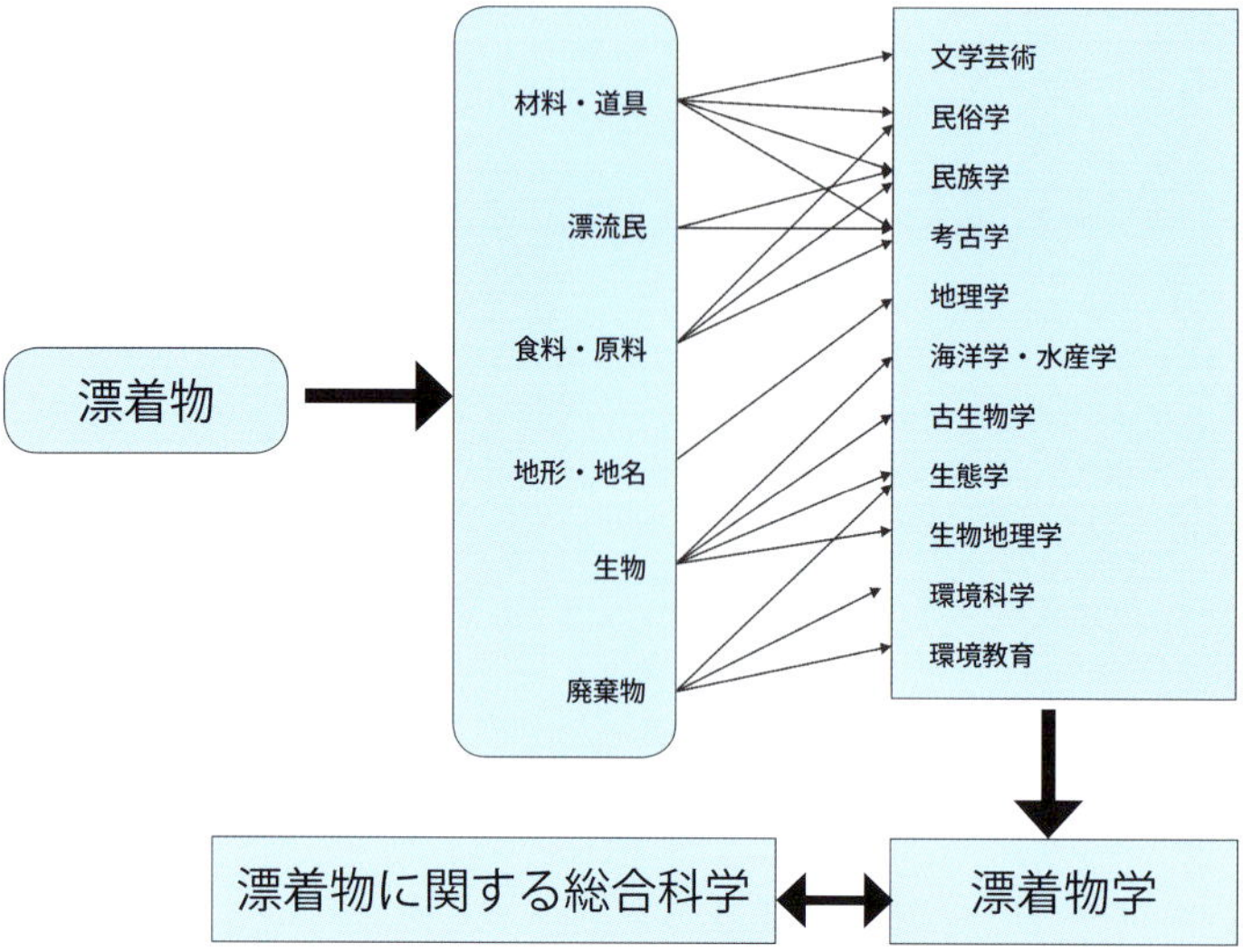

図３　漂着物学と他の分野との関係を示す。

や、その逆に成体が多く打ち上げられる種もある。これはその動物の行動の特性を表している。

　また、漂着する時期も種類によって異なっており、漂着地点と個体の大きさなどを関連づけることによって、より詳しくその生態がわかる場合がある。このように漂着した生物を観察することによって、生物の多様性ばかりでなく、特定の生物の生態や分布などを知ることができる（中西　一九九九）。海岸を歩いていると漂着物の多い所と少ない所がある。同じ浜でも場所によってその量が異なっていることもある。海岸の地形や沿岸流などの違いが漂着物の多さに反映しているのである。

　したがって、漂着物は、民俗学や歴史学、地理学、生物地理学、生態学、海洋学、環境科学、環境教育などさまざまな学問分野に関係しており、それらを横断的にあるいは学際的に研究するのが「漂着物学」である（図3）。その漂着物学を研究する人、あるいは漂着物に興味がある人の集まりが、漂着物学会である。

　学会はある特定の学問分野を研究する人の集まりであり、どんな分野であろうと集まって学会を宣言すれば学会が成立するかも知れない。しかし一般的には、日本学術会議に登録されたのが学会とみなされているようで、登録された数は六〇〇にものぼり、漂着物学会もその一つである。私もいくつかの学会に属しているが、この漂着物学会はおよそ学会らしからぬ学会であり、会員も大学や研究所に勤めている人ばかりでなく、サラリーマンや主婦など趣味としている人も多い。

そもそも学問は不思議さを感じ、その謎を解き明かすことからはじまるといえる。自然科学においては、自然を記載し、なぜそうなっているのかを解明することである。そこには論文を書いて研究業績をあげようとか、これを企業にもちこんで研究費を得ようとかいう、いわゆる俗世間的なことはまったくない純粋な探求心に基づいている。また、学問の目的は役に立つか立たないかではなく、真理の探究にこそあるわけで、小惑星イトカワから持ち帰った微粒子や、恐竜の足跡の化石を調べても、直接は人類に役立つとは思われない。しかし、誰もが認める学問であろう。学問は大きくは文化の一つといえるかも知れないし、少なくとも文化的な面がなくては、真の学問とはいえない気がする。

漂着物は一般の人からみれば、海岸に打ち上がったゴミにすぎないが、そのなかからデータを得て、記載し、考察するのが漂着物学である。まさに漂着物学会はそうした人が集まっており、したがって、漂着物学会には学問の原点があるといえる。

参考文献

小稲義男　一九八〇『研究社新英和大辞典　第五版』研究社
バンフィールド、F・J　一九八八（越智道雄訳）『渚の生活　ビーチコウマーの告白』リブロポート
石井忠　一九七七『漂着物（よりもの）の博物誌』西日本新聞社
石井忠　一九九二『海辺の民俗学』新潮社
石川榮吉　二〇〇六「ポリネシアのビーチコウマー」『国立民族学博物館調査報告』五九巻
松田延夫編　一九七五『民族の旅　柳田国男の世界』読売新聞社
中西弘樹　一九八三「種子の漂着と考古学」『鳥浜貝塚』（一九八一年・一九八二年度調査概報・研究の成果―縄文前期を主とする低湿地遺跡の調査　三）
中西弘樹　一九九〇『海流の贈り物―漂着物の生態学』平凡社
中西弘樹　一九九九『漂着物学入門』平凡社
自由国民社　一九九二『現代用語の基礎知識』自由国民社
自由国民社　二〇〇〇『現代用語の基礎知識』自由国民社
由比良雄・中西弘樹・林重雄・小島あずさ　二〇〇八「インクカートリッジの海上拡散と漂着」漂着物学会誌六：五―九.

コラム◉漂着する陶磁器

野上建紀（長崎大学多文化社会学部教授）

海の道と陶磁器

陶磁器のように重くてかさばるものを大量に遠くへ運ぶためには、船が用いられた。陶磁器そのものが商品として運ばれることもあったし、大きな壺などのように容器として運ばれることもあった。

地中海で発見される古代の沈没船ではアンフォラとよばれる土器の壺が大量に発見される。ワインやオリーブ油を積み込んで航海の途中に沈んだのであろう。

古代・中世になると東アジアや東南アジアの陶磁器が大量にインド洋を渡って西方へ運ばれている。エジプトのカイロの旧市街であるフスタート遺跡では中国の白磁や青磁、染付が大量に発見される。「陶磁の道」、「海のシルクロード」とよばれた海路を経てもたらされたものである。

近世になると日本の陶磁器も海をこえて運ばれる。その担い手はアジアの船だけではない。シンガポール沖やケープタウン沖で沈没したオランダ船から有田焼が引き揚げられている。これら陶磁器は海を介した交易や交流を示す証左である。人間の営みの痕跡は陸上だけではなく、海にも残されている。

海岸に打ちあげられる陶磁器

日本の近海でも有田焼は発見されている。江戸時代の有田焼は船で全国津々浦々に運ばれていたからである。中でも響灘《ひびきなだ》に面した福岡県北部の芦屋町や岡垣町の海岸ではこれまで大量の陶磁器が打ちあげられている。大半は江戸時代中期以降の有田焼をはじめとした「伊万里焼」である。江戸時代、有田焼を積み出した港が伊万里であったため、有田やその周辺で焼かれた磁器を総称して「伊万里（焼）」とよんでいた。

芦屋町や岡垣町の海岸で打ちあげられる伊万里焼は、伊万里の港から船積みされて、玄界灘や響灘を渡って運ばれる途中に何らかの理由で沈んだものであろう。当時、全国の大半の市場は伊万里港からみて東にあり、船で運ばれる国内向けの伊万里焼の大半は玄界灘を経由する計算となる。

それでは玄界灘などの沿岸ではどこでもこのように伊万里焼が大量に打ちあげられるのかといえばそうではなく、この浜辺ほど伊万里焼が打ちあげられるところはない。そして、海岸だけでなく、その沖合の海底でも伊万里焼が発見される。二〇〇四年の秋に潜水調査をおこなった時も水深二三メートルの海底の岩礁にひっそりと伊万里焼が沈んでいた。

筑前商人と伊万里焼

伊万里焼がこの海域や海岸で大量に発見される理由の一つは、江戸時代の伊万里焼と芦屋の商人の特別な関係にあった。とくに江戸時代中期以降、芦屋の商人をはじめとした筑前商人は伊万里で陶磁器を仕入れ、「旅行《たびゆき》」と称して、全国津々浦々に売り捌《さば》いていたのである。

『伊万里歳時記』には江戸時代後期の天保年間頃、伊万里港から積み出された約三一万俵の陶磁器の内、約二〇万俵を筑前商人が扱ったと記されている。細かい数字の信憑《しんぴょう》性はともかく莫大な量の陶磁器を筑前商人が扱っていたことは確かである。芦屋海岸の近くに神武天皇社という神社がある。その参道の両脇に大きな石灯籠があるが、それらは伊万里の陶器商人が寄進したものである。伊万里と芦屋の結びつきの強さを物語っている。

江戸時代中期以降、芦屋商人が盛んに活動していた頃、伊万里焼を積んだ船が数多く芦屋に出入りしていた。船が頻繁に出入りする分、沈んだ船や積荷が多くなったのであろう。浜に打ちあげられる陶磁器の年代は筑前商人が盛んに活動した時期と合致するのである。

打ちあげられる理由

それでは、どうしてそれらが「今」、打ちあげられるのであろうか。海に沈んで長期間、海底をさまよい続けて浜に打ちあげられたものであれば、摩耗《まもう》して表面がかすれたり、角がとれて丸くなったりするものである。

しかし、岡垣海岸に打ちあげられる陶磁器はそうした摩耗の痕跡がないものが多く見られる。つまり、長い間、陶磁器が海底に安定した状態にあったものが、それほど古くない時期に掘り出され、移動して打ちあげられている可能性が高いのである。

近年になって打ちあげられるようになった理由は今なおはっきりしないが、考えられる理由はいくつかある。岡垣

岡垣海岸に漂着した伊万里焼。（添田征止氏採集）

芦屋沖に沈む伊万里焼。（山本祐司氏撮影）

海岸はかつて射爆撃場であった。戦後、進駐してきた米軍や自衛隊が長年、射爆撃場として使用した。もちろん立入り禁止エリアであった。そして、一九七八年になってようやく返還されたが、その頃から岡垣海岸をはじめ、芦屋海岸や若松海岸などで古銭や陶磁器の漂着が確認されるようになった。射爆撃場の返還と浜に打ちあげられる陶磁器は何らかの関係がありそうである。

射爆撃場として利用されていた頃はその沖合も漁業営業制限区域となっていて、立ち入りが制限されていたが、返還以後、この海域での底曳き漁や砂採りが盛んになった。そのため、海底にあった陶磁器が人為的に掘り出された可能性が考えられる。実際に地元の漁師は漁網に陶磁器がかかった経験を語る。

あるいは全国的な現象としても知られる砂浜の消失による可能性もある。芦屋町と岡垣町の間の海岸も明らかに砂浜が細り、いわゆる浜崖が形成されているところがある。防波堤など漁港の整備により潮の流れが変わったこともその原因の一つであろうし、この海域に直接流れ込む遠賀川の河口堰や護岸工事も原因となっているのであろう。いろいろな要因がからまって砂浜の浸食と堆砂のバランスが崩れた結果、砂浜の消失を引き起こし、海岸線近くに埋まっていた陶磁器が洗い出されていった可能性が考えられる。

底曳き漁や砂採りによる海底の爪痕

も大きいが、砂浜の消失の影響もまた広く大きい。いずれにしても海底の砂に埋もれていた遺跡は壊滅的な破壊を受けることになる。浜に流れ着く陶磁器、そうした海のロマンに似つかわしくない現実があるようである。漂着する陶磁器はその見えない海底の変化に関するシグナルをわれわれに送り続けている。

人知れず破壊を受けている海底遺跡は岡垣海岸だけではない。ある遺跡は開発によって埋め立てられ、また、ある遺跡は防波堤などの建設によって壊されている。海底遺跡に対する関心の低さが破壊を進めている。

わが国には海底遺跡の正確なデータベースすらないのである。わが国の水中考古学が諸外国に比べて大きく遅れている所以《ゆえん》でもある。水中文化遺産の保護を目的としてユネスコが採択した「水中文化遺産保護条約」もすでに発効している。海底遺跡をはじめとした水中文化遺産の保護は世界で共有しなければならない課題の一つである。

わが国の取組みの一つとして海底遺跡のデータベース作成は急務である。

3 海域に浮遊するマイクロプラスチック研究の最前線

磯辺篤彦（九州大学応用力学研究所教授）

はじめに

安価ゆえに大量に消費・破棄されたプラスチックは、ひとたび自然界に流出すれば、軽量ゆえ容易に移動・拡散するだろう。また、腐食分解しないプラスチックは、細かく砕けることはあっても、地球から消えてなくなることがない。ポリエチレンやポリプロピレンのように海水より軽い材質でなくとも、ペットボトルのような水に浮く形状であれば、廃棄プラスチックは風や海流によって遠くに運ばれ、そして海岸に漂着する。このように、安価かつ軽量で耐久性に優れたプラスチックは、それゆえに漂流ゴミや漂着ゴミとなる要件を十二分に満たしており、実際に個数比にして海岸漂着ゴミの約七〇％はプラスチックなのである（Derraik 2002）。二〇一五年エルマウ以降のG7サミットやG7環境大臣会合など、最近になってさまざまな国際的枠組みの中で懸念が表明されている海洋ゴミ問題とは、すなわち自然に流出する廃棄プラスチック問題といってよい。

人目につきやすく海岸景観を損ねる大型の漂着プラスチックゴミ（以降、マクロプラスチック）については、十分な効果とはいえないまでも、国や地方自治体が主管する海岸清掃事業などを通して対策が講じられてきた。NPO／NGOによる海岸清掃活動や啓発活動も地道な継続をみせている。ところが、マクロプラスチックが海岸での劣化を経て微細片化したマイクロプラスチック（図1）は、目につきにくいこともあって、これらの存在が広く社会に認識されたのは最近のことである。社会的な認識のみならず、関連する研究論文の増加は、せいぜい過去五年以内である。

ところが、カーペンターらによって一九七〇年代に北米東海岸沖で最初に浮遊が報告されたマイクロプラスチックは（Carpenter *et al.* 1972）、その後に海洋や海岸に広く分布することがわかるにつれ研究者の関心を集め、今では関連論文が週に一編以上のペースで発表されるにいたった。二〇一〇年代の中盤以降になって、「海洋プラスチック汚染」に関する研究の進捗や、NPO／NGOによる活発な啓発活動、あるいは大幅に頻度を増した報道に加え、各国政府の取組みも進んで、社会的関心が飛躍的に高まった。飲食店やホテルなどでプラスチック・ストローの使用が控えられはじめたことが、最近になってさかんに報道されている。

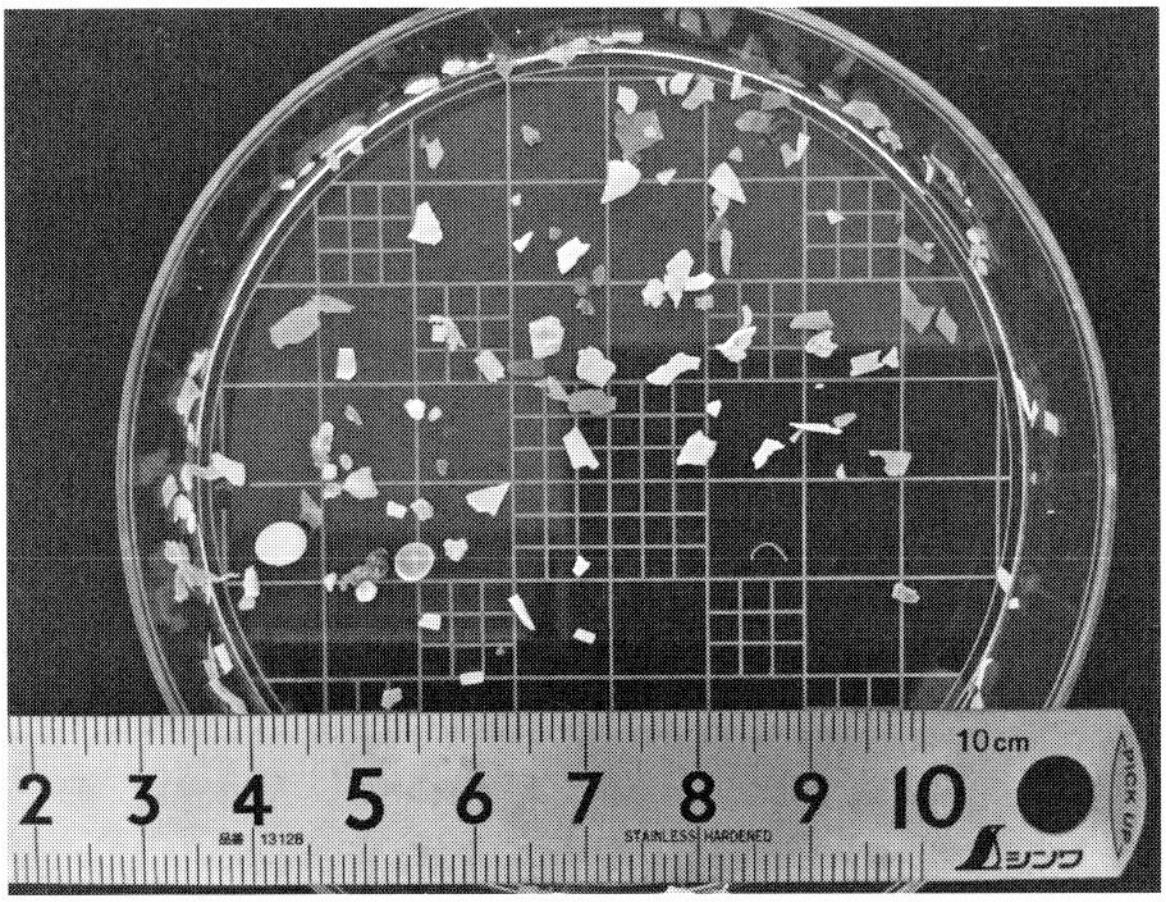

図１　山陰沖で採取された浮遊マイクロプラスチック

　さて、二〇一六年にスイスのダボスにおいて開催された世界経済フォーラム年次総会では、二〇五〇年までに海洋流出する廃棄プラスチックの重量が魚の総重量を上回るとの見通しが発表され、この予測が世界に広く流布された。少なくとも、今以上に海岸漂着ゴミの処理負担が増えることは明らかである。プラスチックゴミに絡まったアザラシやウミガメなど、衝撃的な画像がインターネットでは出回っている。海洋プラスチックゴミの増加が望ましくないことは確かであろう。

　ただ、海洋プラスチック汚染が生物多様性や物質循環に与える影響といった、マクロな視点からの影響評価をおこなうには、とくにマイクロプラスチックに関して研究の蓄積が十分ではない。何といっても多くの研究者がこの問題に目を向けはじめて、まだ十年が経っていないのである。

　最近になって、マイクロプラスチックを模したプラスチックビーズを大量に含む飼育水槽で、水棲生物への影響評価をおこなう環境毒性学・環境化学分野の研究成果が増えつつある。実験に用いたプラスチックビーズのサイズやその濃度、そして影響の種類や程度はさまざまであり、影響を結論づけるには今後も多くの実験の蓄積が必要であろう。それでも、廃棄プラスチックが今のまま増え続ける一方で、自然に腐食分解しないプラスチックであれば、いずれ実海域でも実験室で用いたプラスチック濃度を超えて、海洋生態系へ深刻で不可逆的なダメージが現実のものとなってしまうかもしれない。私たちは、廃棄プラスチックを大幅に削減し、そしてプラスチックに依って立つ社会のあり方を見直す時期に来た。

プラスチックは一九九〇年代までに容積比で鉄鋼の生産量を上回った。現在では人類が最も使う材質といってよいだろう。プラスチックは富裕層の贅沢品ではない。安価で丈夫で清潔なプラスチックだからこそ、さまざまな用途に利用され、あらゆる境遇の人々の生活を豊かにした。だからこそ優れた材質として人類に選択され、そして広まったのである。プラスチックの使用規制が、海洋生態系へのダメージ回避になることは疑いない。ただ、拙速に年限を定めた使用規制でダメージ回避をはかることは、一方で、高邁な目的のため弱者を切り捨てるリスクをはらむ。

科学がダメージを定量し、定量化されたダメージを軽減する方策が行政に反映され、同時に広く市民の理解を得る。この一連の手続きは、海洋プラスチック汚染の軽減を目指すロードマップにおいても重要であろう。研究者は、現在と未来のプラスチック汚染に伴うダメージを、どこまで定量化できるのだろうか。私たちのグループは、二〇〇九年以降に海域に浮遊するマイクロプラスチックの動態について研究を進めてきた。世界でも早い着手であったと思う。本稿では、マイクロプラスチックの発生や影響について最近の研究を整理したのち、続いて私たちの研究成果をもとに、海洋プラスチック汚染の現状を紹介する。最後に、海洋プラスチック汚染の軽減に向けた今後の取組みについて提言する。

マイクロプラスチックの生成

海岸に漂着したマクロプラスチックを半年ほど放置しておけば、紫外線によって劣化が十分に進行し、これに海岸砂との摩擦などの物理的な刺激が加わることで破砕が進行する。同じ期間を陸に置いたものに比べ海中に置いた場合はプラスチック劣化の進行は遅く（Andrady 2011）、マイクロプラスチックの生成は漂流中ではなく、主として漂着後の海岸であると考えられる。例えば新島の和田浜海岸では、漂着マクロプラスチックの平均滞留時間（漂着から海へ再漂流するまでの時間）は約半年と見積られている（Kataoka *et al.* 2013）。この期間は、海岸の地形条件や、気象・海象条件にも依存するだろうが、漂着マクロプラスチックが劣化するのに十分な時間である。また、マイクロプラスチックの海岸での平均滞留時間は八〜五一日と見積もられている（Hinata *et al.* 2017）、この間にも劣化や破砕は進行し、さらに細かな小片へと変化していくと考えられる。

このように、マクロプラスチックが漂流と海岸漂着、そして再漂流を繰り返すことで、次第に細かなマイクロプラスチックが生成されるのであろうが、この一連の過程に要する期間など、詳細な生成機構については、ほとんど研究が進んでいない。たとえプラスチック材料工学の専門家であっても、マイクロプラスチックにいたるまでの劣化は、これまで研究の動機付けがなかったであろう。ただ、すでに世界の海洋に浮遊するマイクロプラスチックであれば、プラスチック製品が世界に出回ってのち約六〇年という期間は、廃棄プラスチックが海洋に流出し、大量のマイクロプラスチックが形成され、そして海洋に広く分散するには十分であった。

マイクロプラスチックの影響

プラスチックそのものは無害である。また、海岸に漂着したところで、マイクロプラスチックは大型のプラスチックゴミと違って、景観を損ねるような大きさではない。では、マイクロプラスチックの何が問題なのだろうか。

一ミリメートルのプラスチック片であれば、この大きさは動物プランクトンと同程度であって、これを餌とする小魚などが誤食してしまう。マイクロプラスチックは海洋生態系に容易に紛れ込むのである。これまで実際に、クジラから魚類や動物プランクトンにいたる多種多様な生物の体内から、マイクロプラスチックが検出されている。海洋生態系へのマイクロプラスチックの混入は、すでに相当程度に進行しているとみてよいだろう。

この際、プラスチックへの添加物や、あるいは漂流中に海水から表面に吸着した残留性有機汚染物質が、マイクロプラスチックを介して生態系に移行する可能性が早くから指摘されている。とくにプラスチックは表面への吸着性が高いため、生態系への汚染物質の「太い」移行経路の形成に繋がる危惧がある（高田ほか 二〇一四）。室内実験で海棲生物に微細なプラスチックビーズを摂食させた結果、摂食障害や生殖障害を起こした報告もある。たとえ汚染物質が含有されていなくとも、毒ではないが糧でもないプラスチックを大量に摂食した生物は何らかの障害を起こす。実のところ、最近では、化学汚染物質を吸着させたプラスチックビーズの影響評価実験（二三例）よりも、バージンペレットを用いた実験（五七例）が急増している（de Sá *et al.* 2018）。ただし実験室での結果を除けば、いまのところ、マイクロプラスチック由来のダメージが、海洋生物にみつかったとの報告はない。一つには、まだ実海域での浮遊量がそれほど多くないことによるのだろう。

ありえないほど大量のプラスチックビーズを与えてしまえば、マイクロプラスチック単独であろうが、化学汚染物質の影響であろうが、そのような実験など現実に敷衍しづらい。環境科学として価値を見出すことは難しい。海洋プラスチック汚染の未来を見通すためには、現在の実海域における浮遊量を正しく監視しつつ、将来の増加量を確からしく予測することが重要である。

海域を浮遊するマイクロプラスチック

浮遊マイクロプラスチックの現存量

私たちは二〇一四年から環境省の助成を得て、東京海洋大学練習船「海鷹丸」と「神鷹丸」の二隻を運用する体制で、わが国沖合の浮遊マイクロプラスチックの調査を実施している。この沖合調査は、二〇一七年から、北海道大学、長崎大学、そして鹿児島大学も参加して五隻体制に拡大された。世界でも、これだけの規模で組織だった観測を継続している例はなく、わが国は海洋プラスチック汚染研究で疑いなく先端的である。これらの調査結果は、環境省ウェブサイト（http: //www.env.go.jp/press/100893.html）で公開されるとともに、学術論文の基礎資料として利用されている（Isobe *et al.* 2015 など）。加えて、環境省環境研究総合推進費の助成を受けて、私たちの研究グループは、浮遊マイクロプラスチック調査を世界で初めて南極海で成功させ（Isobe *et al.* 2017）、また、南極海から東京にいたる西太平洋の南北横断調査もおこなった（二〇一八年現在投稿中）。

マイクロプラスチックの採集は、動物プランクトンや稚仔魚のネット採集に準拠している。私たちは、目合い〇・三ミリメートルの網を船で曳《ひ》きつつ、網を通過した海水ごとマイクロプラスチックを漉《こ》し採った。浮遊するマイクロプラスチックは、ほとんどがポリエチレンやポリプロピレンで海水よりも軽いため、網は海面近く（海面から深さ一メートル程度）に固定した。

これらの調査結果によれば、日本近海の東アジア海域は、とくに重点的に調査がおこなわれた夏季において、浮遊マイクロプラスチックの密集地域である。海面近くの海水一立方メートル当たりに浮遊する個数（以降、浮遊密度）は三・七個を数え、この値は他海域と比べて一桁高い（表1）。水深方向に積分をした海表面一平方キロメートルの浮遊個数に換算しても、世界の海洋における平均値の二七倍である（図2）。南極海における浮遊密度は、東アジア海域に比べて二桁は少ないものである（表1）。浮遊するサイズ（最大長さ）は、ほとんどが二ミリメートル以下で、これは他の海域と比べてかなり小さい。このことは、採取したマイクロプラスチックの多くが、長い年月をかけて漂流と漂着を繰り返し、その過程で十分に微細片化が進行したことをうかがわせる。

このように、生活圏から最も遠い南極海ですら、マイクロプラスチックの浮遊が確認された。すでに世界の中でプラスチック片が浮遊しない海など存在しないのだろう。実際に、太平洋や大西洋、あるいはインド洋の中央であろうと、浮遊するマイクロプラスチックが発見されているのである（Cózar *et al.* 2014; Eriksen *et al.* 2014）。

表1 マイクロプラスチックの観測浮遊密度

海域	浮遊密度（個 m^{-3}）
東アジア海域	3.7
北大西洋 (収束域)	1.7
瀬戸内海	0.39
北極海	0.34
地中海	0.15
北太平洋	0.12
南極海	0.031

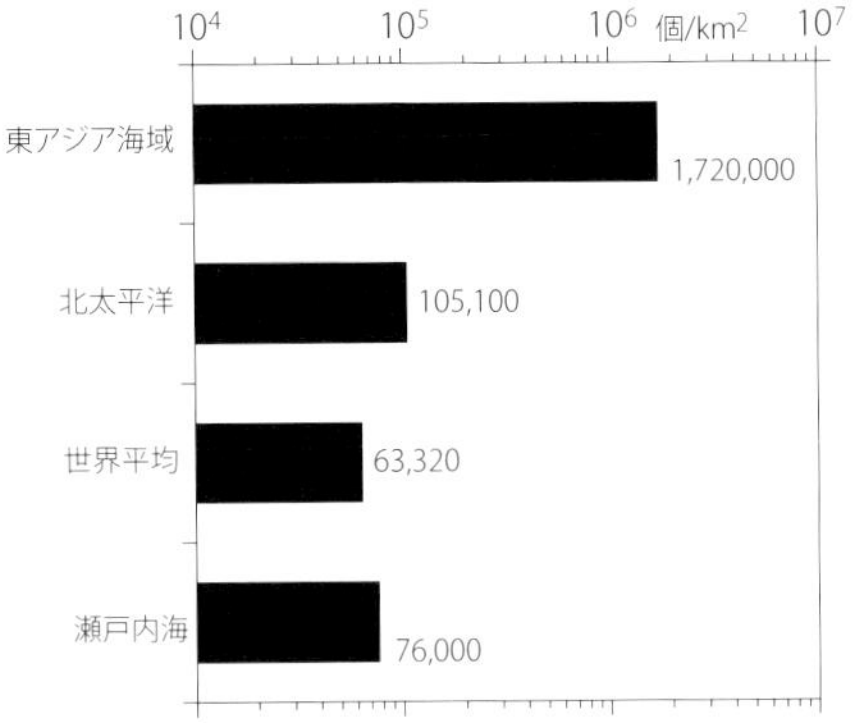

図2 海表面 1km^2 あたりに浮遊するマイクロプラスチックの浮遊個数

浮遊マイクロプラスチックの輸送過程

海洋を漂流するマイクロプラスチックの分布

は、おそらく物理的な輸送過程、すなわち海流や波浪だけでは決まらない。ただ研究の歴史はきわめて浅く、海流や波浪のみで輸送過程を論じた研究すらいくつかを数えるのみである（Isobe *et al.* 2014）。そもそも輸送過程を論じようにも、単に浮遊マイクロプラスチックの発見に留まるのではなく、その分布を組織的に観測した研究例は多くない。それでも、断片的な観測結果をもとにして、海洋でのマイクロプラスチックの輸送過程が明らかになりつつある。しかし同時に、データが積み上がるに伴って、私たちの海洋プラスチック循環に対する理解は極めて不十分との認識も広がりつつある。

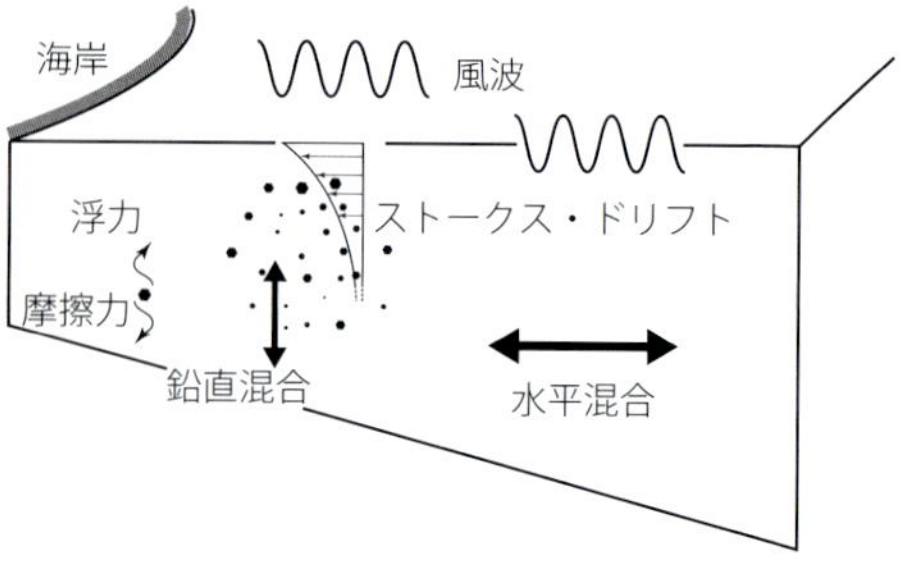

図３　海洋でのマイクロプラスチックの輸送過程

ここでの解説は物理的な輸送過程に限定する。まず鉛直方向の輸送である。日本周辺でみる限り、マイクロプラスチックの八〇～九〇％は、海水よりも比重の小さなポリエチレンやポリプロピレンである。したがって、海がおだやかなら、上向き浮上速度をもつマイクロプラスチックは海面近くを漂うだろう。もちろん、実際の海洋表層には物質を上下に攪拌する作用（乱流混合）がある。その結果、マイクロプラスチックの浮遊密度は海面から指数関数的に減少し、浮遊層は海面から深さ一メートル程度までに集中するようである（Reisser *et al.* 2015）。

ただし、マイクロプラスチックの鉛直分布は観測時の波高や風速（すなわち、乱流混合の程度）に依存する。海域で採集したマイクロプラスチックの浮遊密度は、その場限りのものであって、同じ位置でも他の観測日との比較や、あるいは他海域との比較はあまり意味がない。そこで筆者らは、観測時の風速や波高データを用いて、水深方向の鉛直積分値（単位は、例えば mg km^{-2} や浮遊数 km^{-2}）を求め、この鉛直混合に依存しない積分値を利用した海域比較や季節変動の検証、あるいは統合データセットの作成を提案している（Isobe *et al.* 2015）。

続いて水平方向の輸送では、瀬戸内海で実施した観測結果を踏まえて、海洋におけるマイクロプラスチックの漂流モデル（図３）を提案した（Isobe *et al.* 2014）。比重の小さなマイクロプラスチックは、海水中で浮力を得て上昇する。その速さ（終端速度）は、浮力と周辺海水による摩擦力の平衡で決まる。小さな物体ほど、体積のわりに表面積が大きいため、浮力よりも摩擦力が効いて上向きの終端速度が小さくなる。よって、波や風による乱れが強い海洋最表層で、終端速度の小さなマイクロプラスチックは深い層を漂流し、一方で比較的大型のプラスチック片（メソプラスチック）は海面近くを漂う傾向にある。

さて、海上で寄せては返す波は、海水を完全には返しきらず、結果として波の寄せる方向にゆるやかな流れを生むことがある。この流れがストークス・ドリフトである。総じて浅海の波は海岸へ向かうため、ストークス・ドリフトも岸に向かう。風波にともなうストークス・ドリフトは海面で最速となり、下層にいくほど速度を落とす。結果として、海面近くを漂うメソプラスチックは、速いストークス・ドリフトによって海岸へと流れ寄せられる。

海岸近くまで寄せたメソプラスチックには漂着機会が増える。漂着すれば紫外線で劣化が進行し、加えて海岸砂との摩擦など物理的な刺激でマイクロプラスチックに破砕されていく。小さなマイクロプラスチックになってしまえば、波にさらわれて再び海へと漂流をはじめ、今度はストークス・ドリフトに運ばれることなく、海流によって海岸を離れ遠く沖合へ向かう。海洋は、メソプラスチックをマイクロプラスチックへと、効率よく変換する機能をもつのである。

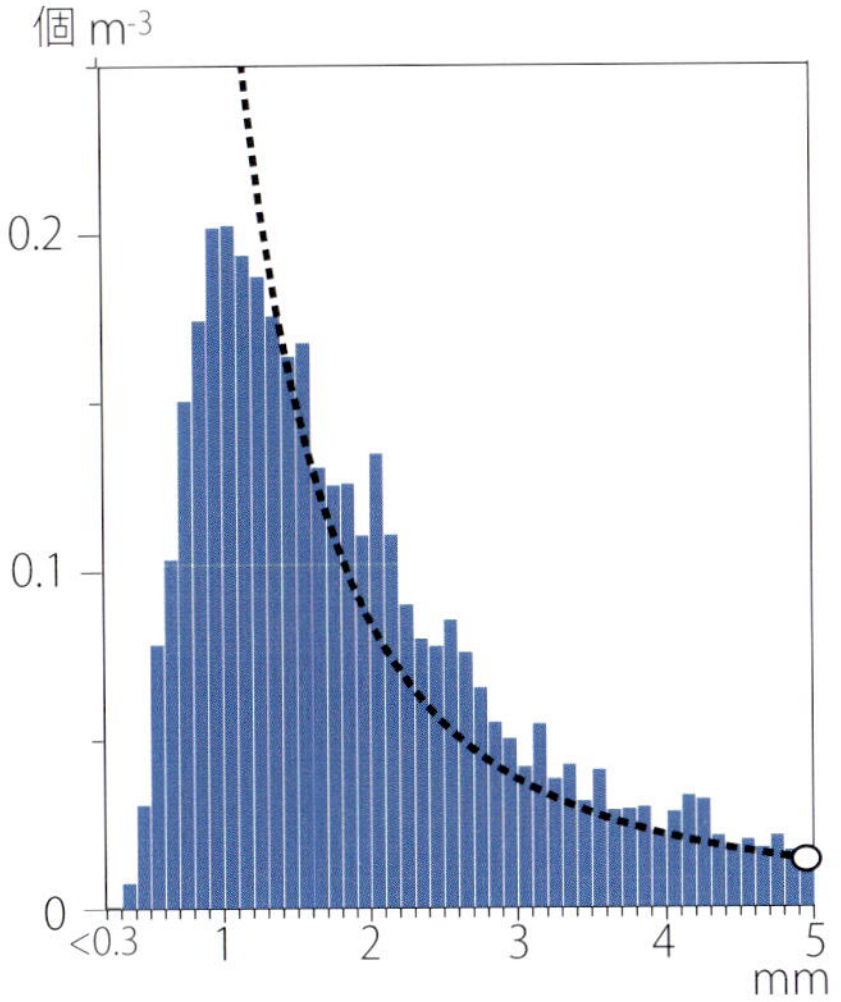

図４　東アジア海域で採集したマイクロプラスチックのサイズ別浮遊密度。サイズ（横軸）の区切り線は 0.1 mm 刻み。破線は本文参照。

海洋プラスチック循環―海洋プラスチックゴミの行方

次第に破砕が繰り返されることで地球に蓄積するマイクロプラスチックは、今後も増え続けることは疑いない。しかし、今のところ私たちは、マイクロプラスチックが地球のどこを循環し、どこに滞留するのか明快に答えることができない。

実海域から採集したマイクロプラスチックの浮遊密度を、サイズごとにプロットしてみよう（前頁図4）。サイズが小さくなるほど、浮遊密度（棒グラフ）の増加が著しい。五ミリメートルサイズのマイクロプラスチック（図4の白丸の位置）の総体積（プラスチック密度を一定とすれば総質量）を計算し、この総体積を一定に保ったまま破砕が繰り返されると仮定して、サイズの減少に応じた浮遊密度を求めた（図中の破線：サイズを直径、その十分の一を高さとした円柱換算で体積を計算）。すなわち破線は、五ミリメートルサイズの浮遊密度から期待される、各サイズの浮遊密度である。サイズが一ミリメートル程度までは、棒グラフは破線の変化におおむね対応している。ところが、一ミリメートルを下回ったあたりから両者の乖離《かいり》が目立つ。海面近くで採取された一ミリメートル以下のマイクロプラスチックは、期待されるよりも、はるかに少ない浮遊密度であった。不用意に捨てられたプラスチックゴミは、小河川から大河川へと移行し、ついには海洋にいたる。その後は漂流と漂着を繰り返しつつ、マクロプラスチックからマイクロプラスチックに破砕を続け、そして私たちの前から姿を消すのである。

一ミリメートル以下のマイクロプラスチックは、どこへ消えたのだろうか。一つの可能性は、採集からの漏れである。網の目合いよりも小さな浮遊物は、採集されず網をくぐり抜けてしまう（図4の横軸下限も、目合いの〇・三ミリメートルであることに注意）。たとえ最大長さが〇・三ミリメートルより長くとも、細長い形状であれば網をすり抜けることができる。ただ、目合いの三倍である一ミリメートルからの浮遊密度の急減は、いくぶん大きすぎるようにも思われる。実際に、生物起源の微細片は、プラスチックのように一ミリメートル以下で急減しないとの報告もある（Cózar *et al.* 2014）。それでも、やはり一ミリメートル以下の浮遊密度の急減は、採集の漏れによるのかもしれない。もしそうならば、微細なマイクロプラスチックは、私たちの算定をはるかに超えて（図4の破線を参照）、膨大な数で海面近くを浮遊していることになる。ただ残念ながら、〇・三ミリメートルを下回るような微細なマイクロプラスチックを採集し、計量する手法はいまだ確立していない。海洋プラスチック汚染研究にとって大きな課題である。

一方でマイクロプラスチックの海洋表層からの消失も、浮遊量を考慮するにあたって重要な過程であろう。海洋を長く漂ううち、生物が表面に付着することで重くなったマイクロプラスチックは、次第に沈降をはじめるとの報告がある（Long *et al.* 2015）。体積─表面積比の大きな微細マイクロプラスチックほど沈降も大きいだろう。あるいは、海洋生物が摂食したのち、糞や死骸（デトリタス）に混じって沈降するのかもしれない。実際に、浮遊密度が急減する一ミリメートルは、動物プランクトンの大きさに近い。高緯度では海氷への取り込みが報告されている（Obbard *et al.* 2014）。砂浜海岸での吸収も無視できない（Turra *et al.* 2014）。

廃プラスチックの流出と、マイクロプラスチックの生成過程、海流や波浪による輸送過程、漂着・再漂流といった海岸との交換過程、そして、これら消失過程を包括する海洋プラスチック循環の解明が、浮遊濃度の将来予測には重要であろう。しかし、ほとんどの過程は未解明かあるいは研究が未着手であり、まさに海洋学にとってプラスチック循環の解明は新たな挑戦なのである。

海洋プラスチック汚染の軽減に向けて

わが国では年間で約九〇〇万トンのプラスチックが廃棄される。このうち八四％は焼却による熱回収や輸出を含むリサイクルに供され、残りの一六％は埋め立てや焼却処分される（プラスチック循環利用協会 二〇一七）。最終処理にいたる廃棄プラスチックの回収・輸送システムの整備や、回収を支える市民のモラルを総じて勘案すれば、わが国における廃棄プラスチックの処理体制は、ほぼ社会が実現できる上限といってよいのではないか。そんなわが国からでさえ、年間で一四万トン程度の廃棄プラスチックが回収経路に乗ることなく破棄され、その一五～四〇％は海洋に流出する（Jambeck *et al.* 2015）。

現在、世界の海洋を漂流するプラスチックゴミの総重量は、二五万トン程度との見積もりがある（Eriksen *et al.* 2014）。一四万トンは年間に廃棄されるプラスチックの二％に満たないが、海洋ゴミ問題を考えるにあたっては、決して無視できるほど小さくない。一般論として、五〇％を九〇％に高めることは可能であろうが、九八％を一〇〇％

に高めることは難しい。いま取組むべきは、廃棄プラスチックの回収率を維持しつつも、一方で法的規制にまで踏み込んだプラスチック製品の使用規制ではないか。

しかし、安価であるために出回ったプラスチックであれば、性急な規制に大国は耐えられるかもしれないが、一方で耐えられない国もあるだろう。プラスチックの代替品は総じて高コストであるため、日本でも経済的な弱者にはきびしい規制となるかもしれない。大国が押し付け、弱者を見捨てる規制にならないよう、科学があるべき数値目標を一刻も早く見出し、それを行政に反映させ、市民の理解を得る行程が必要である。

ところが前述したように、海洋プラスチック汚染に関する研究は、まだ確かな将来予測をおこなう水準には達していない。腐食分解しないプラスチックであれば、今後もマイクロプラスチックの浮遊密度は増加を続け、また回収も困難である。ひとたび実海域で海洋生物にダメージが顕在化すれば、それは不可逆的なものとなるだろう。確かな将来予測が可能となるまで規制を先送りすれば、これもまた大きなリスクをともなう。

海洋プラスチック汚染は、人為的な気候変動と地球環境問題としての構造がよく似ている。ともに人類の出した廃棄物による地球環境の変質である。そして、いまのところ京都議定書が決して効果的に機能しているとはいえないまでも、気候変動に対する人類のアプローチは、海洋プラスチック汚染にとってよい道標となるだろう。気候変動に関する政府間パネル（Intergovernmental Panel on Climate Change）のような、さまざまなバックグラウンドをもつ研究者や、あるいは行政が参加する政府間パネルが、今後のプラスチック規制に向けては必要であろう。ここにおいては、各国の研究者が協働して海洋プラスチック汚染の将来を予測し、期間を置いて確からしい予測へ更新を続け、その時点で最も信頼性の高い予測が行政に反映されて、弱者にも目配りした継続性・持続性のあるプラスチック規制が策定されるべきである。そして、減プラスチック社会の実現に向けた使用規制を含むスキームに、プラスチックの便利さを享受する市民が、決して大国や豊かな人々だけでなく幅広い市民が、主体的に参画できることが重要だろう。

参考文献

高田秀重ほか 二〇一五「プラスチックが媒介する有害化学物質の海洋生物への曝露と移行」『海洋と生物』三六

プラスチック循環利用協会 二〇一七「二〇一六年プラスチック製品の生産・廃棄・再資源化・処理処分の状況」『マテリアルフロー図』

Andrady, A. L. 2011, "Microplastics in the marine environment", *Mar. Pollut. Bull.* 62.

Carpenter, E. J. / Smith K. L., Jr., 1972, "Plastics on the Sargasso Sea surface", *Science* 175.

Cózar, A. 2014, "Plastic debris in the open ocean", *PNAS* 111.

Derraik J. G. B. 2002, "The pollution of the marine environment by plastic debris: a review", *Mar. Pollut. Bull.* 44.

de Sá, L.C. *et al.* 2018, "Studies of the effects of microplastics on aquatic organisms: What do we know and where should we focus our efforts in the future?", *Sci. Total Environ.* 645.

Eriksen, M. *et al.* 2014, "Plastic pollution in the world's oceans: More than 5 trillion plastic pieces weighing over 250,000 tons afloat at sea", *PLOS ONE* 9.

Hinata, H. *et al.* 2017, "An estimation of the average residence times and onshore-offshore diffusivities of beached microplastics based on the population decay of tagged meso- and macro-litter", *Mar. Pollut. Bull* 122.

Isobe, A. *et al.* 2014, "Selective transport of microplastics and mesoplastics by drifting in coastal waters", *Mar. Pollut. Bull.* 89.

Isobe, A. 2015, "East Asian seas: a hot spot of pelagic microplastics", *Mar. Pollut. Bull* 101.

Isobe, A. *et al.* 2017, "Microplastics in the Southern Ocean", *Mar. Pollut. Bull.* 114

Jambeck, J. R. *et al.* 2015, "Plastic waste inputs from land into the ocean", *Science* 347.

Kataoka, T. *et al.* 2013, "Analysis of a beach as a time-invariant linear input/output system of marine litter", Mar. Pollut. Bull, 77.

Long, M. 2015, "Interactions between microplastics and phytoplankton aggregates: Impact on their respective fates", *Mar. Chem.* 175.

Obbard, R. 2014, "Global warming releases microplastic legacy frozen in Arctic Sea ice", *Earth's Future* 2.

Reisser J. *et al.* 2015, "The vertical distribution of buoyant plastics at sea: an observational study in the North Atlantic Gyre", *Biogeosciences* 12.

Turra, A. 2014, "Three-dimensional distribution of plastic pellets in sandy beaches: shifting paradigms", *Sci. Rep.* 4: 4435.

4 深刻化する深海のプラスチック汚染

蒲生俊敬（東京大学名誉教授）

はじめに

あなたがうっかりポイ捨てしたペットボトルやレジ袋。プラスチックゴミとなって下水や河川をぷかぷかと浮かび、短時間のうちに海へと押し流されていく。

いったん海辺にたまったプラスチックゴミは、時間と共に劣化し、細かいつぶつぶとなる。そして海流に乗って外洋へと拡がっていく。この微小なプラスチック片を、動物プランクトンや小型魚が餌と一緒に飲み込む。いったん生物体に摂取されたプラスチックは、もはや浮遊ゴミではない。海洋の生態系（食物連鎖）や、生物地球化学的な物質循環に組み込まれ、何千メートルもの深海底に向かって沈むこともある。

プラスチック汚染は、ごく表面の海水だけでなく、深さ一万メートルの海溝底まで、全ての深度にわたって海洋を蝕む大問題と言える。本稿では、プラスチックゴミ問題を、海洋におけるグローバルな物質循環の観点から捉えてみたい。海洋のプラスチックゴミは、われわれ人類の頭上に迫る、待ったなしのダモクレスの剣かもしれないのだ。

深刻さの高い海洋環境問題のひとつ

プラスチック汚染に限らず、様々な人為的要因による海洋環境問題が、年々深刻化しつつある。

二〇一五年一〇月、ドイツのベルリンでG7（カナダ、フランス、ドイツ、イタリア、日本、英国、米国）科学技術大臣会合が開催された。その共同声明（G7ベルリン会議コミュニケ）の中核をなす四つの懸案事項のなかには、「熱帯病」「クリーンエネルギー」「大規模研究施設」とともに「海洋」が取り上げられた。海洋環境の現状をしっかり把握し、環境保全や持続的な海洋利用に、未来指向でしっかり取組まなければならないことが、世界共通の認識として明文化されたのである。

この声明を受け、世界の海洋研究を牽引する二つの非政府組織、国際海洋物理科学協会ＩＡＰＳＯ（International Association for the Physical Sciences of the Oceans）と海洋科学研究委員会ＳＣＯＲ（Scientific Committee on Oceanic Research）では、直ちに一四名のエキスパートがコミュニケの内容に関わる現状を精査し、政策者向けに具体的な提案書を取りまとめた（Williamson *et al.* 2016）。

この文書には、海洋における喫緊の課題として、以下の順番で七項目が取り上げられている。そして項目ごとに、現況のレヴュー、今後の研究の方策、各国が何をすべきかなどについて解説や提案がなされている。

プラスチック汚染
金属資源採掘と海洋生態系への影響
海洋酸性化問題
海水の貧酸素化問題
海洋温暖化問題
生物多様性の喪失
海洋生態系の衰退

これらひとつひとつが、ずっしりと人類にのしかかる難題であることは論を待たないが、そのなかにあって、海洋のプラスチック問題が真っ先に取り上げられている。この問題の緊急性がとくに高いためと考えるべきであろう。

プラスチックゴミとは

海洋のプラスチック汚染に関する研究では、わが国は世界の先頭集団を走っている。以下にも引用するように、九州大学応用力学研究所の磯辺篤彦教授、東京農工大学農学部の高田秀重教授らを中心に実施されている先導的な観測研究や生物化学的研究は国際的にも高く評価され、グローバルな海洋プラスチックゴミの分布や動態、また生態系への拡散メカニズム等について、斬新かつ重要な成果が得られつつある。

プラスチックは、ポリエチレン、ポリエステル、ポリス

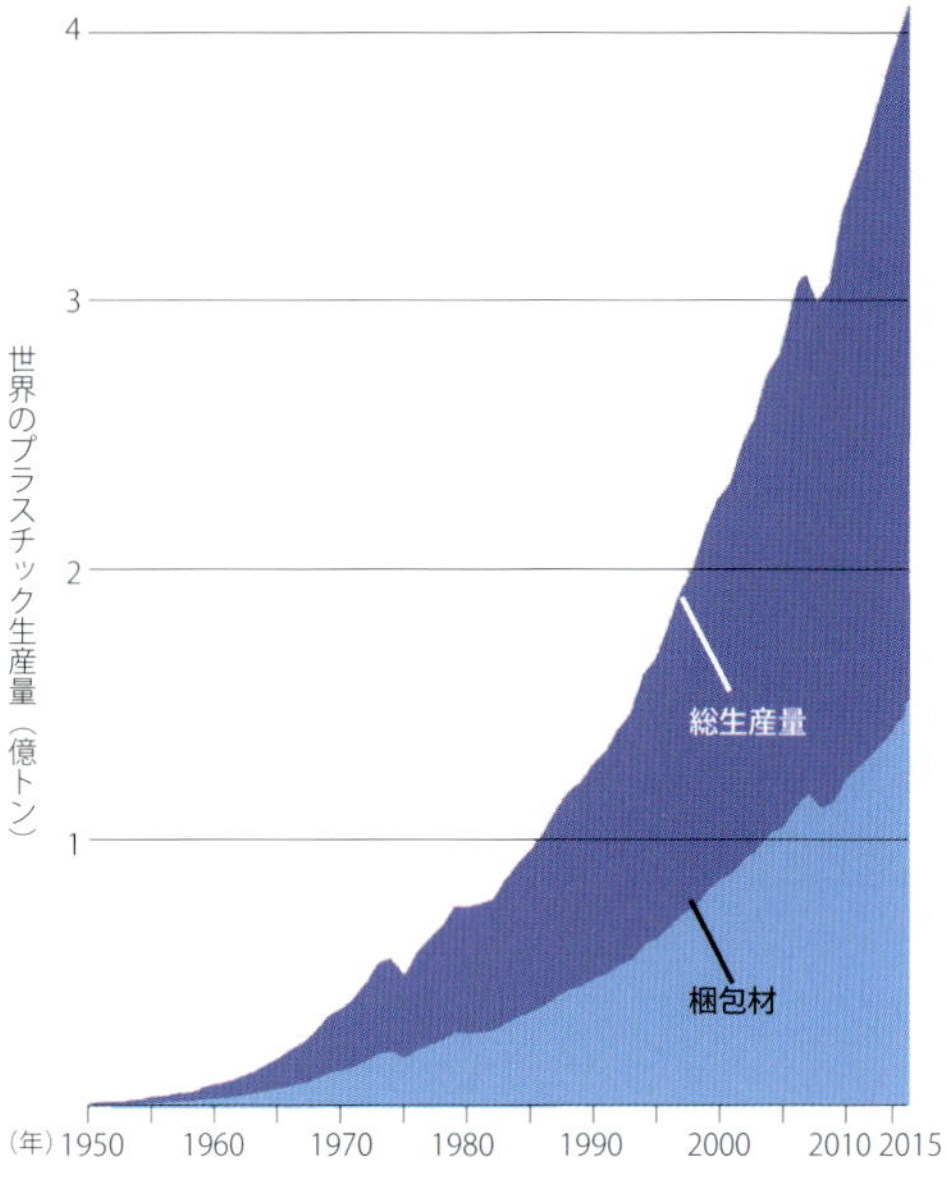

図１　全世界のプラスチック生産量の変遷（ナショナルジオグラフィック日本版、2018年6月号の図をもとに作成）

チレンなど、石油を原料として人為的に合成された重合体の総称である。一九四〇年代に生産が開始されて以来、その便利さから、生産量は急激に増加してきた。二〇一五年頃に世界の生産高は年間四億トンに達し、なお上昇が続いている（図1）。産出される石油のうち、約八％がプラスチックに化けているのである。

プラスチックの便利さは、改めて言うまでもない。軽量で耐薬品性があること、さまざまな形状に加工でき、分解されにくいことなど、数え上げればきりがない。図1に示したように、プラスチック製品の約四〇％が梱包材、すなわち食品包装容器・ラップフィルム・ペットボトルなど、再利用のない、使い捨てが前提の商品として生産されている。

問題は、廃棄されたプラスチックの一部が、廃品回収の網から漏れたり、あるいは不注意にポイ捨てされたりして、ゴミとなって散らばることである。プラスチック生産高の増加に対応して、こうしたプラスチックゴミの量も増え続けている。

多くのプラスチックゴミは水に浮く。レジ袋のように水より比重の小さいポリエチレン、発泡スチロールのように気泡を含むポリスチレン、あるいはペットボトルのような空容器が、水の流れに乗って陸から海へと運ばれ、多くが沿岸の波打ち際にまず集積する。

海岸には他のゴミ（ガラス、金属、紙など）も打ち寄せられるが、プラスチックゴミは全体の四分の三と圧倒的な割合を占めている。色とりどりのペットボトルやレジ袋などの大量集積が、世界各地で海岸の美観をいちじるしく損ねているのは周知の通りである。また沿岸域の大型生物（海鳥や亀など）が、プラスチック片を飲み込んだり、プラスチック製の漁網に絡まるなど、生存を脅かされていることもしばしば耳にする。

だが、もっと恐ろしいことがその先に待っている。プラスチックゴミは、めぐりめぐって、われわれ人類にも直接、深刻な災厄をもたらすのだ。それはどういうことだろうか？

外洋へ拡がっていくマイクロプラスチック

プラスチックゴミは、いつまでも波打ち際にとどまっていない。太陽光（紫外線）にあぶられ、波にたたかれるうちに、しだいに形状がボロボロとくずれ、細片化していく。サイズが五ミリメートル以下まで小さくなったプラスチック片を、とくに「マイクロプラスチック」と呼んでいる。細かく破壊されたプラスチックやマイクロプラスチックの多くは、打ち寄せる波にすくい取られ、沖へ沖へと運ばれていく。

こうしていったん外海に運び出されたマイクロプラスチックは、もはや回収がほとんど不可能となる。海洋表面の水の流れ、すなわち海流が、プラスチックを外洋へと運ぶからだ。例えば太平洋の場合、亜熱帯循環系と呼ぶ大規模な表層海流系が、北太平洋では時計回りに、また南太平洋では反時計回りにまわっている（次頁図2上）。太平洋に接する国々から流出したプラスチックゴミは、これらの海流系に乗って、太平洋を周回する。インド洋や大西洋でも同じことが進行している。

これらの海流系の内側では流れが弱いため、そこにプラスチックゴミは掃き寄せられ帯状に漂う。「ゴミベルト」とも呼ばれている（次頁図2下）。一九九九年、アメリカの市民科学者チャールズ・モアが、双胴ヨット「アルギータ号」で、ハワイからカリフォルニア州のロングビーチまで調査し、亜熱帯循環系の内側に浮遊する大量のプラスチックゴミを回収したことをきっかけに、ゴミベルトの存在が知られるようになった。そのときプランクトン採取用のネットに回収されたプラスチック片の数は、一平方キロメートルあたり最大で三三万個もあり、その重量は、同時に採取されたプランクトンの重量の約六倍に達した（Moore *et al.* 2001）。この驚くべき観測結果は、海洋プラスチック汚染の深刻さを世界に知らしめる先駆けとなった。

チャールズ・モアは、その後も精力的に観測を続けている。プラスチックゴミには様々な出所のあること、すなわち陸

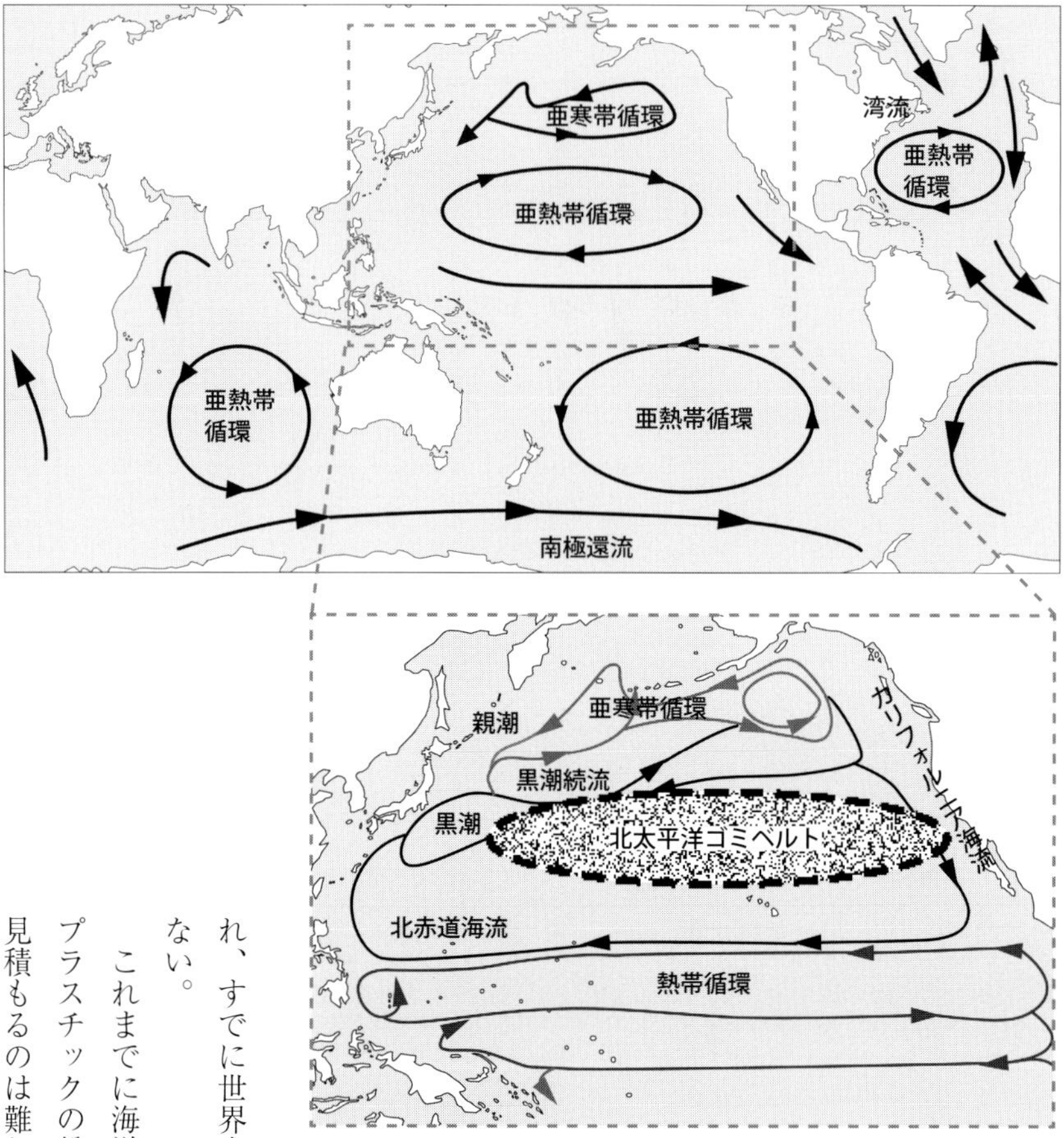

図2　世界の主な海流系（上）と、北太平洋の亜熱帯循環系の内側にあるゴミベルト（下）（気象庁ウェブサイトの図に加筆）

上に由来するものの他に、船舶（とくに漁船）から廃棄されるプラスチック（漁網、延縄《はえなわ》、ブイなど）も無視できないこと、また、これら陸上や船舶から定常的に放出されるゴミとともに、津波や台風などの天災によって、一時的だが大量に海へ流れ込むゴミもあることを指摘している（Moore and Philipps 2011）。

今やマイクロプラスチックは、人類の活動域からはるかに離れた北極圏の生物や南極海の表面水からも検出されている（Bergmann *et al.* 2017; Isobe *et al.* 2017）。つまりプラスチック汚染は、程度の差はあれ、すでに世界中の海に拡がっていると考えなければならない。

これまでに海洋に流入したプラスチックゴミやマイクロプラスチックの総量は、一体どのくらいだろうか。正確に見積もるのは難しいが、五〇%程度の誤差を見込んでの値としては、二〇一五年の時点で〇・五億トンくらい、二〇二五年になるとその三倍の一・五億トンくらいになるだろうと試算されている（Jambeck *et al.* 2015）。

プラスチック製品の劣化・粉砕によってマイクロプラスチックが生じると述べたが、最初からマイクロプラスチックの粒として環境に流出するものもある。それはプラスチック製品の素材として石油からまずつくられる二〜三ミリの大きさの粒状プラスチック（ペレットとも呼ばれ、大量に溶かして様々な製品へ加工成形する前段階の素材）、研磨剤として化粧品や歯磨き粉などに混入されるマイクロビーズ、あるいは化学繊維の衣料やスポンジの使用中に出る削りくずなどである。日本周辺海域における調査によれば、表面海水中を漂うマイクロプラスチックのうち、マイクロビーズ（直径〇・八ミリ以下）の占める割合は約一〇％に達することが報告されている（Isobe *et al.* 2016）。

マイクロプラスチックのもつ二通りの毒性

海面を漂うプラスチック片やマイクロプラスチックは、動物プランクトンや小型魚類にとっては迷惑な物体である。サイズが餌と同等であるため、彼らは摂餌行動の際に、否応なしに一緒に吸い込んでしまう。いわゆる誤食である。

ここから、マイクロプラスチックは恐ろしい存在へと変わっていく。いったん生物体に取り込まれたマイクロプラスチックは、それまでの波まかせ、海流まかせの浮遊ゴミ状態から、生物活動にともなう海洋の物質循環システムに関わるようになるためだ。沈降粒子に混ざり込んで海底に向かって降下したり、あるいは生態系の食物連鎖に取り込まれ、より高次の大型魚類の体内へ移行したりする。

ところで、マイクロプラスチックは、なぜ汚染物として扱われるのだろうか。どんな害毒が、プラスチックによってもたらされるのだろうか？

ポリエチレンなどプラスチックの素材そのものは、よほど大量に摂取すれば別だが、ほとんど化学的な毒性はもっていない（消化管をふさいだり、窒息させたりといった物理的な作用は別とする）。

問題は、プラスチックに含まれる添加物である。プラスチックに柔らかさや燃えにくさといった便利さを付加するために、その製造過程で、様々な有機物質（可塑剤、難燃剤、抗菌剤、酸化防止剤など）が混合されている（その詳細は企業秘密のことが多い）。それらの有機物質のなかには、われわれ人類を含め生物にとって有害なものがある。

例えば、内分泌撹乱物質（環境ホルモン）のひとつ、ノニルフェノールが、酸化防止剤として添加されており、一部のプラスチック製品（とくにペットボトルの蓋）から検出される（高田ほか二〇一四a）。ノニルフェノールは、卵巣から分泌されるエストロゲン（雌性ホルモン）作用に悪影響を与え、乳癌、子宮内膜症、生殖能力の低下などを引き起こす。ただしノニルフェノールは海水に溶けるので、プラスチックゴミが海水に揉まれ細粒化していく間に、プラスチックからはむしろ抜けていく。

一方、海水に溶けにくい（疎水性が大きい）添加剤は、長時間漂流してもプラスチック内に留まるので、より深刻な汚染源となる。例えば難燃剤として添加されるポリ臭素化ジフェニルエーテル（ＰＢＤＥ）が、世界各地の浮遊プラスチックゴミから検出されている。ＰＢＤＥは、人体への悪影響、とくに甲状腺ホルモンの減少など内分泌系を撹乱させることが知られている。

これらの添加物に加えて、さらに恐ろしい問題が控えている。それはマイクロプラスチックが海水中を移動する間に、その表面に、疎水性の人工汚染物質を吸着して集めてしまうことである。この事実は、磯辺教授や高田教授を含むわが国の研究グループによって初めて明らかにされた（Mato *et al.* 2001）。プラスチックは石油からつくられるので疎水性の性質をもち、同じく疎水性の有機汚染物質とは親和性が高いのである。

このような汚染物質のなかで、とくに注意すべきなのが、ＰＯＰｓ（Persistent Organic Pollutants：難分解性有機汚染物質）と呼ばれる人工物質群である。ダイオキシン類やＤＤＴなど、とくに人体に有害な二二物質が、ストックホルム条約（ＰＯＰｓ条約）によって登録されている（上記のＰＢＤＥものなかに含まれる）。この条約は二〇〇四年に発効したもので、その後の締約国会議によるアップデートを経て、ＰＯＰｓの製造や使用や輸出入を厳しく規制している。

しかし次で具体的に述べるように、さまざまなＰＯＰｓの一部が規制の網をくぐって海洋に漏れ出ている。ＰＯＰｓの多くは、疎水性で海水に溶けないため、沿岸の堆積物や、海洋の表面に浮かぶミクロレイヤーと呼ばれる油性の薄膜内に留まっていると考えられる。

マイクロプラスチックは、海面を浮きつ沈みつするうち、ミクロレイヤーのなかを繰り返し通過する。その際、疎水性のＰＯＰｓを表面に集めてしまうのだ。マイクロプラスチックが海面を漂う時間が長ければ、その吸着量も増加していくであろう。

ＰＯＰｓの悪玉ＰＣＢについて

具体例として、疎水性のＰＯＰｓとしてとくに悪名の高いＰＣＢ（ポリ塩化ビフェニル）が、今まさに海洋のマイクロプラスチックに濃縮しつつある事実を紹介する。

ＰＣＢとは図３に示したように、ベンゼン環が二つ結合し、ベンゼン環の水素原子のいくつか（一〜一〇個）が塩素原子と置き換わった物質である。塩素原子の数や立体構造の違いから二〇九種類ものＰＣＢが存在する

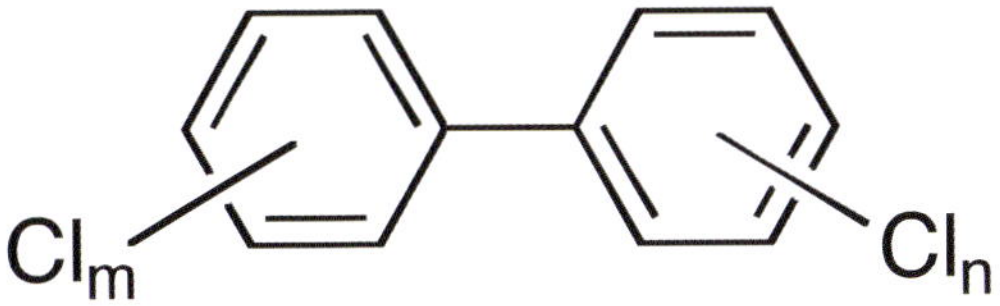

図３　PCBs（ポリ塩化ビフェニル）の化学構造（m＋nが１〜10の様々な組み合わせがある）

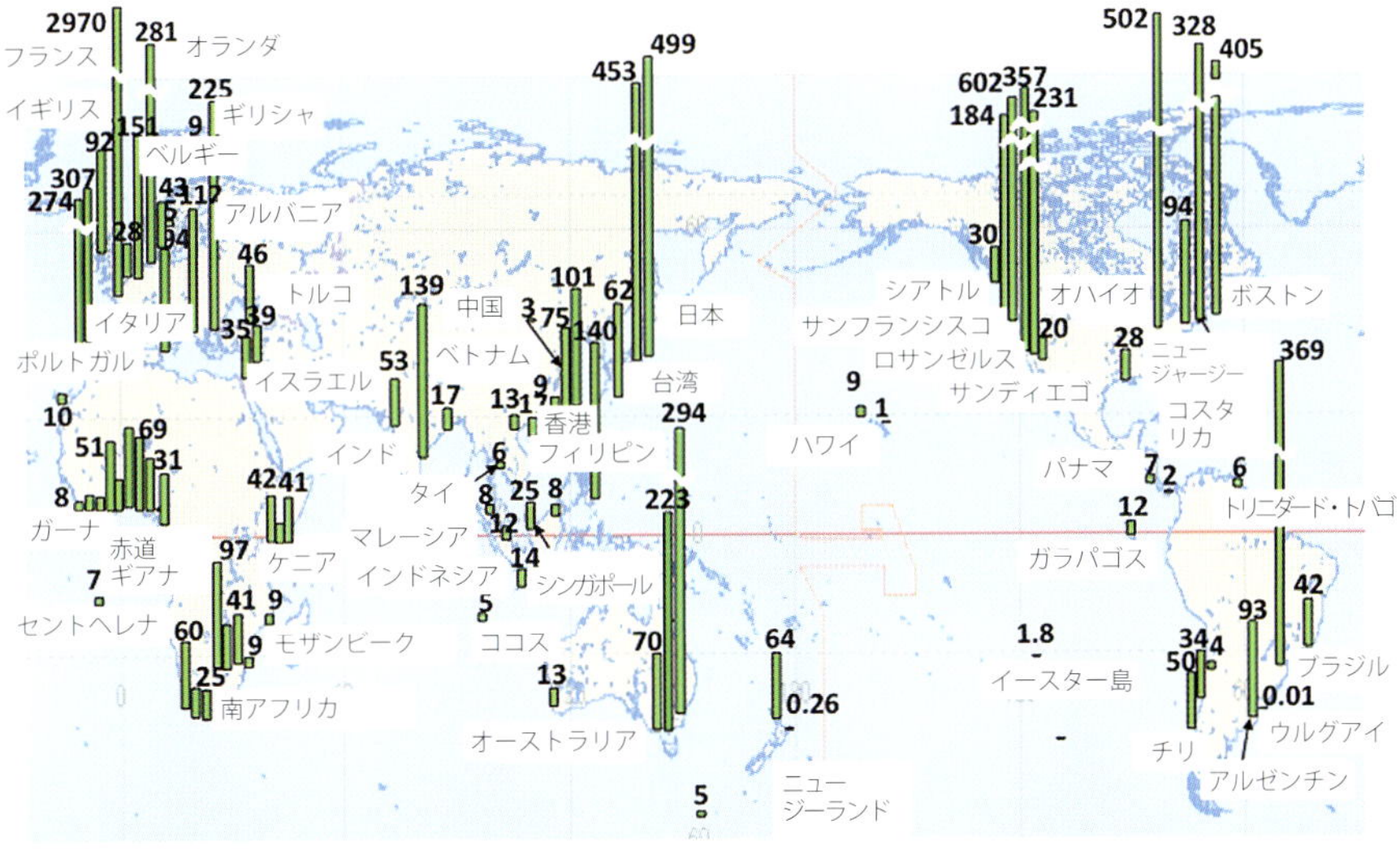

図４　世界の国々の海岸に漂着したプラスチックペレットに吸着していた13種のPCBsの濃度（単位はナノグラム／グラム）（高田ほか 2014b の図を改変）

（化学組成によって毒性も様々であるが、ここではその詳細には触れない）。以下ではPCB群を総称して「PCBs」と複数形で呼ぶこととする。

PCBsは一種の油である。天然油に比べてきわめて安定で、かつ不燃性・耐水性・絶縁性・耐薬品性など、理想的な性質をあわせもっている。一九三〇年頃から製造がはじまり、絶縁油・潤滑油・冷暖房の熱媒体・塗料・可塑剤などとして大量に用いられた。当時は「夢の油」ともてはやされた。

しかし一九六〇年頃になって、人類はPCBsのもつ恐るべき毒性に気づく。PCBsによって川魚が大量死したり、野生動物の繁殖力が低下したりすることが明らかになったのである。わが国では「カネミ油症事件」という食品公害が起こり、世間を震撼させた。一九七〇年代前半に、先進諸国のほとんどがPCBsの生産を中止した。しかしそれまでに、世界中で一二〇万トンに達する莫大なPCBsが生産されていた。

先に述べたストックホルム条約は、PCBsに対して、もっとも厳しい規制（製造・使用・輸出入の原則禁止）を課している。しかし、いくら生産をやめたからといって、それまで大量に合成されたPCBsが消えてなくなるわけではない。その安定さゆえに、容易には分解されず、いつまでも自然界に残りつづける。

燃やせばなくなるかというと、八〇〇度以下の通常の焼却炉で燃焼すると、毒性のもっと強いダイオキシンに変わってしまう。より高温で焼却できる特別な燃焼装置にはお金がかかる。そこで、多くのPCBsが、とりあえず隔離して保管されているのが現状である。

それでも、回収の網をくぐって漏れ出したり、不法投棄されたりしたPCBsが、地球のあちこちに散らばっている。疎水性であるため、水で薄められることなく海面のミクロレイヤー内に溜まったり、沿岸の堆積物などに濃縮している。世界中で生産されたPCBsの約三割が、海洋もしくは陸上に散逸したと見積もられている（田辺 一九八五）。

高田教授のグループは、五〇カ国、二〇〇箇所以上の沿岸域に漂着しているプラスチックペレットを世界中から収集し、汚染物質濃度を調べるプロジェクト（インターナショナルペレットウォッチ）を世界に先駆けて実施している。前頁図4は、世界中の海岸漂着プラスチックペレットから検出されたPCBs濃度分布を示している（高田ほか 二〇一四b）。

ほとんどのプラスチックペレットが、その表面にＰＣＢｓを集めていることがわかる。北半球の先進工業国沿岸のプラスチックだけでなく、東南アジアやアフリカなど、発展途上国に漂着したプラスチックからも、高いレベルのＰＣＢｓが検出されている。これはプラスチックペレットが、海面を漂いながら長距離輸送され、その間にＰＣＢｓを濃縮していることを示している。

誤食にはじまる生物濃縮過程の果て

マイクロプラスチックを誤食した海洋生物は、単にプラスチック片を体内に取り込むだけではない。プラスチックにもともと含まれていた添加剤や、前述したＰＣＢｓのように、マイクロプラスチックが集めてまわった疎水性の人工汚染物質も一緒に食べてしまう。ここにマイクロプラスチックの恐ろしさがある。

マイクロプラスチックそのものは糞《ふん》と一緒に排出されるが、ＰＣＢｓのように疎水性のＰＯＰｓは、消化液になじまず、生物の脂肪組織にたまっていく。そしてこれは、その生物だけでは終わる話ではない。海洋の食物連鎖によって、さらに高次の大型魚類に伝わっていく。そのつど、ＰＯＰｓの濃縮度は桁違いに増加する。生物濃縮と呼ばれる現象である。濃縮が進めば、その毒性によって大型生物の活動度は低下し、水産資源の減少につながることが懸念される。

そして濃縮に濃縮を重ねた汚染物質が最後に行き着く先はどこかといえば、食物連鎖の終点に位置する生物、つまりわれわれ人類なのだ。製造が停止されて、やれ安心と思っていたＰＣＢｓをはじめとする有害物質が、人知れず海をめぐりめぐったあと、われわれの捨てたマイクロプラスチックによって集められ、魚の体内に濃縮し、最後はわれわれの食卓に上ってくるのである。

このまま野放図に、海洋のプラスチック汚染を拡大させるならば、その先に予想される恐ろしい結末がこれである。海洋のプラスチック汚染問題が喫緊の重要課題と言われるのは、将来われわれの食生活を直撃しかねない大問題だからである。

深海への運び屋マリンスノー

プラスチックというと、軽くて水に浮くというイメージが強い。そこでプラスチック汚染は海洋の表面だけの問題とみなされがちであるが、決してそうではなく、海洋の深層におよぶ問題でもあることを随所で述べてきた。

繰り返しになるが、マイクロプラスチックが動物プランクトンや稚魚に摂食された瞬間から、マイクロプラスチックは、海洋の物質循環、すなわち海洋生態系あるいは海洋の生物地球化学的な物質輸送サイクルに取り込まれる。マイクロプラスチックは、それを摂取した生物の排泄物や死骸とともに動く。これら生物由来の粒状有機物質は、凝集して比重が海水より大きくなれば、重力の作用で海洋深層へ落下する。

このような沈降粒子は、横から光をあてると、降りしきる雪のようにみえるので、「マリンスノー（Marine snow）」と呼ばれている。

余談ながら、この美しく、ロマンチックな学術用語を生み出したのは、英語圏の国々ではなく、わが国の海洋学者である。一九五二年、北海道大学の潜水調査船「くろしお号」に乗船した加藤健司博士（同大学水産学部助教授）は、「くろしお号」の窓ごしにみた海中の風景に強く魅了された。小さな粒子が、ふわふわと雪の如く降りしきっていたからである。加藤博士は上司の鈴木昇教授と相談して、この沈降する粒子に「マリンスノー」という名前をつけ、研究論文のタイトルに使用した（Suzuki and Kato 1953）。この論文が海外の研究者の目にとまり、やがて国際的な学術用語となって現在にいたっている。

話を戻すと、海洋における鉛直方向の物質循環（物質を下向きに運ぶプロセス）にとって、マリンスノーの果たす役割は限りなく大きい。一般的なマリンスノーは、一日に数十メートルから数百メートルの速さで深海へと沈む。マリンスノーは、「くろしお号」の頃は、まだマイクロプラスチックとは無縁だったであろう。しかし現在のマリンスノーは、多かれ少なかれ、マイクロプラスチックを含んで沈降している可能性が大きい。

降下中のマリンスノーは、魚に食べられたり、微生物によって分解されたり、くっつき合ったり離れたりする。降下中にマリンスノーから遊離したマイクロプラスチックは、軽ければ再び海面に浮き上がって、同じことを繰り返すだろう。一方でマリンスノーとともに、深海底まで運ばれていくマイクロプラスチックもあるはずである。

深海底に到達したプラスチックとＰＯＰｓ

実際に、世界の様々な海域において、深さ何千メートルという深海水や堆積物、あるいは深海底の生物の体内から、マイクロプラスチックが続々とみつかっている（Woodall *et al.* 2014; Isobe *et al.* 2015; Taylor *et al.* 2016; Courtene-Jones *et al.* 2017など）。海中実験によって、動物プランクトンにマイクロプラスチックを摂食させ、深海へ輸送される様子を視覚的に明らかにした研究もある（Katija *et al.* 2017）。マイクロプラスチックによって、どれほどのＰＯＰｓが深海へ輸送されているのか、今後明らかにされていくであろう。

海でもっとも深いのは、海溝と呼ばれる細長い凹部である。西太平洋には、最大深度が一万メートルを超える海溝が連なっている。ＰＯＰｓ汚染が海溝底にまでおよんでいることが明らかになったのは、二〇一七年二月のことだった。英国・アバディーン大学のジェイミソン博士のグループが、西太平洋のマリアナ海溝（最大深度：一〇九二〇メートル、これは世界最深である）とケルマデック海溝（最大深度：一〇一七七メートル）の海底付近から長さ数センチメートルの

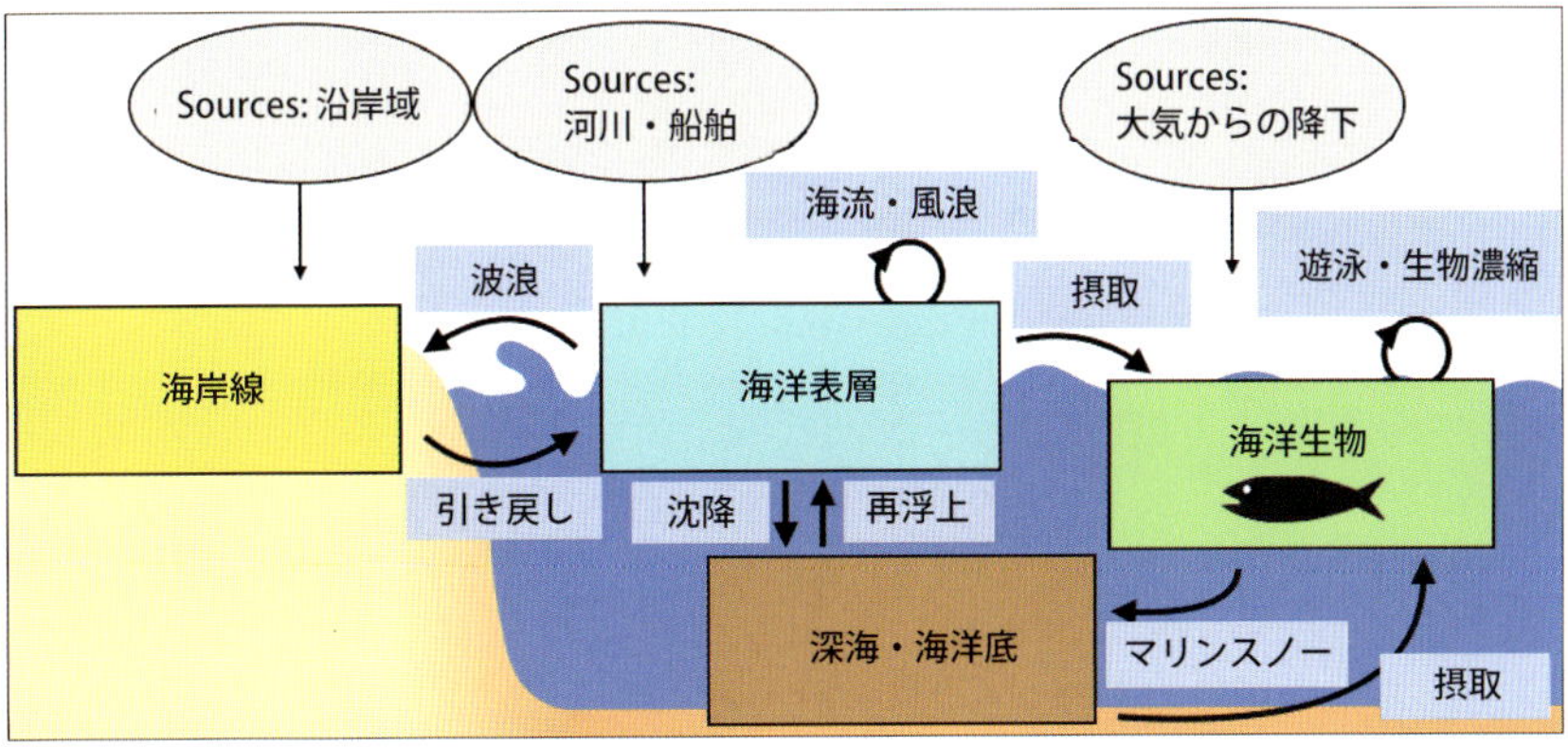

図５　海洋におけるプラスチック循環の模式図（Hardesty *et al.* 2017の図を改変）

端脚類《たんきゃくるい》（ヨコエビ）を採取した。そしてこれらの体を分析してみたところ、高濃度のＰＯＰｓ（ＰＣＢｓとＰＢＤＥｓ）が検出されたのである（Jamieson *et al.* 2017）。世界最深の海底にまで、人間由来の汚染物質がすでに到達していたという事実は、多くの人びとに強い衝撃を与えた。

ヨコエビの乾燥検体に含まれていた主要な七種のＰＣＢの総量は、マリアナ海溝から採取された六個体について一四七〜九〇五ナノグラム／グラム（平均値＝三八二ナノグラム／グラム）、また、ケルマデック海溝から採取された六個体については一八〜四三ナノグラム／グラム（平均値＝二五ナノグラム／グラム）であった。

これらの数字は、工業廃液に汚染された沿岸堆積物（乾燥試料）中に含まれるＰＣＢｓ濃度の最高値（米国（グアム）で三一四ナノグラム／グラム、日本で二四〇ナノグラム／グラム、そしてオーストラリアで一六〇ナノグラム／グラム程度）と比べてみれば、ただごとではない高レベルとわかる。図４に示した漂着ペレットの値ともそう違わない。

なぜ、一万メートルという超深海に暮らす生物が、こんなにもＰＯＰｓに汚染されてしまったのだろうか？ 超深海のヨコエビの生態はまだ十分解明されていないが、海底に沈積したわずかな有機物を摂食することによって、生命活動に必要なエネルギーを獲得しているものと思われる。深さ一万メートルを超える深海底に、これら疎水性のＰＯＰｓを輸送するには、海底に向かう何らかの鉛直輸送経路がなければならない。つまりＰＣＢｓとＰＢＤＥｓに著しく汚染された有機物、すなわち沈降粒子（マリンスノー）が、海溝底まで降下したのであろう。

前述したように、ＰＣＢｓもＰＢＤＥｓもマイクロプラスチックと親和性の高いＰＯＰｓである。そこで、この海溝底ヨコエビのＰＯＰｓ汚染にマイクロプラスチックの関わっていることが強く疑われる。ヨコエビの体内にマイクロプラスチックがあったのかどうか、または海溝底にマイクロプラスチックがあるのかどうかは定かでないが、今後の研究によって明らかにされていくであろう。

おわりに

ＰＯＰｓやプラスチックによる人為的な海洋汚染には、繰り返し警鐘が鳴らされてきた。われわれは、深刻な汚染が、すでに一万メートルの海溝底にまでおよんでいることを、重く受け止めなければならない。

図5（七七頁下）は、海洋におけるプラスチック汚染経路の大まかなイメージ図である（Hardesty *et al.* 2017）。繰り返し述べてきたように、プラスチック汚染は海洋の全深度におよぶ深刻な問題であることが、この図にもはっきり示されている。しかし定量的な研究・考察はまだ緒についたばかりである。今後マイクロプラスチックの観測法の開発、表層から超深海におよぶデータの蓄積、海洋モデルによるデータ解析など、様々な観点からの研究が必要であり、それに基づく的確な未来予測がなされることとなろう。

海洋の物質循環パターンは、われわれの力ではどうにも変えられない。われわれにできることは、プラスチック汚染の防止に最善を尽くすことである。マイクロプラスチックが海洋の物質循環に取り込まれるのを、できるだけ阻止しなければならない。最終的にはライフスタイルの根本的変換、すなわちプラスチックを使わなくてもすむ社会の構築が理想であるが、まずは身近にできることもたくさんある。「レジ袋を受け取らない」「プラスチック廃棄物を減らす」「プラスチックをリサイクルさせる」などの方策に、すぐにでも取りかかる必要がある。

あなたがうっかりポイ捨てしたペットボトルやレジ袋。やがて食卓に毒物をもたらす、恐ろしい出発点になることを忘れてはならない。

参考文献

高田秀重ほか、二〇一四ａ「プラスチックが媒介する有害化学物質の海洋生物への曝露と移行」『海洋と生物』三六(六)

高田秀重ほか、二〇一四ｂ「International Pellet Watch (IPW)：海岸漂着プラスチックを用いた地球規模でのＰＯＰｓモニタリング」『地球環境』一九(二)

田辺信介、一九八五「海洋におけるＰＣＢの分布と挙動」『日本海洋学会誌』四一(五)

Bergmann, Melanie *et al.* 2017. "High quantities of microplastic in Arctic deep-sea sediments from the HAUSGARTEN Observatory", *Environmental Science and Technology* 51

Courtene-Jones, Winnie *et al.* 2017. "Microplastic pollution identified in deep-sea water and ingested by benthic invertebrates in the Rockall Trough, North Atlantic Ocean", *Environmental Pollution* 231

Hardesty, Britta *et al.* 2017. "Using numerical model simulations to improve the understanding of micro-plastic distribution and pathways in the marine environment", *Frontiers in Marine Science* 4

Isobe, Atsuhiko *et al.* 2015, "East Asian Seas: a hot spot of pelagic microplastics", *Marine Pollution Bulletin* 101

Isobe, Atsuhiko *et al.* 2016, "Percentage of microbeads in pelagic microplastics within Japanese coastal waters", *Marine Pollution Bulletin* 110

Isobe, Atsuhiko *et al.* 2017, "Microplastics in the Southern Ocean", *Marine Pollution Bulletin* 114

Jambeck, Jenna *et al.* 2015, "Plastic waste inputs from land into the ocean", *Science* 347(6223)

Jamieson, Alan *et al.* 2017, "Bioaccumulation of persistent organic pollutants in the deepest ocean fauna", *Nature ecology & evolution* 1

Katija, Kakani *et al.* 2017, "From the surface to the seafloor: How giant larvaceans transport microplastics into the deep sea", *Science* Advances 3

Mato, Yukie *et al.* 2001, "Plastic resin pellets as a transport medium for toxic chemicals in the marine environment", *Environmental Science and Technology* 35

Moore, Charles *et al.* 2001, "A comparison of plastic and plankton in the North Pacific Central Gyre", *Marine Pollution Bulletin* 42

Moore, Charles/ Philipps, Cassandra 2011, *Plastic Ocean, Avery* （邦訳：モア、チャールズ／フィリップス、カッサンドラ 二〇一一（海輪由香子訳）『プラスチックスープの海』ＮＨＫ出版）

Suzuki, Noboru/ Kato, Kenji 1953, "Studies on suspended materials Marine Snow in the sea: Part 1. Sources of Marine Snow", *Bulletin of the Faculty of Fisheries* (Hakodate), Hokkaido University, 4(2)

Taylor, Michelle *et al.* 2016, "Plastic microfibre ingestion by deep-sea organisms", *Scientific Reports* 6

Williamson, Phillip *et al.* 2016, "Future of the ocean and its seas: a non-governmental scientific perspective on seven marine research issues of G7 interest". ICSU-IAPSO-IUGG-SCOR, Paris.

Woodall, Lucy *et al.* 2014, "The deep sea is a major sink for microplastic debris", *Royal Society Open Science* 1

5 世界で最も美しい湾クラブ

高桑幸一（美しい富山湾クラブ理事・事務局長）

「世界で最も美しい湾クラブ」とは

世界で最も美しい湾クラブとは、湾を活用した観光振興と資源の保全を目的に一九九七年に設立されたユネスコの支援する国際組織で、フランスのヴァンヌに本部を置いているNGOです。

世界遺産であるモンサンミッシェル湾やベトナムのハロン湾など、世界的に著名な四四湾が加盟しています。

日本からは、二〇一三年に松島湾（日本三景）、二〇一四年に富山湾、二〇一六年に京都宮津湾・伊根湾（日本三景天橋立）、駿河湾（世界遺産富士山）、二〇一八年に九十九島《くじゅうくしま》湾（西海国立公園）の五湾が加盟しました。

四四湾の国別内訳は、フランスが七湾で、日本が五湾と二番目に多くなっているのは、日本の国土面積は世界六一位と小さな国ですが、海の面積は世界第六位と大海洋国であり、また日本の海辺の景観や環境保護活動が世界的にもすばらしいと評価されたからです。

加盟基準と富山湾の評価

各湾はユネスコ世界遺産登録基準のうち二つ以上を満たすとともに、「湾は保護活動の対象」「興味深い動植物の存在」「地域住民にとって象徴的な存在」「周辺地域に経済発展の潜在性」などが判断されて加盟が認められます。

二〇一四年一〇月に富山湾が「世界で最も美しい湾クラブ」への加盟が全会一致で承認されたのは、海越しにみえる雄大な立山連峰の景観がすばらしいだけではなく、その他の基準もすべてクリアーしていると判断されたからです。

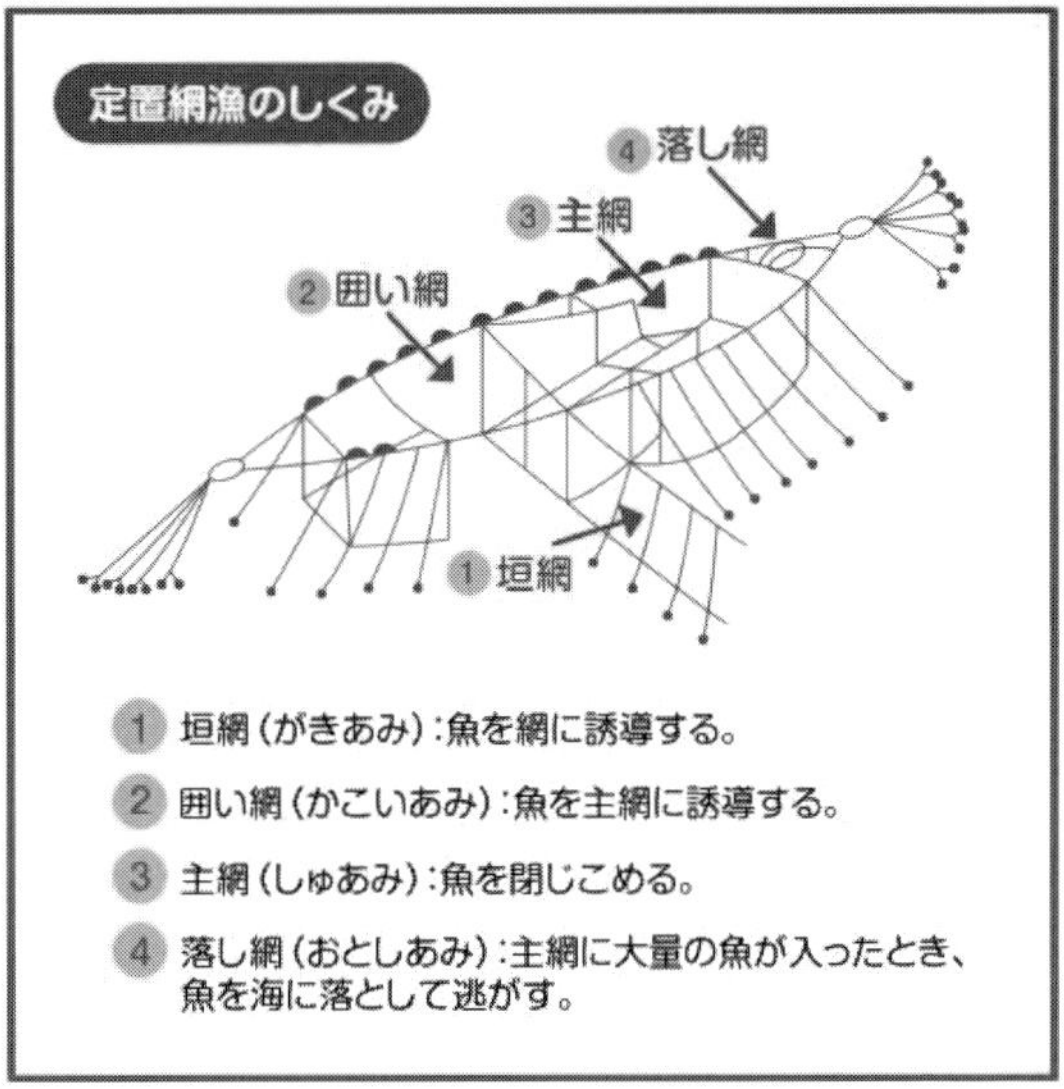

図１　定置網漁（日本海学 http: //www.nihonkaigaku.org/kids/door/fixednet.html）

①湾は保護政策の対象

富山湾では江戸時代から定置網漁をおこなっています。定置網漁とは沿岸に網を仕掛けてじっと魚の来るのを待ち、網に入った魚を捕る漁法です。入った所から逃げる魚もいますし、小さな魚は網の目から逃げますので、網に入った魚の二割しか捕獲しない、持続可能な漁法なのです（図1）。

なお、二〇〇四年に富山県にＮＯＷＰＡＰ（国連環境計画による北西太平洋地域及び沿岸の環境保全・管理・開発のための行動計画）の本部事務局で

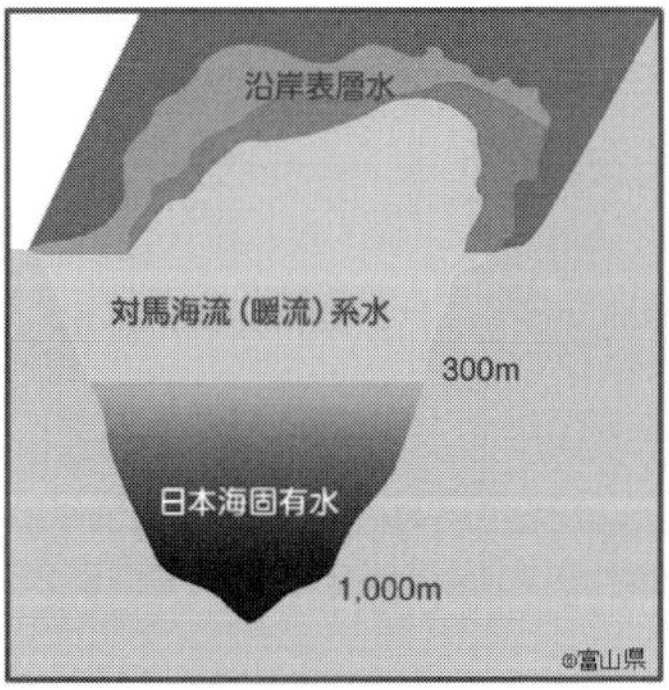

図２　「あいがめ」構造（日本海学 http: //www.nihonkaigaku.org/kids/door/preserve.html）

ある地域調整部が開設されたり、二〇一六年にはＧ７富山環境大臣会合が開催されたりと、国内外の機関からも富山県の環境対策が高く評価されています。

②興味深い動植物が存在

富山湾は標高三〇〇〇メートルの高さからほんの五〇数キロの距離で海に達する急傾斜が海の中にも続き、岸から一〇キロもいくと深さが一〇〇〇メートルを超える「あいがめ」と呼ばれる構造になっています（図2）。

表層には河川などの影響を受けた塩分の低い「沿岸表層水」、その下層二〇〇～三〇〇メートルには「対馬暖流」

が流れ、水深三〇〇メートル以深には低温の「海洋深層水」が流れる三層構造になっているため、ブリ、ホタルイカ、甘エビ、シロエビ、バイ貝など、日本海に分布する魚介類八〇〇種類の内五〇〇種類が富山湾で生息するほど多彩な魚種が存在しています。

③地域住民にとって象徴的存在

一番評価が高かったのはなんといっても「海越しにみえる三〇〇〇メートル級の立山連峰」です。

雄大な景観がすばらしいだけでなく、山々に降り注いだ雨や雪の内、半分が長い年月をかけて豊富な栄養分を含んだ地下水となって海底から湧出し、蜃気楼を現出させたり、太古の世界の埋没林が海中に保存されたり、ホタルイカが産卵に押し寄せたりと、じつにミラクルでデリシャスな富山湾なのです。

④周辺地域に経済発展の潜在性

この基準は今後の可能性を評価する基準です。すなわち、すでに発展しつくしているのではなく、「世界で最も美しい湾クラブ」加盟によって経済発展させられるか、という姿勢を問われていますので、環境を守りつつ、地域と共生しつつ、持続可能な発展をしていく必要があります。

⑤類いまれな景観

さて、立山連峰の景観はどのくらい世界的に珍しいのかを、海から三〇〇〇メートル級以上の山がみえるといわれている場所について、グーグルアースを使って地形断面を調べてみました。

氷見からみた立山連峰は、図3の通りであり、一〇〇〇メートル位の裾野から三〇一五メートルの頂上まで、よくみえる事がわかります。

伊豆からみた富士山もすばらしいですね（図4）。立山連峰の迫力ある神々しさとは違って、優美な姿はさすがに世界遺産です。

地中海からアルプスがみえるのではないか、と期待しましたが、手前の一〇〇〇メートル級の山と丸い地球に阻まれて、まったくみえないようです。ナポリからみたベスビオス山について紹介された記事もありますが、一〇〇〇メートル級の山にすぎません（図5上）。

太平洋からアンデス山脈がみえるのではといわれますの

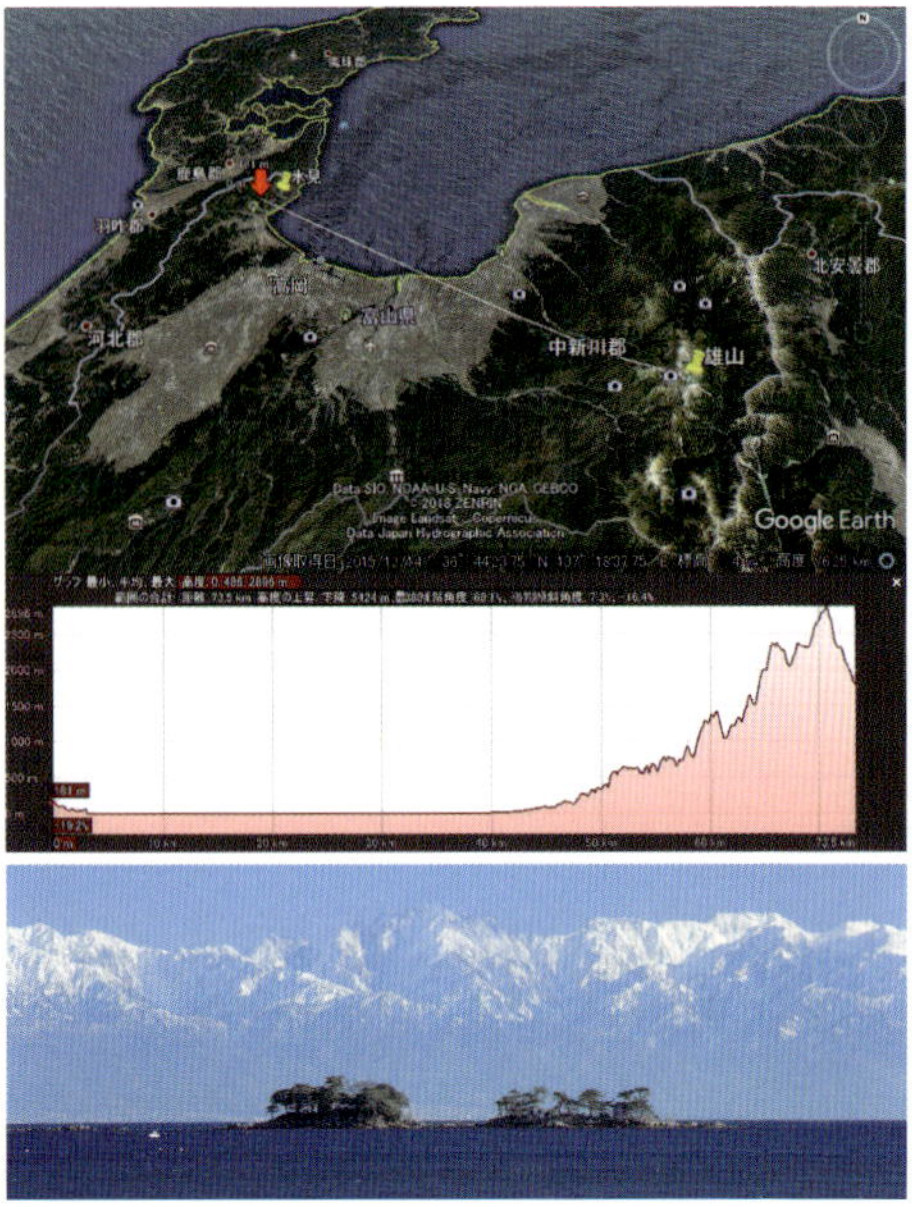

図3　氷見から立山（グーグルアース　https: //www.google.co.jp/permissions/geoguidelines.html）

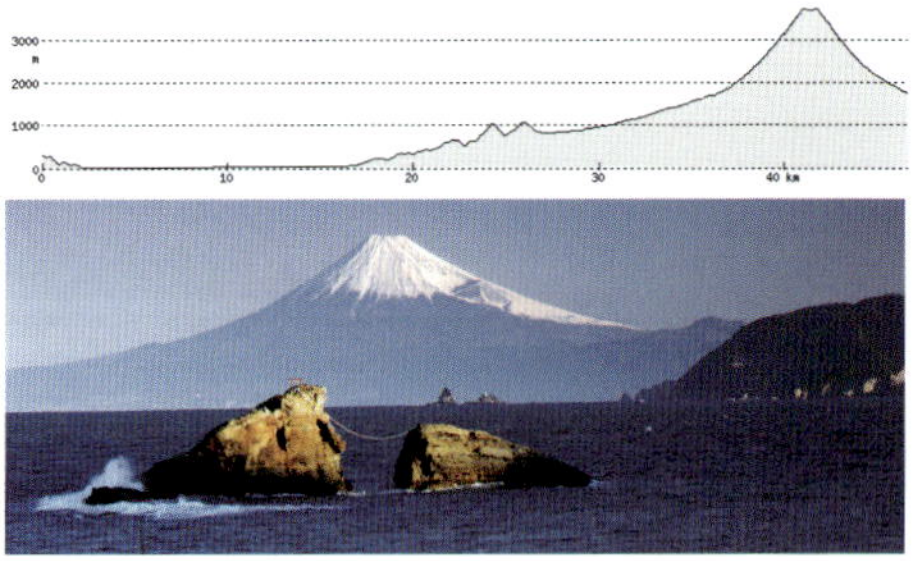

図4　伊豆から富士山（グーグルアース　https: //www.google.co.jp/permissions/geoguidelines.html）

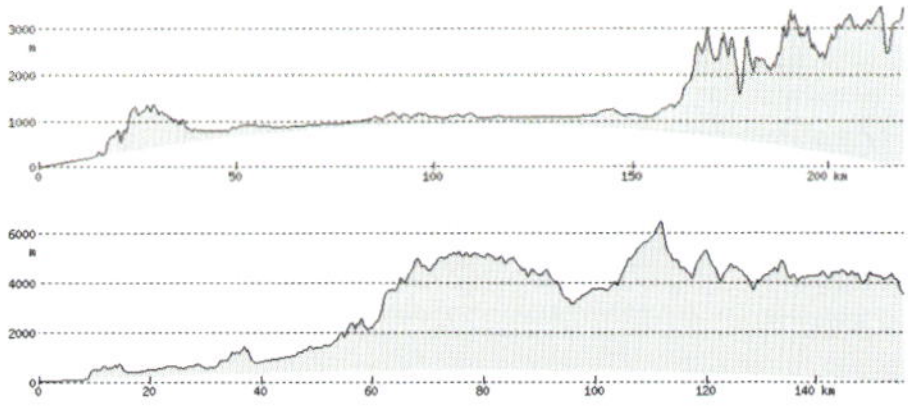

図5　ジェノバからマッターホルン（上）とチリ・バルパライソからアコンガグア山（下）（グーグルアース　https: //www.google.co.jp/permissions/geoguidelines.html）

で調べてみると、チリのバルパライソから最高峰のアコンカグアはみえませんが、手前の五〇〇〇メートルの高地がみえるようです（図5下）。

しかし、知られていないという事は、それほどの景観ではないのでしょうか。

以上、調べた範囲では立山連峰と富士山の景観は世界的にも抜きん出てすばらしい事がわかります。

なお、標高三〇〇〇メートルの立山連峰から富山湾の海底一〇〇〇メートルまでの急峻な地形、美味しい水がもたらす豊かな平野を象徴して、図6のロゴを作り、富山湾をイメージするいろいろな所で使って頂いています。

TOYAMA BAY®

図6　美しい富山湾ロゴ

日本の海の課題

世界に認められたすばらしい日本の海ですが、課題も多く残っています。

一つの問題は、若い人の海離れ、二つ目の問題は海洋ゴミです。

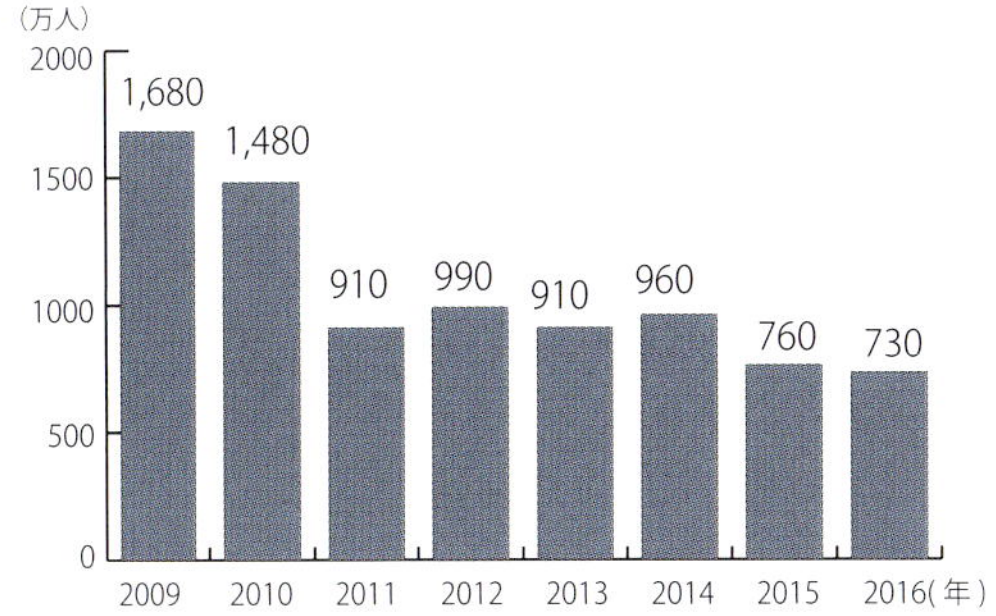

図７　海水浴客数（日本生産性本部「レジャー白書 2017」）

①若い人の海離れ

日本生産性本部のレジャー白書によると、国内の海水浴客数はピークだった一九八五年の約三七九〇万人から二〇一六年には約七三〇万人と約五分の一に減少しています。

日本財団が二〇一七年におこなった意識調査でも、「海に親しみを感じる」と答えた人が三分の一にとどまり、特に若年層ほど海への愛着が薄くなる傾向がみられます。

海水はべとつくから、足に砂がつくから、日焼けするから、クラゲに刺されるから、波があって危険だから、という理由で、海ではなくプールで泳ぐ小学生が増えているそうです。

ヨットの世界でも、昔は日本とロシアや韓国、中国との国際ヨットレースが盛んだったのですが、今ではすっかりなくなって、日本海は日本以外のヨットが国際外洋レースを楽しむ場所になっています。

大海洋国である日本国民が、海に親しみを持たず海に対して無関心になると、海辺は荒れて必要な対策もとられなくなり、人を癒す存在ではなく危険で災いをもたらす存在となってしまいます。また、海から船出する冒険心を失ってしまっては、大陸との交流も閉ざされて孤立した島国となり、せっかくの海の恩恵も受けられなくなってしまいます。

多くの観光地が海辺にあるのは、海をみていると癒されるからですが、それは全ての生物は海から発生し、人間の胎児は海と同じ成分の羊水の中で育ってきたからでしょう。

海は私たちの母であるとともに、二酸化炭素を吸収し有害

図8　河川に設置したオイルフェンス（上）と回収されたゴミ（下）

な物質も浄化してくれるすばらしい機能を持っています。

人類が存在し続けるために、海はなくてはならない存在であり、海に感謝し、海を愛しみ、海に親しむように戻すことは大きな課題です。

②海洋ゴミ

日本の海岸には毎年六〇万トン程度のゴミが漂着しますが、その中に含まれる人工物のうち、プラスチックと発泡スチロールが九割超となっています。昔のゴミは時間がたてば分解されて自然に戻っていきましたが、人間がプラスチックを発明してからは、分解されずにいつまでも残ってしまい、海中に漂い、嵐とともに海岸に漂着します。

富山湾は、対馬海流に乗って運ばれてくる海洋ゴミが能登半島でブロックされるため、富山湾に流れ着く漂着ゴミは川の上流から運ばれてきた富山県内で発生した国内産ゴミがほとんどであり、日本海側の他県と比較しても少ない、といわれています。

しかし、嵐の後の海岸は漂着ゴミで覆いつくされる現状をみると、これで少ないのでしたら他はどんなにひどい状況なのかと、情けなくなります。

富山県が河川にオイルフェンスを設置して流下するゴミの量や種類を調査したところ、七日間でじつに畳二一畳分もの面積にペットボトルや発泡スチロールなどのゴミがたまったそうです。

海岸ゴミは、ボランティアの人たちを中心に拾い集められていますが、上流域の人たちを巻き込んだゴミを捨てない運動、プラスチックを使わない運動に変えてゆかなければ、いつまで経っても減らない、いやそれどころかどんどん増えていってしまいます。

図９　イベント「グルッと手をつないで、美しい富山湾！」

その他にも海に関わる問題として、地球温暖化による海面上昇、海水温上昇による生態系の変化、海水の酸性化などなど多くの問題があり、今すぐにでも対処しなければ将来たいへんな事態になりかねません。

美しい富山湾クラブの設立と活動

世界に認められた富山湾のブランド力に磨きをかけ、その魅力を国内外に発信するとともに、後継者を育てて永続的な活動をおこなっていく事を目的に、「美しい富山湾クラブ」が二〇一五年五月一〇日に設立されました。

各地域からの行政、企業、民間組織、個人の分野の異なる組織を縦横につないで、今までにない発想と展開をおこなっていく事で、さらに富山湾の魅力を向上させる事が出来たらと期待しています。

その取組みの一つとして、多くの人達みんなでグルッと手をつないで美しい富山湾をハグした後、海岸清掃を実施し、富山湾を愛する気持ちを共有するとともに海岸を美しくするイベント「富山湾ウェーブ！」を企画しました。

二〇一九年には富山湾岸全域で実施する計画ですが、二〇一八年は試験的に射水市海老江海浜公園で実施し、五二〇名の方々が手をつなぎ、「ブラボー！富山湾　ありがとう！」と富山湾に感謝した後、海岸清掃をおこないました。

各企業や団体から参加した人は、ユニフォーム姿で環境保護活動への姿勢をアピールし、その様子をドローンで撮影して、ユーチューブで世界に向けて発信しました（http://www.toyamabay.club/gurutto/2018/）。

図10　SNSアプリ「ピリカ」

イベントの後には、日本財団の「給スイカステーション」からミネラルたっぷりのスイカが配布されるとともに、同時開催の「ふれあいビーチフェスティバル」を楽しみました。

また、富山県では「みんなできれいにせんまいけ大作戦」

という、県内全域での清掃活動を展開するとともに、ゴミ拾いの様子を「ピリカ」というSNSアプリに投稿して、世界からコメントや「ありがとう」をもらう事を勧めています。

このように海岸清掃活動を、義務感だけでなく、楽しいから参加するというイベントにすることによって多くの人や団体を巻き込み、ゴミを拾う活動からゴミを捨てない、プラスチックを使わない運動へと進化していけたらと期待しています。

世界で最も美しい湾クラブ年次総会など

これまでに参加した世界総会などについて紹介します。

①韓国・麗水《よす》湾（二〇一四年一〇月）

麗水湾は五湾と三六五の島からなる多島湾で、観光船で島々を巡りました。

二〇一二年に開催された万博会場での噴水とマッチングさせたプロジェクションマッピングが素晴らしく、IT技術が進んでいることを感じました。

豊臣秀吉の朝鮮侵略を亀甲船《きっこうせん》で打ち破った李舜臣《りしゅんしん》の史跡を訪問し、韓国からみた日韓の歴史に触れることができました。

②フィリピン・プエルトガレラ湾（二〇一六年二月）

海からしかゆけない所に、わら屋根のコテージが距離を置いて建てられており、エアコンもテレビも温水もないホテルに、世界の富豪が好んで訪れています。

海岸にはゴミ一つなく感心しましたが、よくみると毎日早朝からホテルの従業員がレーキで海岸清掃を徹底的におこなっていました。

地球温暖化で海水面が六〇センチ上昇すると、ほとんどのフィリピン人が住んでいる所から移動しなければいけないという状況は、湾クラブ加盟湾に共通の問題であり、次回の環境サミットに参加して意見を述べたい、と協議されました。

③メキシコ・バンデラス湾（二〇一六年一〇月）

死者の日という日本のお盆に相当する行事では、幽霊の化粧をしてパレードしました。

総会では、イスラエルからの参加希望に対して議論されましたが、このクラブは中国と台湾が参加しているように政治的に中立であり、問題ないと結論されました。

クジラの保護についても提案され、特に反対意見もなく承認されました。

ここでもフィリピンと同じくホテル従業員がゴミをみつけては回収していたこと、総会一行のバスは警察に先導されて交差点は全青信号だったことには驚きました。

④フランス・モルビアン湾、ラ・ボール湾、モンサンミッシェル湾（二〇一八年四月）

モルビアン湾ではクルーズ船に乗って美しい島々や保養地を眺め、歴史を感じるヴァンヌ市役所から世界で最も美しい湾クラブハウスまでをパレードしました。

美しい砂浜が続くラ・ボール湾では設立二〇周年記念総会が開催され、砂浜の維持や港湾開発などのプレゼンがおこなわれ、二〇一九年総会の富山県開催が正式決定するとともに、新たに九十九島湾とイスラエル・エイラート湾の加盟が承認されました。

モンサンミッシェル湾ではヘリコプターで上空から視察するなど、このクラブの奥深さに改めて驚かされました。

どの海岸もとてもきれいだったのですが、インターネットで調べると、欧米のリゾート地では、観光客が寝静まった深夜または早朝に、ビーチクリーナーを使って海岸をきれいにしている所が多いようです。

⑤日本の国内加盟湾シンポジウム（二〇一八年八月）

松島湾、富山湾、京都宮津湾・伊根湾、駿河湾、九十九島湾が富山県高岡市に集まって、加盟五湾連携シンポジウムが開催されました。

各湾とも環境対策に努力しておられ、海岸清掃活動に積極的に取組んでおられる状況が紹介されました。

パネルディスカッションでは、「天橋立を守る会」から、「くりーんはしだて一人一坪大作戦」、高校生による松葉清掃や砂浜除草、企業ボランティアなど、継続的な仕組みづくりが紹介されました。

基調講演をおこなった海洋冒険家の白石康次郎氏に世界の海のゴミの状況についてうかがうと、「昔に比べれば、海辺はものすごくきれいになっている。昔は油の泡や廃棄物が浮いて泳げないところが多かったが、今はどこも水質がよくなっている。きれいになって有機物が減ったために、養殖ノリが育たない、という話も聞く。ただ、違うのはプラスチック系のゴミがものすごく増えていること。海洋汚染の質が変わってきている」という回答でした。

環境対策の連携については、「今後情報交換をおこなっていきましょう」という事にとどまりましたが、将来的にデータを集めて、連携した取組みが実行出来ればより大きな動きになると期待しています。

⑥台湾・澎湖湾《ぽんふー》（二〇一八年九月）

パネルディスカッションで各国におけるプラスチックゴミの現状について紹介され、各湾の状況と対策についてアンケート調査することになりました。

エクスカーションでは、龍門沙灘《ロングビーチ》での海岸清掃大会に参加し、台湾の企業や団体とともに、世界で最も美しい湾クラブメンバーも清掃活動をおこないました。

⑦日本・富山湾（二〇一九年一〇月）

二〇一九年はいよいよ「世界で最も美しい湾クラブ」の世界総会が富山県で開催されます。

富山県では「環境にやさしい生活スタイル」へと変えるため二〇〇八年から全国に先駆けてレジ袋の無料配布を取り止めています。こうした先駆的な取組みが評価され、二〇一六年G7富山環境大臣会合の富山県開催時に、「富山物質循環フレームワーク」としてG7が3R（リデュース：減らす、リユース：繰り返し使う、リサイクル）推進に協力して取組むことについて合意されました。

図11　3Rの推進

二〇一九年の世界総会においても、環境問題に対して、ぜひ前向きの提案を世界に呼び掛け、地域のそして地球の環境保全に少しでも貢献してゆけたら幸いです。

コラム◉海洋環境保全に向けた周辺国との協力の推進

馬場典夫（海上保安庁海洋情報部海洋情報指導官）

UNEPとNOWPAP

国連環境計画（UNEP）では、一九七四年から、悪化する世界の海洋・沿岸地域の環境問題に近隣諸国が協力し取組む地域海計画を推進しており、一九九四年、日本、中国、韓国およびロシアの四ヵ国により、主に黄海および日本海を対象海域として「地域内の住民が長期に亘ってその恩恵を享受し、子孫のために地域の持続可能性が守られるよう海洋・沿岸環境を有効に利用・開発・管理すること」を目的に北西太平洋地域海行動計画（NOWPAP）（1）が設立された。現在、世界でNOWPAPを含め一八海域で地域海計画が設立され、それぞれで行動計画が推進されている。

NOWPAPでは、各加盟国に一つの地域活動センター（RAC）が設置されており、各国の専門家や関係機関さらに他の国際機関との協力のもと、政府間会合で決定された事業を推進している。また、NOWPAPの本部事務局として地域調整部（RCU）が富山県と韓国・釜山に共同設置されている。

NOWPAPのさまざまな活動

①特殊モニタリング・沿岸環境評価地域活動センター（CEARAC）

CEARACは、日本・富山市にあり、海洋環境評価に関する技術開発、評価の実践等に関する活動をおこなっている。

これまでに有害藻類の異常繁殖（HAB）、リモートセンシング技術を応用した海洋環境モニタリング、海洋環境評価手法の開発等をおこない、二〇一七年には地域内における海洋生物多様性への主要な影響に関する評価報告書を刊行した。この報告書で、富栄養化が地域内各国の共通の課題で、人為活動が活発な主要都市部で重大であること、外来生物種については水産養殖による影響が大きく火急な対策が必要であることを指摘している。

②海洋環境緊急時・対応地域活動センター（MERRAC）

MERRACは、韓国・大田《テジョン》市にあり、国際海事機関（IMO）との協力

NOWPAP 対象海域

を得て主に海洋汚染事故等に際し、各国が効果的に協力できるようさまざまな活動をおこなっている。

二〇〇三年、大規模な油流出事故に関係国が即時に協力し対応できるよう「NOWPAP地域油流出緊急時計画」を採択し、さらに二〇〇五年には、NOWPAPの地理的範囲外であるが、油田やガス田の開発が進むサハリンも緊急時計画の対象範囲に含めることが決定された。現在、緊急時計画により危険有害物質（HNS）流出事故に対応するための議論も進められている。またNOWPAP各国は、万が一に備え緊急時計画に基づいた各種訓練をおこなっており、油処理剤の使用や海岸漂着油の処理などに関するガイドライン等の作成もおこなっている。

二〇〇七年一二月七日、不幸にも黄海で発生した香港船籍タンカー「ハベイ・スピリット」号（約一四万六〇〇〇トン）からの油流出事故では、積荷原油二〇万トンのうち約一万トンが流出する地域内で過去最大級の事故であったが、韓国政府の要請によりNOWPAPで初めて緊急時計画が発動され、専門家の派遣や油吸着材の提供等、関係国関係機関の協力が円滑に実施され、緊急時計画の有効性が確認された。

さらに、二〇一八年一月東シナ海で発生したパナマ船籍タンカー「サンチ」号の衝突・炎上沈没事故においても、「NOWPAP地域油流出緊急時計画」の対象海域外であったものの、NOWPAPにおける協力の枠組みが関係国との迅速な情報共有および連携の実施に効果を発揮した。

③汚染モニタリング地域活動センター（POMRAC）

POMRACは、ロシア・ウラジオストク市にあり、地域内の海洋・沿岸環境のモニタリングに関する活動や協力体制の確立を目的としており、これまでに海洋・沿岸環境に大気から降下する汚染物質と、河川または直接流入する汚染物質の各国のモニタリング体制を調査し、地域内の課題をとりまとめた地域報告書を刊行し、二〇〇七年からは新しい活動として、統合沿岸河川域管理に取組んでいる。

また、POMRACは他の地域活動センターと協力し、NOWPAP海域の環境状況をまとめた海洋環境白書の第一版を二〇〇七年に、第二版を二〇一四年に刊行した。さらに生態系アプローチを促進するため地域の生態学的特性目標（EcoQOs）の策定をおこなった。

④データ・情報ネットワーク地域活動センター（DINRAC）

DINRACは、中国・北京市にあり、地域内の海洋・沿岸環境に関するデータ・情報システム確立、データ・情報の交換に関する協力の推進および調整を目的としている。これまで海洋環境保全に関するさまざまな情報やデータベースの整備・リンクを進め、NOWPAPにおける情報やデータのクリアリング・ハウス（2）としての役割を担っており、各国の環境基準や、生物保護区域、外来生物種等に関する情報の調査収集等をおこなってきている。

二〇一八年、地域内で国際自然保護連合（IUCN）のレッドリストに登録されている生物種についての調査をおこない、IUCNに登録されているよりも多くの種が絶滅の危機に瀕しており、地域内での生物種保全に向けたさらなる取組みが必要であることを報告した。

⑤海洋ゴミに関する取組み

海洋ゴミは、海洋環境、経済、そして人の健康に危害をおよぼし世界的にも深刻な問題となってきている。

NOWPAPでは二〇〇五年の政府間会合で海洋ゴミに対する活動（MALITA）を採択し、各RACおよび各国関係機関と連携し、関係国間のネットワーク構築、各種ガイドラインの作成、海洋ゴミ問題に関する普及啓発活動等をおこなってきた。

そこでNOWPAPは、二カ年のMALITAの成果を基に「海洋ゴミに関する地域行動計画（RAP MALI）」を策定し、海洋・沿岸環境での海洋ゴミの発生・流入防止、海洋ゴミの量・

分布状況の監視、既存の海洋ゴミの除去等、海洋ゴミに関する活動をさらに推進している。

NOWPAPの成果と課題

NOWPAP設立から約二五年が経過し、まだまだ課題は多いものの、緊急時計画に基づく訓練の実施、緊急時計画の発動、また各種海洋環境モニタリング技術の確立・普及、海洋環境評価の試行、海洋ゴミに関する取組みやさまざまな海洋環境情報の共有等の成果が得られてきている。

二〇一七年の政府間会合では、これまでの活動および成果を振り返るとともに、持続可能な開発目標（SDGs）等国際的ニーズをふまえ、次の四分野を優先課題とした二〇一八～二〇二三の中期計画に基本的に合意した。

一．エコシステムベースの統合沿岸河川域管理
二．海洋沿岸環境状況の評価
三．陸・海洋起源の汚染の軽減・防止
四．海洋沿岸の生物多様性の保全

NOWPAPの利点は、日本、中国、韓国およびロシアの四ヵ国政府の合意のもと、地域の海洋環境の保全という共通の目標に向け、政府機関のみならず、学術研究、産業界、一般やNGO等様々な主体が関わることのできる取組みを推進できる点があげられる。

NOWPAPの目標達成のためには、新たな中期計画に従い各国が協力し限られたリソースを有効に活用して、NOWPAP内での議論だけに止まらず、各国国内での具体的な取組みに反映し連携することが不可欠であり、そのために多様な関係者間における情報の共有やNOWPAPの理解の促進が必要である。

日本は一九六〇年代に死の海とも呼ばれた激しい海の汚染を克服してきた経験を有しており、NOWPAP海域の環境保全に日本がリーダー的役割を果たすことが期待されている。

（1）NOAWPAP http: //www.nowpap.org/main_j.php
（2）データのクリアリング・ハウスとは、利用者が求めるデータを調べ入手するために、データの概要、所在情報、入手方法等に関する情報を提供するメカニズム。

6 海洋ゴミ解決に向けた世界の流れ

藤井麻衣
（公財）笹川平和財団海洋政策研究所研究員）

海洋ゴミ問題への懸念の高まり

今や世界中の海にゴミが分布し、生態系を含めた海洋環境の悪化や海岸機能の低下、景観への悪影響、船舶航行の障害、漁業への被害等、さまざまな問題を引き起こしている。海洋ゴミはプラスチック、金属、ガラス、木材、紙、ゴム、布などで構成され、これらのうち、六〇～八〇％をプラスチックゴミが占める。このままのペースで海に流入するプラスチックゴミが増え続けると、二〇五〇年までに海に存在する魚とゴミの量が同じくらいになるという試算もある。

そのようななか、一匹のウミガメの映像が世界を席巻した。プラスチック製ストローが鼻に突き刺さった痛々しい姿のウミガメの動画は世界中の人々の心を動かし、各国政府や国際社会が海洋プラスチックゴミ対策の強化に乗り出すきっかけの一つを生み出した。

たとえば、二〇一〇年には一九二ヵ国で二億七五〇〇万トンのプラスチックゴミが生成され、そのうち四八〇万～一二七〇万トン（全体の一・七～四・六％）が海洋へ流出したとの推計がある。プラスチックの生産量は年々増加しており、それに伴い、適切に処理されず最終的に海洋へと流出するプラスチックも年々増加していると考えられている。次頁図1に示すとおり、他地域に比べて、中国や東南アジアからの流入量が多いと推計されている。

また、セクター別にみると、容器包装セクターのプラスチック生産量が最も多く二〇一五年の世界全体の生産量のうち三六％を占めるとされており（次頁図2）、現在、国際社会において、プラスチック容器包装の発生抑制対策に注目が集まっている。

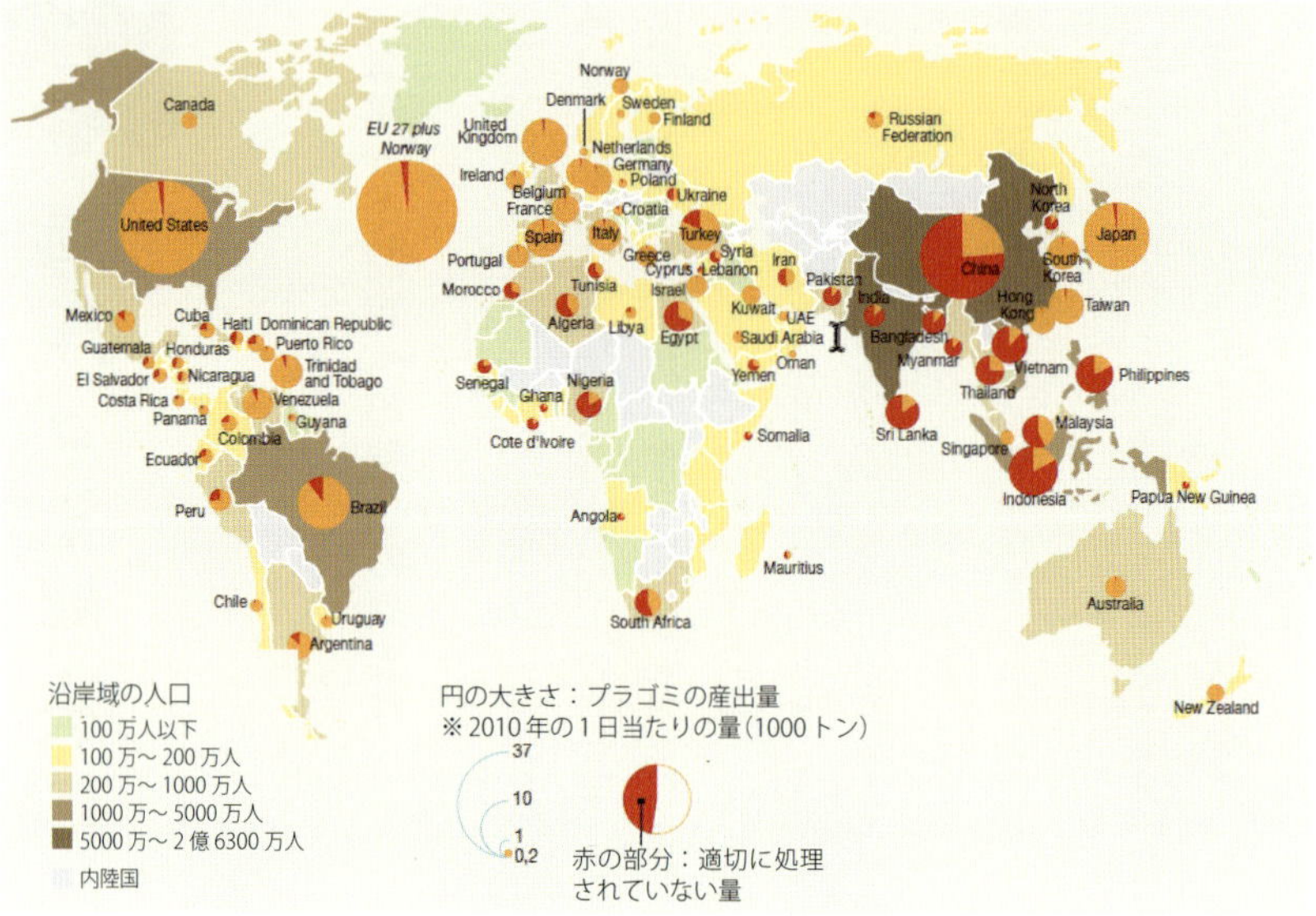

図１　プラスチックゴミの産出量・適切に処理されず海洋へ流出した量の推計（2010年）
（UNEP/AHEG/2018/1/INF/3）

1 中国	11 南アフリカ
2 インドネシア	12 インド
3 フィリピン	13 アルジェリア
4 ベトナム	14 トルコ
5 スリランカ	15 パキスタン
6 タイ	16 ブラジル
7 エジプト	17 ミャンマー
8 マレーシア	18 モロッコ
9 ナイジェリア	19 北朝鮮
10 バングラデシュ	20 米国

図２　適切に処理されず海洋へ流出したプラスチックゴミの推定量上位20ヵ国（2010年）（※EU加盟国（内陸国を除く23ヵ国）を合計した場合は18位となる）

国連の動向①―持続可能な開発目標（SDGs）

海洋ゴミ対策は世界的な課題であるという認識は年々高まっている。二〇一二年六月に世界各国の首脳レベルが集まって開催された「国連持続可能な開発会議（リオ＋二〇）」で採択された文書「我々の求める未来」においても、海洋や海洋生態系が海洋ゴミに起因する汚染によって悪影響を受けていることへの憂慮が示され、「海洋の生態系に対する汚染の排出と影響を防止するための行動をとること」と「二〇二五年までに、科学的データに基づき、海洋環境への被害を防止するために、海洋ゴミの大幅削減を達成するための行動をとること」が約束されている（第一六三段落）。

二〇一五年九月には、ニューヨークの国連本部において世界各国のリーダーが集結し、二〇三〇年までに国連加盟国が協働して達成すべき目標として「持続可能な開発目標（SDGs）」を採択した。一七の目標（ゴール）とそれらを達成するための具体的な一六九のターゲットで構成されるSDGsのうち、とりわけ目標一二（持続可能な消費と生産パターンを確保する）と目標一四（海洋と海洋資源を持続可能な開発に向けて保全し、持続可能な形で利用する）には、海洋ゴミ問題に直接関連するターゲットが含まれている（図4）。

二〇一七年七月、SDG14の実施促進のために国連本部にて開催された「国連海洋会議」では、多様な関係者（政府、国際・国連機関、NGO、ビジネス、科学コミュニティ、学術機関等）

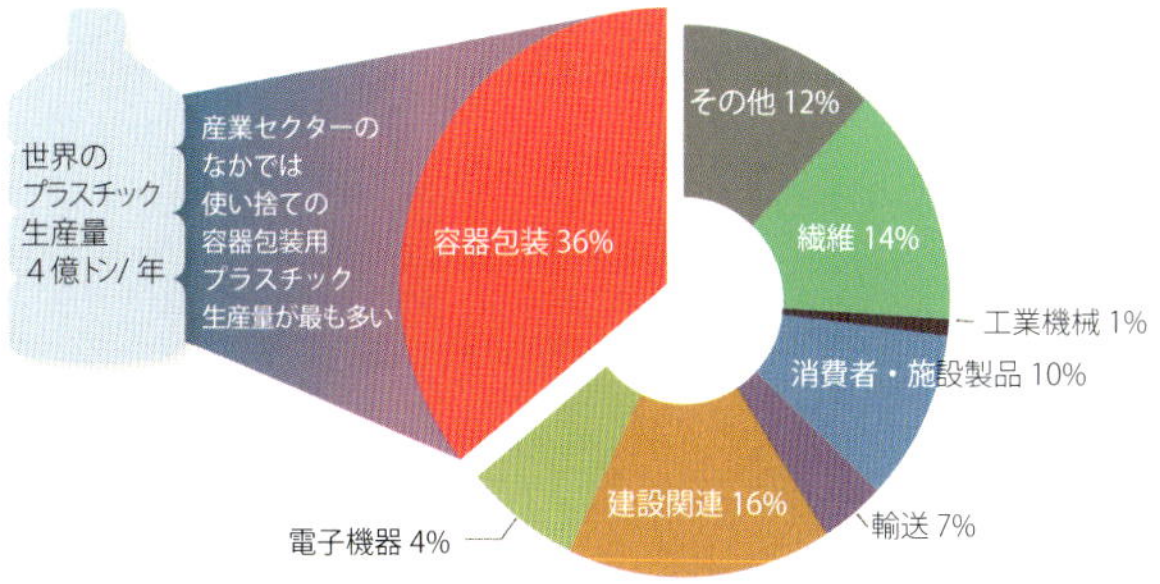

図3　産業セクター別のプラスチックゴミの生産量 (2015年)(UNEP, Single Use Plastics)

12	**目標12　持続可能な生産消費パターンを確保する**
12.2	2030年までに天然資源の持続可能な管理及び効率的な利用を達成する。
12.3	2030年までに小売・消費レベルにおける世界全体の一人当たりの食料の廃棄を半減させ、収穫後損失などの生産・サプライチェーンにおける食品ロスを減少させる。
12.4	2020年までに、合意された国際的な枠組みに従い、製品ライフサイクルを通じ、環境上適正な化学物質や全ての廃棄物の管理を実現し、人の健康や環境への悪影響を最小化するため、化学物質や廃棄物の大気、水、土壌への放出を大幅に削減する。
12.5	2030年までに、廃棄物の発生防止、削減、再生利用及び再利用により、廃棄物の発生を大幅に削減する。
14	**目標14　海洋・海洋資源を持続可能な開発に向けて保全し、持続可能な形で利用する**
14.1	2025年までに、海洋ゴミや富栄養化を含む、特に陸上活動による汚染など、あらゆる種類の海洋汚染を防止し、大幅に削減する。
14.2	2020年までに、海洋及び沿岸の生態系に関する重大な悪影響を回避するため、強靭性（レジリエンス）の強化などによる持続的な管理と保護を行い、健全で生産的な海洋を実現するため、海洋及び沿岸の生態系の回復のための取組みを行う。

図4　海洋ゴミ問題に直接関連するSDGsのターゲット

図4　船にけん引されている「システム001」(The Ocean Cleanup)

の参加の下、全会一致で宣言文「行動の要請」が採択されるとともに、幅広い関係者によって一四〇〇件超の「自発的約束」が表明され、ウェブサイト上のレジストリ（登録簿）に登録された（1）（第2章12）。「行動の要請」では、他のさまざまな取組みとともに、プラスチックとマイクロプラスチック（とくにレジ袋や使い捨てプラスチック製品）の利用を減らすための長期的かつ本格的な戦略を実施すること、ゴミの発生抑制や3R（削減、再使用、再利用）を推進していくことなどが約束された（第一三段落（h）および（i）項）。

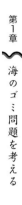

「自発的約束」は、あくまで自主的な約束という形式をとることで幅広く関係者を巻き込んで取組みを可視化し、SDG14の実施を漸進的に強化していこうという画期的な仕組みである。世界中の誰でも、国連海洋会議のウェブサイトにおいて公開されている約束の具体的情報を得ることができ、約束の当事者は、ウェブ上の登録フォームを使って約束の実施の進捗状況等をアップデートすることができる。国連海洋会議のように、幅広い主体による取組みが自発的約束という形で示され、参加者がいつでもその進捗を点検・報告する場があるということは、海洋ゴミ問題への対応を促進するためにも非常に有益であろう。

　たとえば、オランダのNPO「オーシャンクリーンアップ財団」は、海洋から直接プラスチックゴミを回収する装置を開発し、海上に設置して、実際にゴミを回収することを約束している（約束登録ナンバー＃一五二二七）。二〇一八年秋には、初のプラスチックゴミ回収装置である「システム〇〇一」が完成し、最終試験を行うため太平洋のゴミ集積海域（通称ゴミベルト）に設置された。システム〇〇一は、長さ六〇〇メートルでU字型をした巨大な「壁」である（図4）。この装置が海を漂うゴミ回収にどの程度の力を発揮できるのか、現時点では未知数ながらも、世界中から注目を浴びている取組みであることは間違いない。これら多様な取組みの進捗状況について、国連海洋会議などの場で今後も広く情報共有がなされることが期待される。

国連の動向②—国連環境計画

ＳＤＧｓにくわえて、「国連環境計画（ＵＮＥＰ）」においても、海洋ゴミ対策に関する議論が盛り上がっている。ＵＮＥＰとは、一九七二年に国連総会に基づき設立された環境問題全般を取り扱う国連の機関（本部：ケニア・ナイロビ）である。ＵＮＥＰの最高意思決定機関である「国連環境総会（ＵＮＥＡ）」（通常は二年に一回開催）では、近年、海洋ゴミが主要課題の一つとしてとりあげられている。

二〇一四年および二〇一六年にはマイクロプラスチック海洋汚染に関する決議が採択された。約一六〇ヵ国の代表が出席して開催された二〇一七年一二月の第三回国連環境総会（ＵＮＥＡ３）においては、閣僚宣言「汚染のない地球に向けて」が採択され、海洋プラスチックゴミ対策の重要性が強調されるとともに、海洋ゴミに関する専門家会合の設立が決定された（決議３／７）。二〇一八年五月に開催された第一回専門家会合では、海洋ゴミ対策の今後の方向性について、三つの選択肢（①現状維持、②既存の枠組みの修正・強化、③新しい国際枠組みの創設）が示されており、③が選択されれば、国連加盟国は海洋ゴミを包括的に扱う新条約の策定へ向かう可能性もある。今後、さらなる専門家会合を経て、次回の第四回総会（ＵＮＥＡ四）（二〇一九年三月開催予定）において、今後の方向性が決定される予定である。

主要国の動向—Ｇ７とＧ20

近年のＧ７の首脳宣言にも、海洋ゴミ対策が盛り込まれている。二〇一八年六月にカナダで開催されたＧ７シャルルボワ・サミットでは、海洋ゴミ問題が主要課題の一つとしてとりあげられ、「健全な海洋および強じんな沿岸コミュニティのためのシャルルボワ・ブループリント」が承認された。さらに、プラスチックの製造、使用、管理および廃棄に関する現行のアプローチが、海洋環境、生活および潜在的に人間の健康に重大な脅威をもたらすことを認識し、効率性の高い資源管理のアプローチにコミットするとした

Ｇ７ 海洋プラスチック憲章の内容

- ■ 2030年までに、プラスチック製品を全て、再使用・リサイクル可能にする、又は熱回収可能となるよう産業界と協力する
- ■適用可能な場合は、2030年までにプラスチック製品におけるリサイクル素材の使用を最低50%増加させる
- ■使い捨てプラスチックの不必要な使用を大幅に削減する
- ■ 2030年までに、プラスチック容器包装の最低55%を再使用・リサイクルし、2040年までに全てのプラスチックを100%熱回収する
- ■プラスチック使用削減に向けサプライチェーン全体で取組むアプローチを採用する
- ■海洋プラスチック発生抑制やゴミ清掃に向けた技術開発分野への投資を加速させる
- ■逸失・投棄漁具等の漁具の回収作業に対する投資等を謳った2015年G7サミット宣言の実行を加速する

図５　海洋プラスチック憲章の概要（https://g7.gc.ca/wp-content/uploads/2018/06/OceanPlasticsCharter.pdf より筆者作成）

「Ｇ７ 海洋プラスチック憲章」も策定され（図５）、カナダ、フランス、ドイツ、イタリアおよび欧州連合によって承認された。

二〇一七年七月のＧ20ハンブルク・サミットでは、Ｇ20サミットとしては初めて、首脳宣言において海洋ゴミが取り上げられ、発生抑制・持続可能な廃棄物管理の構築・調査等の取組みを含む「海洋ゴミに対するＧ20行動計画」の立ち上げが合意された。

欧州における海洋プラスチックゴミ規制の動き

欧州連合（ＥＵ）では、海洋プラスチックゴミに関する懸念増大等を背景に、廃棄物全般によりよく対処するための包括的なアプローチが始動している。二〇一五年一二月には、今後のＥＵの行動計画として、欧州委員会より「循環型経済パッケージ」が公表され、循環型経済（持続可能で低炭素かつ資源効率的で競争力のある経済）の構築に向け、二〇三〇年までに都市ゴミの六五％、包装容器廃棄物の七五％をリサイクルすることや、二〇三〇年までに埋め立て処分される都市ゴミの割合を一〇％以下にすることが目標にかかげられた。これを受け、プラスチックゴミの排出規制として、レジ袋の規制とマイクロプラスチックの規制の二つの観点から規制が進められており、二〇一五年四月には、「レジ袋削減指令」（包装および包装廃棄物に関する現行のＥＵ指令を改正するもの）が成立した。同指令は加盟国に対して、

レジ袋の使用量を二〇一九年末までに一人当たり年間九〇枚、二〇二五年末までに四〇枚へと段階的に削減するか、二〇一八年末までに全てのレジ袋を有料化するか、のいずれかあるいは両方を選択するよう求めている（各加盟国の二〇一八年二月時点での対応は図6）。

二〇一八年一月には、欧州委員会により「循環型経済におけるプラスチック戦略」が公表された。同戦略は、二〇一五年一二月に公表された「循環型経済・政策パッケージ」において数値目標に基づく廃棄物の再資源化などが推進されていることを踏まえて、プラスチック分野に特化して策定されたものである。二〇三〇年までに、EU市場におけるすべてのプラスチック包装を再資源化（再使用・リサイクル）するとしている。

施策	国名
供給側への課税	ブルガリア、クロアチア、ハンガリー
レジ袋有料化（消費者側に対する課税）	ベルギー、チェコ、デンマーク、エストニア、ギリシャ、イタリア、アイルランド、ラトビア、リトアニア、マルタ、オランダ、ポルトガル、ルーマニア、スロバキア、キプロス
使用禁止	イタリア（生分解性のないプラ製レジ袋）、フランス

図6 ＥＵ加盟国のレジ袋削減に向けた施策（2018）
（UNEP, Single Use Plastics より筆者作成）

さらに、二〇一八年五月、欧州委員会は「使い捨てプラスチック指令案」を公表した。使い捨てされているプラスチック製品うち、欧州の海・海岸でみつかる上位一〇品目および漁具を対象に、品目ごとに使用禁止・消費削減・生産者責任の拡大等の措置をとることを定めている（次頁図7）。欧州の海岸で発見される海洋ゴミのうち、上記一〇品目の使い捨てプラスチックが四三％、漁具が二七％を占め、これらに対処することで全海洋ゴミの七割に対処でき、一〇品目の廃棄量が半分以下に削減されることで、二〇三〇年までに二二〇億ユーロ相当の（海洋ゴミによる）環境損害を回避できるとされている。

同指令案は、今後、欧州議会および欧州理事会で審議され、必要ならば修正を加えられた後、発効する見込みである。指令が発効すれば、ＥＵ加盟国には国内法制化の義務が課される。

ＥＵ加盟国のなかでも、使い捨てプラスチックに対する国内法による規制がすでに先行して進んでいる国もある。フランスでは、二〇一六年八月に公布された政令により、二〇二〇年以降は使い捨てプラスチック容器（主にプラス

	プラスチック使用禁止	消費削減目標の設定	製品デザイン	生産者責任の拡大（廃棄・浄化・消費者意識向上措置の費用負担）	回収目標の設定	ラベル表示（環境負荷・廃棄方法・プラ使用）	消費者の意識向上
綿棒	○						
プラスチック製食器類（カトラリー・皿・マドラー・ストロー）	○						
風船/風船の棒	○（棒）			○（風船）		○（風船）	○（風船）
プラスチック製食品容器		○		○			○
プラスチック製飲料カップ・ふた		○		○			○
プラスチック製飲料ボトル			○（ボトルとキャップの一体化）	○	○		○
たばこのフィルター				○			○
プラスチック製買い物袋（軽量）				○			○
プラスチック製包装（菓子の包装等）				○			○
衛生製品（ウェットティッシュ、生理用品）				○（ウェットティッシュ）		○	○
漁具				○			○

図7 「EU使い捨てプラスチック指令案」が提案している規制内容（欧州委員会ウェブサイトの情報を基に筆者作成）（http: //europa.eu/rapid/press-releaseIP-18-3927en.htm）

チックから成る使い捨てが想定されるタンブラー、コップ、皿）の使用が原則禁止になる。また、イタリアでは、二〇二〇年以降、マイクロプラスチックを含む化粧品の製造とマーケティングが禁止される。イギリスは、二〇一八年四月、将来的にプラスチック製ストロー、マドラーおよび綿棒の販売を禁止するという方向性を示し、今後、産業界と連携して法制化や代替製品の開発にあたるとした（なお、イギリスはEUからの離脱交渉中）。

世界各国の動向―EU以外の国

欧州以外の地域でも、海洋

ゴミ対策、そして海洋プラスチックゴミの懸念などを背景として、プラスチックゴミ対策が進んでいる。アメリカでは主に州レベルで規制が行われており、ハワイ州、カリフォルニア州、シアトル州などで使い捨てレジ袋の使用が禁止されている。

アジア地域、アフリカ地域や太平洋島嶼国を含む世界各国で、使い捨てのプラスチック製レジ袋の規制が進んでいる。規制には、製造・販売・使用等の禁止（生分解性のないプラスチックを使用したレジ袋を禁止する場合もある）、レジ袋有料化、生産者等への課税などがあり、中国・台湾・インド・バングラデシュなどのアジア諸国や、ケニアや南アフリカ等のアフリカ二五か国、パラオ、バヌアツ等の太平洋島嶼国などでは、すでにプラスチック製レジ袋の製造・販売・使用等が禁止されている。韓国、ベトナム、インドネシアなどでは、レジ袋の有料化がおこなわれている。レジ袋にとどまらず、台湾は、二〇一八年二月、二〇一九年より段階的にプラスチック製のストロー・使い捨て食品容器・買い物袋の使用を禁止していく計画を発表した。

民間セクターの動向

近年、グローバルな飲料メーカーや外食業界、国際的に展開しているホテルチェーンなど多くの企業がプラスチックゴミ対策の新たな実施や強化を次々と公表している。たとえば、大手ホテルチェーンのヒルトンは、二〇一八年五月、二〇一八年末までにすべてのホテルのプラスチック製ストローの使用を禁止すると発表した。また、スターバックス社は、二〇一八年七月、プラスチック製の使い捨てストローを二〇二〇年までに世界中の店舗で全廃すると発表した。今後はストローを使う必要のないプラチックふたを提供するほか、紙製や堆肥化可能なプラスチック製のストローを導入する。ディズニーは、二〇一九年までに世界中の全施設において使い捨てのプラスチック製ストローとマドラーの使用を禁止するほか、ホテル等の室内アメニティを詰め替え可能なものに変更する（二〇一八年七月発表）。

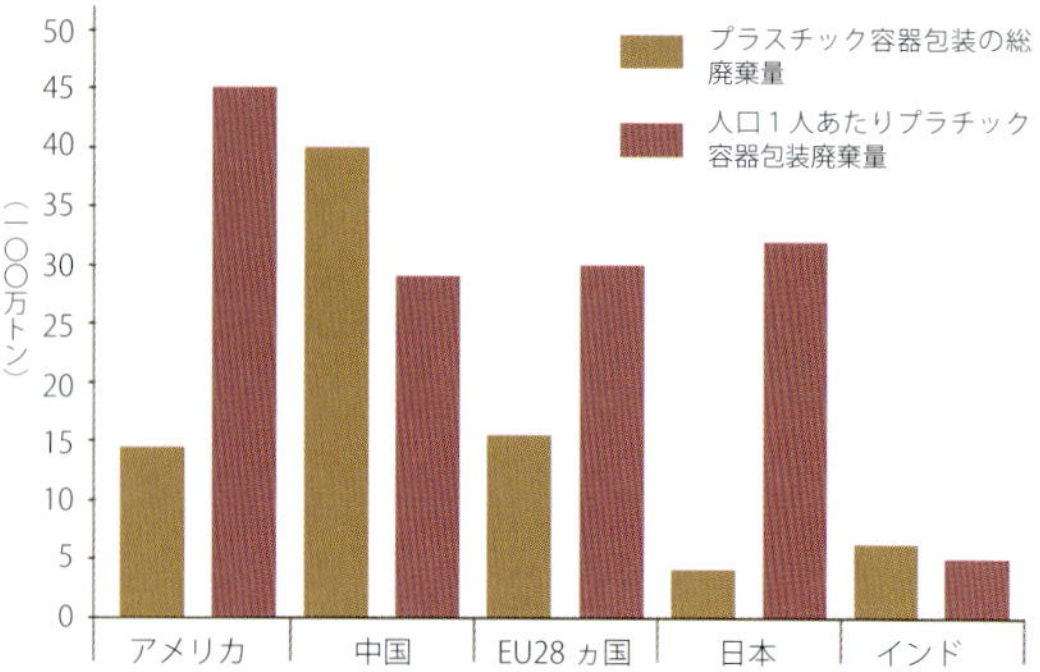

図8　2014年の世界各国のプラスチック容器包装廃棄量
（2018年）（UNEP, Single Use Plastics）

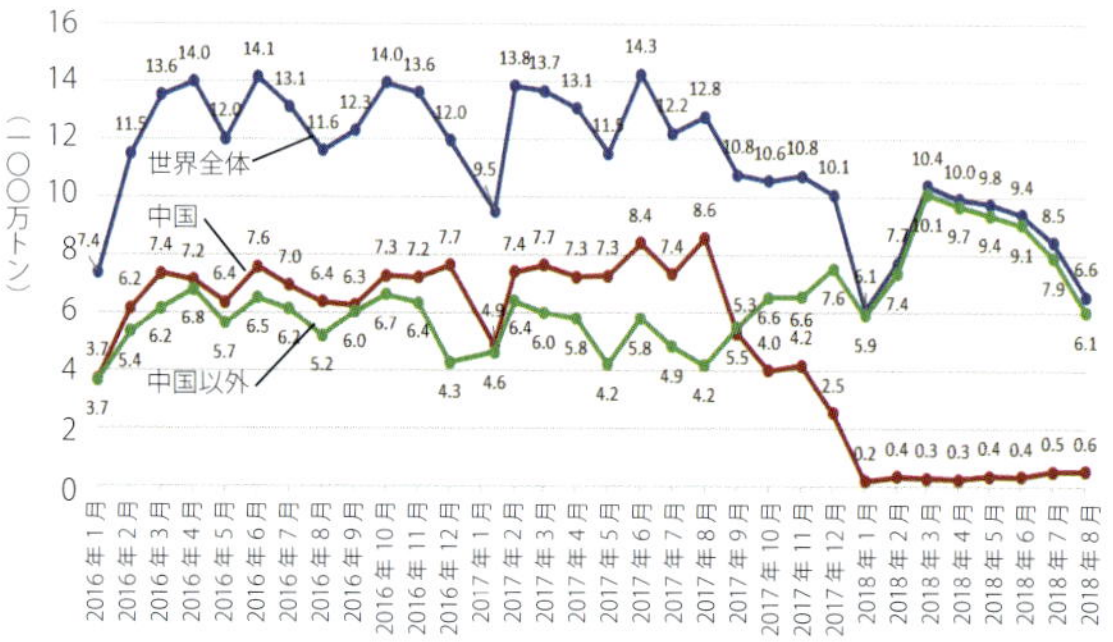

図9　日本のプラスチックくず輸出量（財務省貿易統計より）

おわりに―動き出す世界と日本

二〇一八年は、海洋ゴミ問題、とくに海洋プラスチックゴミ問題にとって、大きな転換点となるかもしれない。各国政府（地方政府・自治体含む）や民間セクターが次々とプラスチックゴミ対策の実施を発表し、それらは日本国内でも大きく報道された。日本においても、これまで以上に幅広い層で海洋ゴミ問題への関心が高まっているように感じる。

日本の使い捨て容器包装廃棄量（一人当たり）は、アメリカに次ぎ、世界で二番目に多い（図8）。また、リサイクル率は他国と比べて高いながらも、未利用の廃プラスチックは一定程度存在する。さらに、日本はこれまで多くのプラスチックゴミを資源（貿易統計上はプラスチックくずと表記）として中国などに輸出してきたが（図9）、二〇一七年一二月に中国政府による輸入禁止措置が施行され、その後タイなどアジア各国にも輸入規制を敷く国が出てきており、日本のプラスチックゴミの輸出先がなくなりつつある。今後は輸出に頼らない、より一層の国内資源循環が求められている。

これらのことから、日本でもさらなる海洋プラスチックゴミ対策が求められている。このような情勢のなか、二〇一八年六月に閣議決定された「第四次循環型社会形成推進基本計画」において、今後政府が日本のプラスチックの資源循環を総合的に推進するための戦略、すなわち「プラスチック戦略」を策定することが明記され、同一〇月現在、環境省において検討が進められている。同月に示された素案では、小売店のレジ袋有料配布を義務化するなど、使い捨てプラスチックの削減を進め、使用量を二〇三〇年までに二五%削減するとの数値目標などが提示された。日本は、G7の海洋プラスチック憲章を承認しなかったことで国内外から批判を浴びたが、素案では、海洋プラスチック憲章の目標を上回る数値目標も示された。同戦略の最終案は年内には公表される見込みであり、今後の動向に注目したい。

また、一〇月、環境省は、「プラスチック・スマート―for Sustainable Ocean」と銘打ったキャンペーンを立ち上げた。個人・自治体・NGO・企業・研究機関など幅広い主体による連携協働を後押しするとともに、優良事例を集め、ポイ捨て撲滅徹底など「プラスチックとのかしこい付き合い方」を国内外に発信していくことが標榜されている。

国内の民間セクターでも、すかいらーくホールディングズやデニーズによってプラスチック製ストロー使用の段階的な廃止が発表されるなど、世界の動向を踏まえた具体的取組みがはじまっている。前述の環境省による情報共有の仕組みなども活用しつつ、官民において海洋ゴミ対策強化の動き

日本のプラスチック戦略素案の概要

■重点戦略：①資源循環（徹底した発生抑制、持続可能なリサイクル、再生材･動植物（バイオマス）が原料のプラスチック（バイオプラスチック）使用促進）、②海洋プラ対策（陸域での廃棄物適正処理、マイクロプラスチック発生抑制、海洋ゴミ回収、海洋ゴミ実態把握）③国際展開、④基盤整備

■目標

✓小売店のレジ袋有料配布を義務化するなど、使い捨てプラスチックの削減を進め、2030年までに、使用量を25%削減する。

✓2030年までに、バイオプラスチックを、現在の約50倍に当たる年間200万トン導入する。

✓2030年までに、全てのプラスチック容器包装の6割を再使用・リサイクルする。2030年までにすべての使用済みプラスチックを100%有効利用（プラスチックゴミの焼却熱を発電などに使うサーマルリサイクル（熱回収）を含む）する。

図10　プラスチック戦略素案の概要（「プラスチック資源循環戦略（素案）」より筆者作成）（http: //www.env.go.jp/council/03recycle/y0312-03/y031203-d1.pdf）

図11　「プラスチックスマート」ロゴマーク

が加速していくことが期待される。

(1) 国連海洋会議のHP(https://oceanconference.un.org/commitments)

参考文献

中央環境審議会循環型社会部会プラスチック資源循環戦略小委員会(第三回) 二〇一八年一〇月「参考資料　プラスチックを取り巻く国内外の状況」

Jambeck, J. *et al.* 2015, "Plastic waste inputs from land into the ocean", *Science* 347(6223): 768-771

UNEP 2018, SINGLE-USE PLASTICS: A Roadmap for Sustainability

図12　持続可能な開発目標（SDGs）の17の目標（外務省）

第2章

生物多様性を守れ

7

ホンビノスガイは水産資源有用種か生態系外来種か？

風呂田利夫
（東邦大学名誉教授）

ホンビノスガイの侵入と生態

ホンビノスガイ（図1）は日本では一九九八年に東京湾千葉市の海岸で発見され（西村 二〇〇三）、現在では大阪湾でも生息が確認されている。東京湾では分布と密度が二〇〇〇年以降急激に拡大し、今では湾を代表する大型二枚貝となった。比較的大型であること、また誰が見ても典型的な二枚貝の形をしており、さらには白い殻で清潔感があることから水産物として流通するようになってきた。今では東京湾での重要な漁獲物となり、千葉県ブランド水産物のひとつに認定されている。

市場流通の初期の頃はその白さから「しろはまぐり」の名称がつけられていたが、ハマグリ類ではないことを明確にするために、水産庁の指導により本来の登録和名である

図1　ホンビノスガイ（生息していた泥の色がついて黒いが、本来の殻は白い）

「ホンビノスガイ」に統一された。

では、ホンビノスガイとは一体どんな貝であろう。学名は *Mercenaria mercenaria* であるが、かつては *Venus* 属として扱われ、*V. mercenaria* とされていた。この属名 *Venus* とはビーナス、ギリシャ神話の愛と美の女神である。ホンビノスガイが白くて美しいからビーナスの名が与えられたと考えたいが、*Venus* 属には複数の二枚貝が含まれており、特にホンビノスをさしていたわけではない。和名のホンビノスガイが与えられていた理由は、日本ではかつて *Venus* 属にいたビノスガイ *V.*（今では *Mercenaria*）*stimpsoni* がいたので、外国の同属の *V. mercenaria* を本家としてホンビノスとつけられたのだろう。いずれにしても、ホンビノスガイが「ギリシャ神話の真のビーナス」と考えれば、何と気品の高い貝であろうか。

東京湾での生息環境と成長

その名前とはちがって、本種はきれいなところではほとんど見られず、底質が黒ずみ、臭いがするくらいの汚

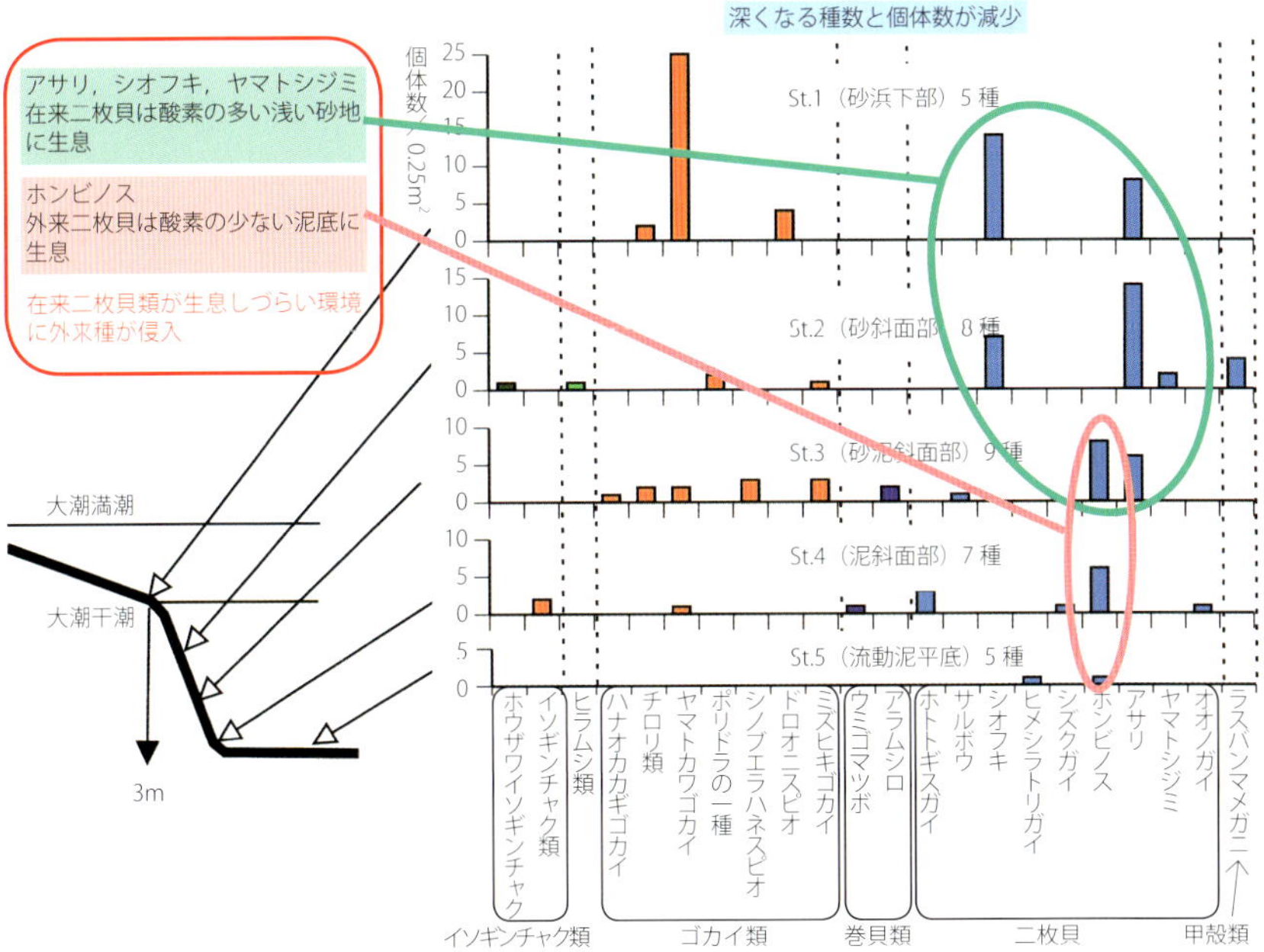

図 2　東京港お台場海浜公園沖での生物分布（2012 年 7 月 29 日）

0.25 m²、深さ 10 cm の砂や泥の中の生物を 1.5 mm のメッシュでふるって採集

濁した砂泥海底で密生している。(Andrew 2008)。簡単にいうと「底質環境の劣化の汚濁指標種」の資格を有しているといえる。この生態的特性を反映して、東京湾では夏期の貧酸素状態が顕著となる浚渫《しゅんせつ》された航路際(図2)や、底質がカキやその貝殻におおわれたカキ床内、アオサの堆積腐敗が進んだ干潟《ひがた》などで豊富にみられる。本来、汚濁指標種といわれているベントス種は、他の動物と同様にきれいな環境の方が生活しやすい。だが、汚濁の進んだ環境でも生き残れる劣悪な環境への耐忍性の強さで、他の動物が生息できない環境でも個体群を維持している。しかし、ホンビノスガイはきれいな海底は好みではないようだ。その美しい名前とは裏腹に、なんとも下手物《げてもの》好きである。

本種の成長はアサリなどの他の二枚貝に比べてすこぶる早い。橋詰(二〇一八)の東京湾奥部にある江戸川放水路での研究によると、本種は春と秋の二回の繁殖(幼生放出)の盛期があり、着底した稚貝は一年で殻長にして四センチほどに達する。東京湾でホンビノスの五センチ以上の大型個体が高密度に生息できるのは、この早い成長によりいつも若い貝が供給されていることと関係しているだろう。

在来種への影響

ホンビノスガイは、その劣悪な環境を選択する性質のため、他の動物が豊富に棲息する正常な干潟環境ではほとんどみられない。そのため他の生物との競合がなく、ホンビノスガイの在来種へのネガティブな影響は把握されていない。むしろ、汚濁海域の有機懸濁物を摂食することで有機物を水中から除去し、水質浄化に貢献している側面もある。

しかし、ネガティブな影響はまだ評価されていないだけと筆者は考えている。事実、本種が高密度に生息するようになった谷津干潟では、干潟で採食するシギやチドリ類が干潟面でホンビノスガイに足を挟まれ飛翔できなくなったり、足先を切断する事故が観察されている。また、死亡した後の貝殻の堆積が著しく、干潟の底質環境を劣化させると同時に、水路の閉塞を起こし干潟の海水交換ひいては干潟環境のさらなる劣化をもたらしている。

このような貝殻の堆積は、お台場の水中でも観察され、その貝殻のほとんどが無傷であることから、自然に死亡したと考えられる。生きている間は海水中の有機物を浄化したとしても、その後そこで死亡すれば軟体部が有機汚濁源となってしまう。

また、先に述べたように本種の成長は極めて早い。うらを返せばたくさんの餌をとり込む能力があるのだろう。ホンビノスガイが高密度に生息する航路壁は、本来の自然地形からみると海岸部から沖合に向かい急に深くなる地形学でいう前置斜面底部にあたる。

干潟ベントス（底生生物）をはじめ、多くの海岸ベントスは、生まれた直後は海水中を漂うプランクトン幼生期をもっている。アサリなどの干潟ベントス幼生が干潟に到達して着底し、プランクトン期を終えベントスとしての生活を始めるためには、底層にそって沿岸に近づく接岸流を利用している。この前置斜面底部は、干潟で生活するアサリやヤマトカワゴカイなどの干潟ベントス幼生の、干潟への侵入直前の重要な滞留空間と考えられている（Toba *et al.* 2008）。

ホンビノスガイがカイアシ類などの小型の動物プランクトンを捕食することはすでに知られている（Lonsdale *et al.* 2007）。ホンビノスガイがこれらの浮遊幼生の多くを捕食していれば、その捕食圧が干潟生物の再生産に重要な影響を与える。近年生じているアサリやバカガイ、シオフキガイ、ヤマトカワゴカイなどの干潟の代表的ベントス個体群の東京湾全体での大きな減少の一因となっている可能性もあり、幼生プランクトンへの捕食圧の視点で、ホンビノスガイ増加の影響について今後の研究が必要である。

水産資源としてのホンビノスガイ

ホンビノスガイはその姿からしておいしそうな二枚貝であり、その大きさも市場の二枚貝のなかでは大型である。したがって食用になるとの期待がもたれることは当然だろう。事実、本種の原産地である北アメリカの大西洋岸では重要な水産資源となっている。その代表的な料理がクラムチャウダーで、本場ニューイングランド・クラムチャウダーではこの貝が主要な食材として使われている。

日本での本種の販売は二〇〇五年頃から始まった。東京湾では船橋の三番瀬周辺で盛んに漁獲され、産地に近い首都圏はもとより全国で広く販売されている。船橋市漁業協同組合では、ホンビノスガイの漁獲は二〇〇七年から始まり、それまで主要な漁獲二枚貝であったバカガイやアサリに変わって、今ではこのホンビノスガイが唯一に近い漁獲二枚貝となっている（図3）。バカガイやアサリが獲られていないのは、漁獲対象種をホンビノスガイに変えたわけではなく、バカガイやアサリの生息がほとんどなくなったからである。その意味では、漁業者にとってホンビノスガイは漁業継続を支える重要な資源となっている。

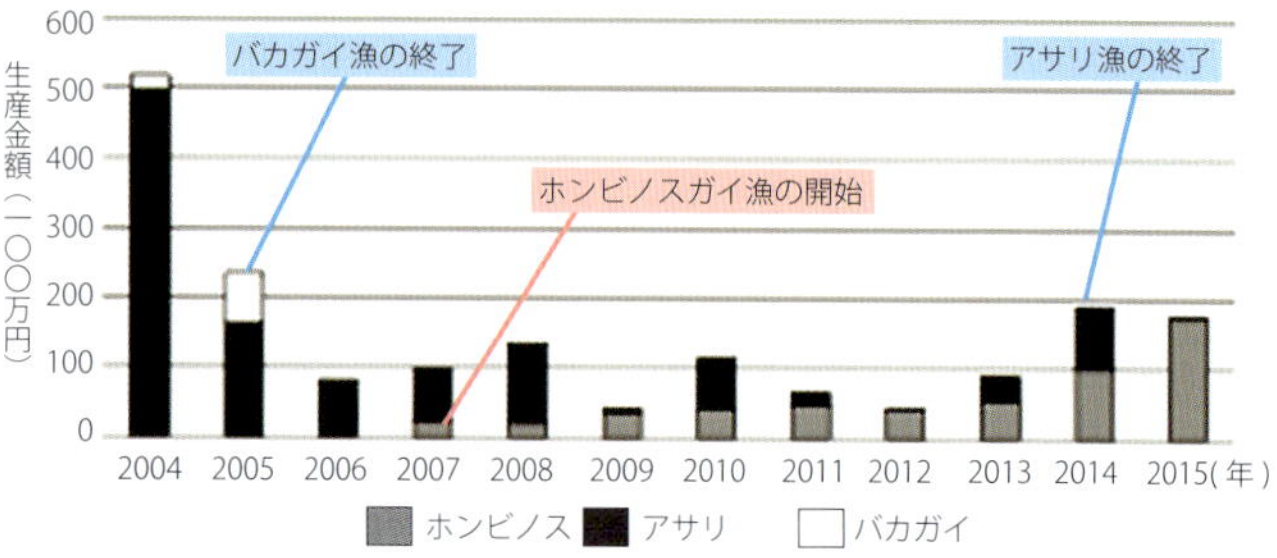

図3　船橋市漁業協同組合での二枚貝漁獲の変化（濱崎・工藤 2018 を一部改変）

図4　谷津干潟でのホンビノスラーメン

ホンビノスガイは原産国ではクラムチャウダーの主要材料である。わが国では、その大きさからバーベキューの素材として用いられることが多い。浜焼き屋や飲み屋で殻ごと焼いて出されることもある。また、最近ではラーメンで出汁やトッピングとして使われている（図4）。本種の水産物としての利用は、しだいに定着しつつある。

生態系への影響

ホンビノスガイは北アメリカ太平洋岸を原産とする外来種である。外来種が在来種への影響を通して生態系に影響を与えることは広く知られている。最近では、アサリを捕食する巻貝であるサキグロタマツメタが人為的に持ち込まれたことで、アサリへの食害により宮城県ではアサリ漁の休漁や潮干狩り場の閉鎖が生じたこともある（大越ほか 二〇一一）。

ホンビノスガイはろ過食者であり、水中のプランクトンなどの浮いている小さな餌を水管から取り込んで食べている。したがって、一緒にいる他の生物を襲って食べるようなことはない。では本種が高密度に生息することで、生息場や餌の取り合いを在来種との間で起こらないのだろうか。

図５　谷津干潟でのカキ床内ホンビノスガイ（貝殻をどけるとホンビノスガイでいっぱい）

東京港お台場海浜公園の観察では、浅いところにはアサリやシオフキガイなどの在来二枚貝がいて、ホンビノスガイは比較的深いところにいる（図2）。東京港のように、汚濁が進んでいる海域では、水深がますほど酸素が不足しがちで、動物の生息環境としては劣化して行く。事実、海底の底質は浅いところではきれいな砂であるが、深くなるに連れて泥っぽくなるとともに、酸素不足から黒色化していく。ホンビノスガイは底質が黒くならないと多くならない。

また、東京湾の比較的きれいな干潟では、ホンビノスガイはほとんど生息していない。しかし谷津干潟ではアオサやカキ殻の大量堆積による嫌気化が生じ、在来の二枚貝がいなくなった代わりに、ホンビノスガイが大量に増加した（図５）。このような分布や出現特性を考えると、ホンビノスガイは在来の動物が棲みにくく、空き家状態になった底質環境に居場所をみいだすことで、東京湾に自らの生息場を確保できたのだと考えられる。その意味では、東京湾の環境劣化が本種の侵入を許しているといえる。

ホンビノスガイが在来生物に与える影響については未知のところが多い。筆者が懸念しているのは、先に述べたように彼らが高密度に生息すると、そのろ過捕食活動により、プランクトン期の幼生が捕食されている可能性である。

ホンビノスガイは航路斜面の基部で高密度に生息する。このような場所はプランクトン期の幼生が干潟などの潮間帯や浅海底に戻ってくるときに一時的な滞留場所となっていることが指摘されている（Toba *et al.* 2008）。近年、東京湾のアサリ、バカガイ、シオフキ等の二枚貝や、ヤマトカワゴカイなどこれまで豊富にみられたベントスの減少が顕著である。ホンビノスの生息がこれらのベントスの衰退に影響しているかどうか、今後の研究が必要である。

表1 ホンビノスガイの生態系サービスへの影響

	基盤サービス	生産サービス	調整サービス	文化サービス
影響	−	＋	○と−	＋
要素	外来種の加入	水産資源	有機物浄化	潮干狩り
影響	在来種への影響		有機汚濁源	食材

ホンビノスガイは有用生物か有害生物か

生物の生息が人間社会に与える恩恵について、最近では生態系サービス（利益になる機能）として評価することが多い。つまり、人間の生活や生存に対する影響で、その価値を評価するのである。

ホンビノスガイの生態系サービスについて筆者の評価を表1に示す。基盤となるサービスは生物群集の営みにより生態系を維持機能させる基礎的な役割で、生物の多様性がその基礎となる。外来種は、限られた資源のなかに侵入して在来生物に直接・間接的な影響を与えたり、環境を大きく改変したりして、けして好ましいことではない。

先述のように、ホンビノスガイが大量に生息している谷津干潟では、シギや千鳥が干潟面で殻を開いているホンビノスガイに足を挟まれ、飛翔困難や足先の切断の被害が生じている。また、大量に堆積した本種の貝殻が水路を塞ぎ、底質環境をさらに劣化させている。さらに干潟や海岸ベントスの幼生を大量に捕食している可能性もある。このような在来生物に対する影響は調査が進むにつれ、今みえていないネガティブな評価が今後増えるであろう。

生産サービスは生物の生息により生み出される食料や生活素材などの資源提供である。東京湾ではすでに水産活動としての二枚貝漁は本種に依存しており、その意味では高い生産サービスを提供しているといえる。

調整サービスについては、プラスとマイナス面がある。短期的には水中の有機圏濁物の生物体への吸収転換であり、水質浄化に貢献する。しかし、長期的にみると、ホンビノスガイが成長した後に現場で死亡することで、新たな有機汚濁源となる。したがって漁業や潮干狩りによる本種の捕獲（＝駆除）は、調整サービスのプラス面を強める活動といえよう。

文化的サービスでは人の活動への恵である。バーベキューなどの会食の場を盛り上げる素材でもある。しかしながら、個人的見解ではホンビノスガイよりアサリやバカガイ、ハマグリのほうが美味であり、みそ汁や焼きハマグリなどの料理法からみても、ホンビノスガイは在来二枚貝の代用にはならない。

まとめ

ホンビノスガイは漁業活動や食材の面からみれば、人間にとって新たな資源として評価できよう。しかし、本種が東京湾で定着増加したのは、アサリなどの在来種が棲息しづらい環境へと劣化させた結果である。いいかえれば、アサリ等の在来種が安定して生息できる環境への復帰がなされれば、ホンビノスガイの生息を必然的に抑制できることにもなる。

市販のアサリとホンビノスガイの価格を比較すると、アサリはホンビノスガイの約一・五倍である。漁業者にとっても、江戸前本来の味覚を取り戻す上でも、さらには予測が困難な外来種の影響を避けるうえでも、在来二枚貝が棲める環境を取り戻し、必然的にホンビノスガイが東京湾から消えることを筆者は願っている。

参考文献

大越健嗣・大越和加・土屋光太郎　二〇一一『海のブラックバス、サキグロタマツメタ』恒星社厚生閣：二四四

西村和久　二〇〇三「東京湾奥のホンビノスガイ（移入種）について」『ひたちおび（東京貝類同好会）』九四：一三―一七

橋詰和慶・鱸迫展久　二〇一七「東京湾三番瀬に侵入したホンビノスガイ(Mercenaria mercenaria)の個体群動態について」『戸板女子短期大学研究年報』六〇：九―一五

濱崎瑠菜・工藤貴史　二〇一八「ホンビノスガイ漁業の発展過程から考える東京湾における人と生物と水の関係」『水産振興』五二（四）：一―四二

Andrew H. A. 2008. "Dead zones enhance key fisheries species". *Ecology* 89(10): 2808–2818.

Lonsdale, J. D./ Cerrato R. M./ Caron D. A./ Schaffner, R. A. 2007. "Zooplankton changes associated with grazing pressure of northernquahogs (Mercenaria mercenaria L.) in experimental mesocosms. Estuarine", *Coastal and Shelf Science* 73: 101-110

Toba, M./ Kosemura T./ Yamakawa, H./ Sugiura, Y./ Kobayashi ,Y. 2008. "Field and laboratory observations on the hypoxic impact on survival and distribution of short-necked clam Ruditapes philippinarum larvae in Tokyo Bay, central Japan", *Plankton Benthos Res.* 3(3): 165-173.

8 バラスト水が招く生物分布の拡散

水成　剛
（日本海難防止協会）

現在、世界の商業活動とは切り離すことのできない、国際海運。その主役は貨物船である。

世界には、およそ五万七〇〇〇隻の貨物船が存在するといわれている。貨物船には、輸送する貨物の種類や航行海域などによってさまざまな船型のものが存在する。例えば原油・石油化学製品・液化石油ガス・液化天然ガスといった液体物を運搬する「タンカー」と呼ばれるもの、石炭・鉱石などを運搬するもの、貨物の詰まったコンテナを大量に輸送するもの、自動車を大量に輸送するもの、木材を輸送するもの等々。北極海や南極海に向かうような船は特殊な船底の形状をしていたり、水線面より上の面積が大きく風の影響を大きく受けるクルーズ客船に多数のバウスラスター（船首に横方向の推力を与えるプロペラ）が付いていたり、目的地に到着したら船首を水面下に沈めて浮かぶ船があったりと、特定の型式で大量生産されることの多い航空機と違い、基本的に一隻ごとに設計が行われる船舶の船型には多様性がある。

一方、船型が違っても船舶には共通部分も存在する。エンジン・プロペラ・舵がなければ船は前に進むことができない。また周囲の見張りをおこなうための「船橋（ブリッジ）」から操船に必要な装置を一括して操作できるような構造になっていたり、万一の場合のための救命ボートや救命筏といった救命設備も不可欠である。そして船舶は「自ら押しのけた水のぶんだけ浮力を得る」というのも基本的だが共通のものである。

船舶バラスト水とは？

貨物船は、何らかの貨物を輸送することを目的として運航されている。前述のとおり貨物の種類に応じて船型はさ

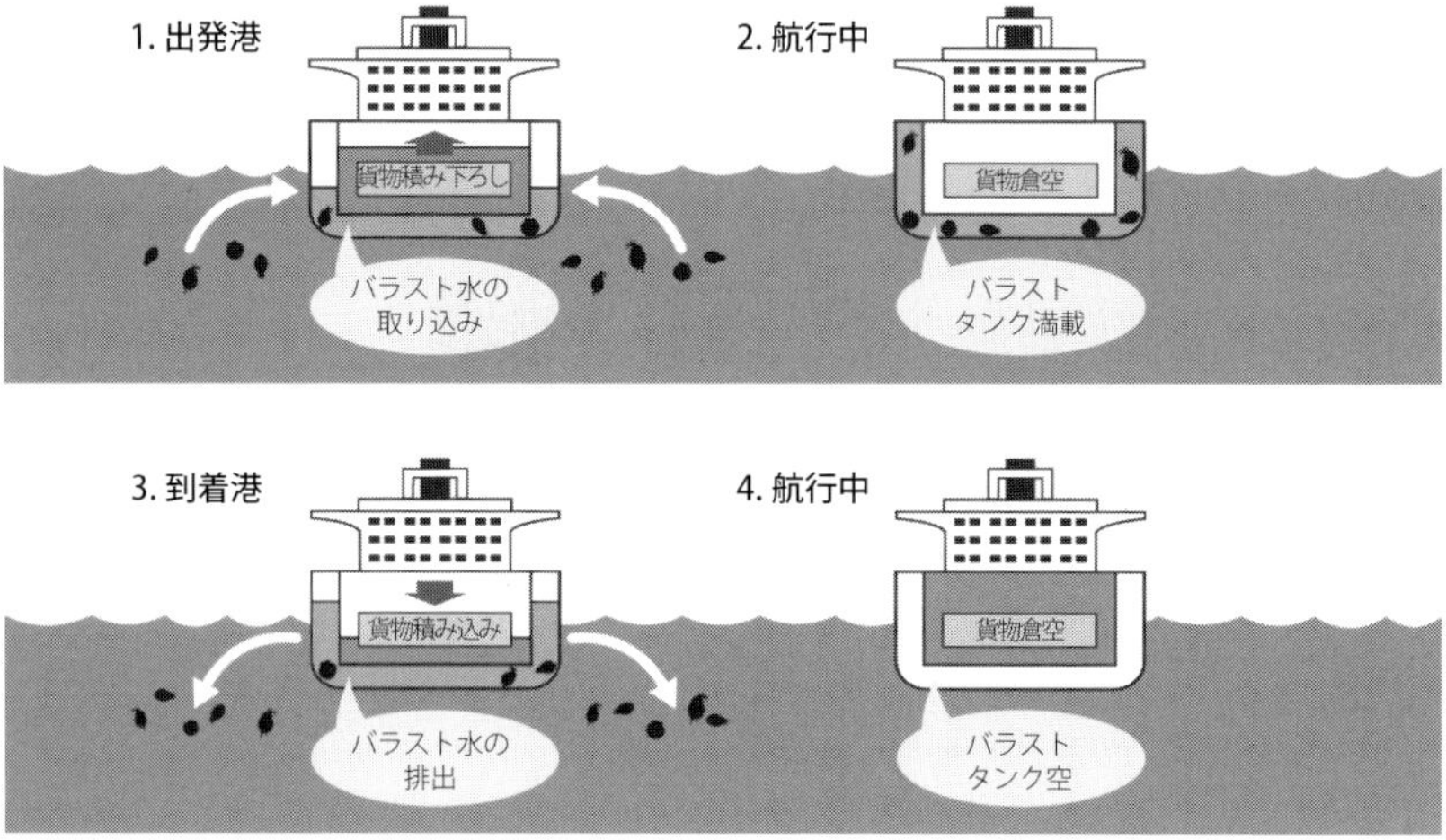

図1　船舶バラスト水

まざまとなるが、基本的には積載貨物が最大、すなわちもっとも輸送効率がよくなるよう各航海を計画する場合が一般的である。しかしながら、日本に原油を輸送するタンカーや、オーストラリアからの鉄鉱石運搬船といった、特定の貨物を輸送すれば帰路空荷となってしまう船も存在する。

船舶は貨物を積めば沈む（船の喫水《きっすい》が深くなる）が、貨物が少ないと浮く（船の喫水が浅くなる）こととなり、喫水が極度に浅くなった場合、舵やプロペラ等が水面上に露出してしまい、水をかく事ができなくなったり、喫水が浅い状態では航海に必要な安定性（復原性）を確保できなくなったりする場合もある。このような場合、船舶は周囲の海水を自らの空タンク（バラストタンク）に取り込む事で喫水を確保してきた。これが「船舶バラスト水」である。

船舶バラスト水による問題の顕在化

船舶バラスト水は、船舶の必要に応じ周囲の海水をバラストタンクに取り込み、不必要になったらバラストタンク内のバラスト水は、船舶が所在する当初とは別の場所の周囲の海水中に排出するということを繰り返されてきた。しかしながら、一九八〇年代から、外来種の生物の増殖が原因と考えられる沿岸域海洋環境被害等の問題が顕在化し、これらの外来種は船舶バラスト水に混入して移動してきたことが原因ではないかと指摘された。空荷となって取り込まれた船舶バラスト水に含まれる周辺の水生生物が、ふたたび貨物を積載する際にバラスト水とともに排出されることで、排出地点周辺の生態系が破壊され、固有種の絶滅や漁業被害などを起すというのである。これが「船舶バラスト水問題」である。

図２　国際海事機関 (IMO)

国連の専門機関の一つであり船舶の国際条約などを制定する国際海事機関（ＩＭＯ）では、一九八〇年代後半にカナダおよびオーストラリアがバラスト水問題に関する文書を提出してから、議論が本格化した。船舶バラスト水に含まれる生物などを別の海域で排出する前に何らかの形で殺滅させることが検討された結果、二〇〇四年二月にＩＭＯにおいて「二〇〇四年の船舶のバラスト水及び沈殿物の規制及び管理のための国際条約」、略称「船舶バラスト水規制管理条約」が採択された。

船舶バラスト水によって移送される生物

ＩＭＯでは、移送によって環境に顕著な影響を及ぼす水生生物一〇種をあげている。

１　クシクラゲ
米大陸東海岸から黒海・アゾフ海・カスピ海に移送されている。

２　マヒトデ
北太平洋から欧州南部に移送されている。

３　ゼブラ貝

図３　船舶バラスト水によって移送される生物例

東欧州から欧州北部／南部・北米東岸に移送されている。

4　ワカメ
アジア北部から豪州南部・ニュージーランド・北米東岸・欧州・アルゼンチンに移送されている。

5　欧州ミドリガニ
欧州大西洋岸から豪州南部・アフリカ南部に移送されている。

6　ハゼ
黒海・アゾフ海・カスピ海からバルチック海・北米に移送されている。

7　赤潮（プランクトン）
さまざまな海域からさまざまな海域へ移送されている。

8　ミトンガニ
アジア北部から欧州西部・バルチック海・北米西岸に移送されている。

9　ミジンコ
黒海・カスピ海からバルチック海に移送されている。

10　コレラ菌
さまざまな海域から南米大陸・メキシコ湾他に移送されている。

代表的な事例として、地中海沿岸から日本へ移送されるムラサキイガイによって、養殖中のカキへの付着による収穫量減少といった漁業被害や、発電所取水口への付着による発電稼働率低下・除去費用の発生といった産業被害、逆に日本から豪州・北米太平洋岸へワカメが移送され、海流阻害による養殖中のロブスターが酸欠死するといったものがある。

大村などの研究によれば、わが国から移出するバラスト水は年間約二億五〇〇〇万トン、移入するバラスト水は約八三〇万トンであり、資源輸入大国であるわが国は世界有数のバラスト水輸出大国となっている。

船舶バラスト水規制管理条約

「船舶バラスト水規制管理条約」は、二〇〇四年二月の採択から発効要件（締結国三〇ヵ国以上、締結国の合計商船船腹量が世界の商船船腹量の三五%以上）を充足する二〇一六年九月まで一二年余もの時間が経過した。同条約は、フィンランドが加入したことにより発効要件を充足した日の一二ヵ月後、二〇一七年九月八日に発効した。

同条約では、国際航海に従事する総トン数四〇〇トン以上の船舶は、型式承認を受けた「バラスト水処理装置」を搭載し、「国際バラスト水管理証書」を保有することが義務づけられている。他のIMO関連条約との大きな違いとして、他の条約は新規に建造された船舶を対象とすることが多いのに対し、「バラスト水処理装置」は現存船（規制が義務化される前に建造された船）も含めて対象船舶は全船「バラスト水処理装置」を搭載しなければならない。搭載期限は、各個の船舶の船舶検査周期により異なるが、条約発効から七年後の二〇二四年九月八日までには全ての対象船舶が搭載する必要がある。条約発効から最大七年の猶予が設定されているのは、現存船が造船所でレトロフィット工事（現存船へ装置を搭載するための改造工事）をおこなうにあたり、全世界の造船所のキャパシティが考慮された結果である。なお、本条約は国際航海が対象となっているため、例えば日本国内のみを航行する内航船舶については対象外である。

「バラスト水処理装置」は、船舶バラスト水に含まれる動物プランクトン・植物プランクトン並びに菌類を殺滅させるためのものである。船舶バラスト水に含まれる生物などを殺滅させる方法としては、物理的手法（熱・電気・超音波・紫外線・キャビテーションなど）、機械的手法（フィルタリング法など）、化学的手法（オゾン、塩素、化学薬品など）などがあげられる。バラスト水処理装置は、これらのうちのどれか、もしくは複数を使用して生物などを殺滅できることを主管庁（日本では国土交通省海事局）が審査し、型式承認を与えたものについて主管庁がＩＭＯに登録することとなっている。二〇一八年三月現在、ＩＭＯで登録されているバラスト水処理装置は世界で七五種類あり、うち日本のメーカーのものは一一種類ある。

わが国のバラスト水管理条約への対応

日本では、バラスト水管理条約が二〇一四年五月に国会で承認され、同年一〇月にＩＭＯ事務局長へ条約加入書を寄託し、四一番目の締結国となった。また、これにあわせて、二〇一四年六月には「有害水バラストの排出を禁じる海洋汚染等及び海上災害の防止に関する法律の一部改正法」が国会で成立し、条約発効日の二〇一七年九月八日に施行された。

法律では、船舶からの有害水バラスト排出禁止（第一七条）、有害水バラスト処理設備の設置義務（第一七条の二第一項）、有害水バラスト汚染防止管理者の選任及び有害水バラスト汚染防止措置手引書の備え置き義務（第一七条の二第二項）、水バラスト記録簿の備え置き及び記載義務（第一七条の三第一項・第二項）のほか、有害水バラスト処理設備の型式指定について規定している。

有害水バラスト排出に係る罰則は、油や有害液体物質並びに廃棄物の海洋投棄に係るものと同等の罰則である、一〇〇〇万円以下（過失の場合は五〇〇万円以下）の罰金となっている。

バラスト水処理装置の例

塩素系薬剤による処理の例

ＪＦＥエンジニアリング（株）の製品である「JFE BallastAce」は、フィルターと塩素系液体殺菌剤、または塩素系顆粒殺菌剤を使用している。まず、フィルターで大きなプランクトン類が除去され、フィルターを通り抜けたプランクトン及び菌類は後工程でバラスト水に注入される殺菌剤により殺滅処理される。また、バラスト水排出時には中和剤により残留塩素を還元し、排出基準を満たした処理水が排出される。

紫外線による処理の例

三浦工業（株）の製品である「HK Ballast Water Management System」は、フィルターと紫外線を使用している。まず、フィルターで大きなプランクトン類が除去され、フィルターを通り抜けたプランクトン及び菌類が含まれるバラスト水はUVリアクターを通過することで紫外線により殺滅処理される。

図４　バラスト水処理装置（JFE エンジニアリング）

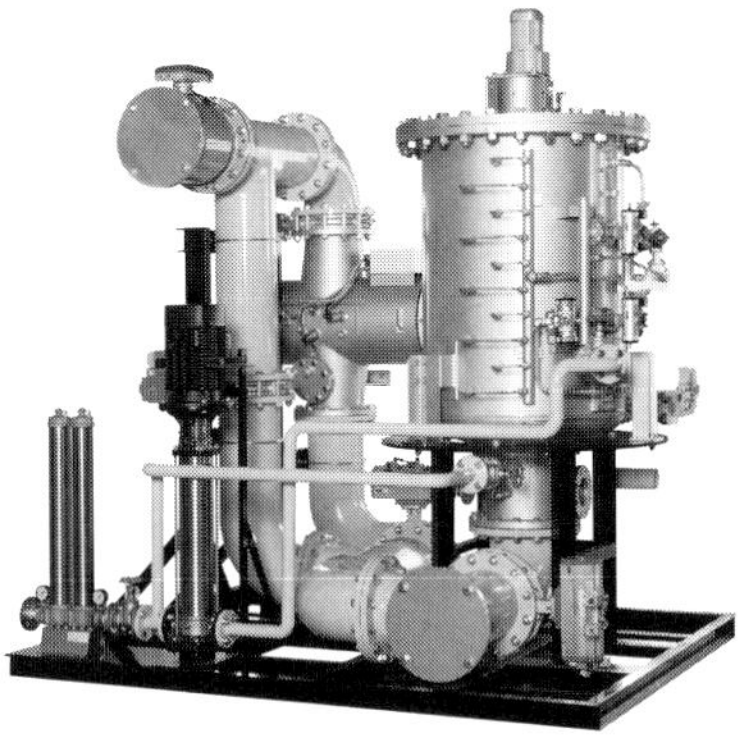

図５　バラスト水処理装置（三浦工業）

規制管理条約の締結状況と地域規制について

多国間・地域間相互の生物移送による船舶バラスト水問題に取組むためには、全世界で共通して対策を講じる必要がある。ＩＭＯの船舶バラスト水規制管理条約は、二〇一八年九月現在で締結国・地域数が七七、合計の商船船腹量は全体の七七・一七％となっている。

一方で、同条約をいまだ締結していない国も存在する。商船船腹量トップ一〇の国のなかでは、香港（第四位。香港は伝統的に中華人民共和国とは別に統計が取られる）および中華人民共和国（第八位）があげられる。

また、アメリカ合衆国も条約を締結していないが、同国では沿岸警備隊による独自のバラスト水規制があり、ＩＭＯのそれとダブルスタンダードとなっている。このため、アメリカ合衆国に入港する船舶は、ＩＭＯおよびアメリカ合衆国両方の承認を受けたバラスト水処理装

No.	Country	Type	Deposited
46	Indonesia	Accession	11/24/2015
47	Ghana	Accession	11/26/2015
48	Belgium	Ratification	3/7/2016
49	Fiji	Accession	3/8/2016
50	Saint Lucia	Accession	5/26/2016
51	Peru	Accession	6/10/2016
52	Finland	Acceptance	9/8/2016
53	Panama ★	Accession	10/19/2016
54	New Zealand	Accession	1/9/2017
55	Saudi Arabia	Accession	4/27/2017
56	United Arab Emirates	Accession	6/6/2017
57	Australia	Ratification	6/7/2017
58	Bahamas ★	Accession	6/8/2017
59	Singapore ★	Accession	6/8/2017
60	Greece ★	Accession	6/26/2017
61	Honduras	Accession	7/10/2017
62	Madagascar	Accession	7/27/2017
63	Argentina	Ratification	8/2/2017
64	Malta ★	Accession	9/7/2017
65	Jamaica	Accession	9/11/2017
66	Portugal	Accession	10/19/2017
67	Seychelles	Accession	11/27/2017
68	Qatar	Accession	2/8/2018
69	Lithuania	Accession	2/9/2018
70	Estonia	Accession	4/17/2018
71	Bulgaria	Accession	4/30/2018
72	Philippines	Accession	6/6/2018
73	Bangladesh	Accession	6/7/2018
74	Grenada	Accession	7/26/2018
75	Republic of Serbia	Accession	7/26/2018
76	Cyprus	Accession	8/8/2018
77	Togo	Accession	9/17/2018

注：★マーク付記は 2017 年の商船船腹量トップ 10 の国

表１　船舶バラスト水規制管理条約の締結国

No.	Country	Type	Deposited
1	Maldives	Ratification	6/22/2005
2	Saint Kitts and Nevis	Accession	8/30/2005
3	Syrian Arab Republic	Ratification	9/2/2005
4	Spain	Ratification	9/14/2005
5	Nigeria	Accession	10/13/2005
6	Tuvalu	Accession	12/2/2005
7	Kiribati	Accession	2/5/2007
8	Norway	Accession	3/29/2007
9	Barbados	Accession	5/11/2007
10	Egypt	Accession	5/18/2007
11	Sierra Leone	Accession	11/21/2007
12	Kenya	Accession	1/14/2008
13	Mexico	Accession	3/18/2008
14	South Africa	Accession	4/15/2008
15	Liberia ★	Accession	9/18/2008
16	France	Accession	9/24/2008
17	Antigua and Barbuda	Accession	12/19/2008
18	Albania	Accession	1/15/2009
19	Sweden	Accession	11/24/2009
20	Marshall Islands ★	Accession	11/26/2009
21	Republic of Korea	Accession	12/10/2009
22	Cook Islands	Accession	2/2/2010
23	Canada	Accession	4/8/2010
24	Brazil	Accession	4/14/2010
25	Netherlands	Accession	5/10/2010
	Bonaire, Sint Eustatius and Saba (Caribbean parts of the Netherlands)	Extended	2/20/2014
26	Croatia	Accession	6/29/2010
27	Malaysia	Accession	9/27/2010
28	Islamic Republic of Iran	Accession	4/6/2011
29	Mongolia	Accession	9/28/2011
30	Palau	Accession	9/28/2011
31	Republic of Montenegro	Accession	11/29/2011
32	Lebanon	Accession	12/15/2011
33	Trinidad and Tobago	Accession	1/3/2012
34	Niue	Accession	5/18/2012
35	Russian Federation	Accession	5/24/2012
36	Denmark	Accession	9/11/2012
	Faroes, Denmark	Extended	8/28/2015
37	Germany	Accession	6/20/2013
38	Switzerland	Accession	9/24/2013
39	Tonga	Accession	4/16/2014
40	Republic of Congo	Accession	5/19/2014
41	Jordan	Accession	9/9/2014
42	Japan ★	Accession	10/10/2014
43	Turkey	Accession	10/14/2014
44	Georgia	Accession	1/12/2015
45	Morocco	Accession	11/23/2015

置を搭載しなければ入港できなくなる事態となっている。

船舶バラスト水規制管理条約の今後

前述のとおり、二〇二四年までには全ての対象船舶が「バラスト水処理装置」を搭載することとなっている。このことによって、船舶バラスト水によるプランクトンなどの生物の移送が防止される事が期待されるが、同時にこの条約の効果が確認されるまで今暫くの時間がかかると考えられる。また、条約履行に係る問題点はこれから報告され、洗い出され、改善策が検討されることが予想される。従って、船舶バラスト水問題は現段階において全て完了したとは言えず、今後も動静を把握する必要があると思料する。

参考文献

笹川平和財団海洋フォーラム資料「船舶バラスト水規制管理条約」（斎藤英明）二〇一七
大村卓朗／野間智嗣／北林邦彦／吉田勝美／斎藤英明　二〇一四「日本におけるバラスト水および水生生物の移出入の実態」『La mer』五二：一三―二二
JFEエンジニアリング（株）製品情報
三浦工業（株）製品情報
山本智之　二〇一五『海洋大異変―日本の魚食文化に迫る危機』朝日新聞出版
Ballast Water Management（IMOウェブサイト）

9

季節の旅人スルメイカは海洋環境変化の指標種

桜井泰憲（北海道大学名誉教授・函館頭足類科学研究所）

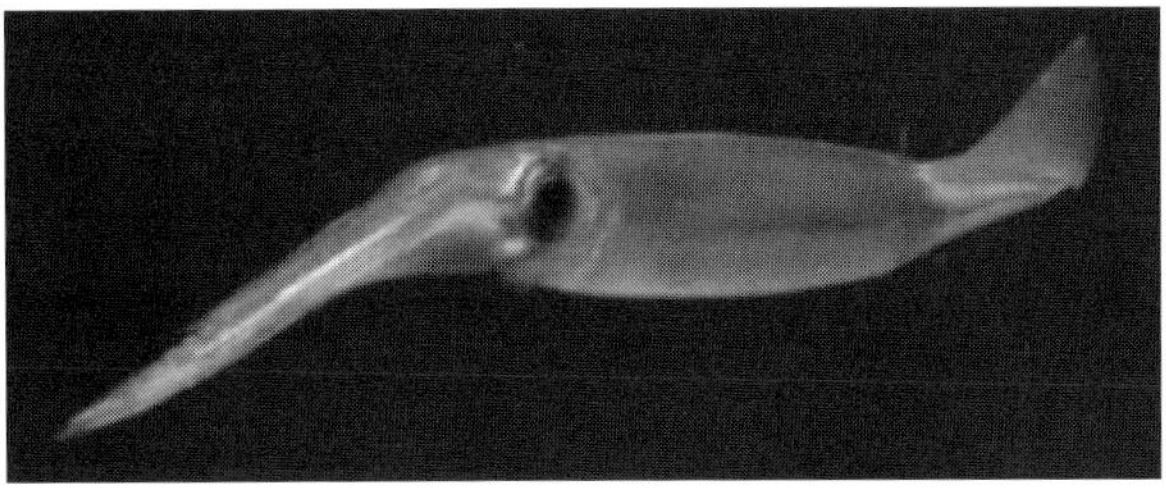

図1　スルメイカ (Japanese flying squid, *Todarodes pacificus*)

季節の旅人スルメイカ

わが国で漁獲対象となっているスルメイカ（図1）は、主に一〇～一二月に対馬海峡から能登半島沖で産卵する「秋生まれ群」と、一～三月に東シナ海で産卵する「冬生まれ群」の二つの季節発生群である（次頁図2）。これ以外にも、日本海南西部で産卵する「春生まれ群」、北海道を含む北日本で産卵する「夏生まれ群」も生息するが資源的には少なく、前者の秋・冬生まれ群が激減する年代には漁獲対象として一時的に目立つようになる。ただし、秋・冬生まれ群よりもはるかに資源は少ない。

主に日本海を生息海域とする秋生まれ群は、朝鮮半島東岸に沿って北上しロシア海域を回遊する群れ、大和堆を通って真っすぐ沖を経由して稚内周辺（道北）海域に向かう群れ、最後は日本の沿岸に沿って道北まで北上し、一部は津軽海峡を通過して太平洋沿岸で成長する三つの群れがある。この三つ目の群れは、六月一日の解禁日頃には津軽海峡西口、七月ころに函館周辺、七～九月に下北半島から噴火湾を含む日高沿岸、九～一〇月以降には対馬海峡の方へ戻っていって、一〇月～一二月に産卵して生涯を終える。

一方、冬生まれ群は、一部は対馬海峡を抜けて日本海へも回遊するが、主に太平洋側の黒潮内側域に沿って幼イカが輸送され、房総半島沖からの黒潮の北側の、いわゆる親潮と黒潮が混合する東北沿岸から道東の亜寒帯海域まで分

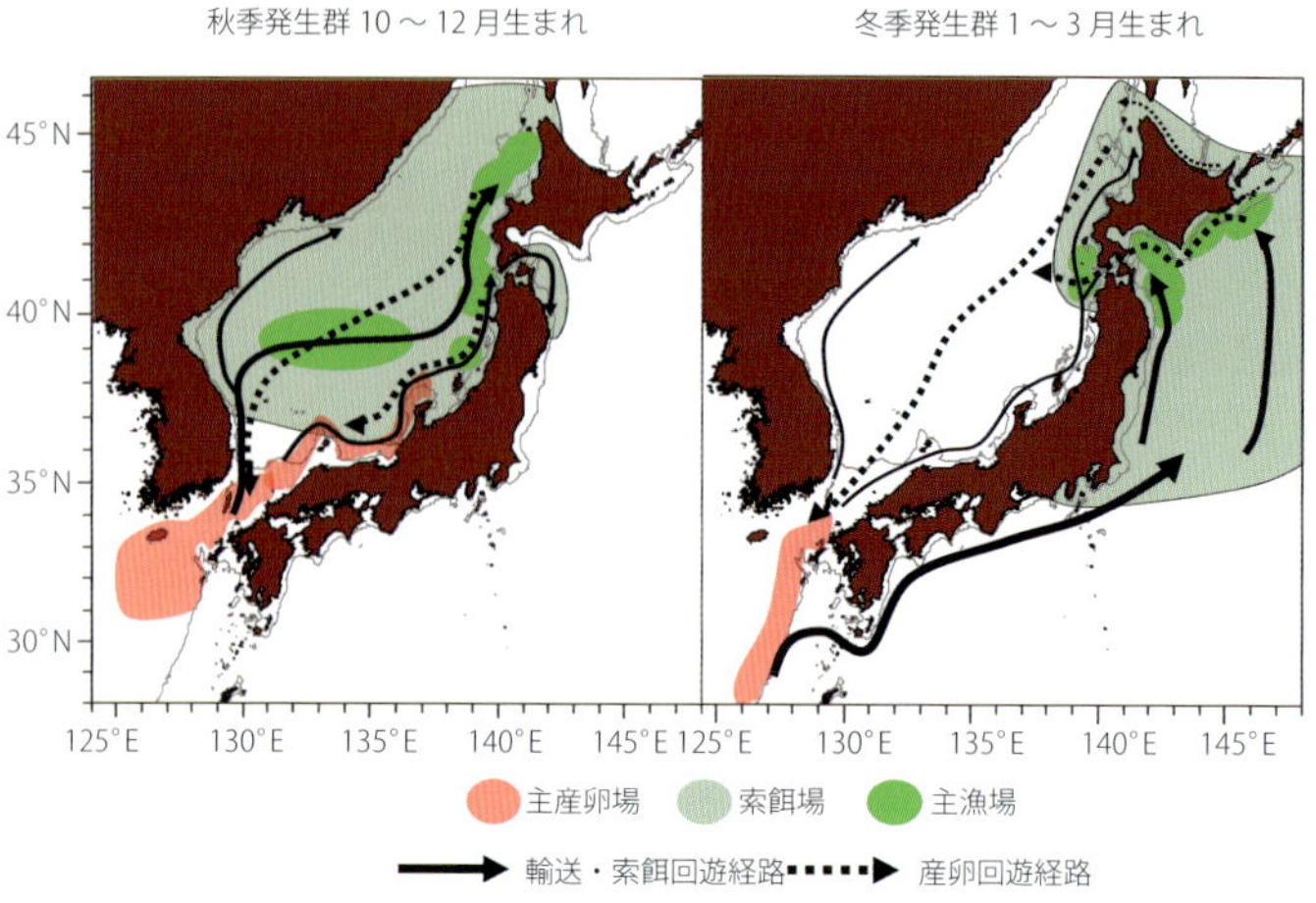

図2　スルメイカの秋生まれ群（秋季発生群）と冬生まれ群（冬季発生群）の回遊と主な漁場（水産庁：平成29年度資源評価ダイジェスト版より）

布域を広げて行く。一〇月以降には根室海峡などオホーツク海を含む北海道と東北沿岸に接岸し、一二月頃までには宗谷海峡と津軽海峡を通過して日本海を南下し、東シナ海の産卵場に戻って行く。

スルメイカが消えた？

二〇一六年六月初旬、津軽海峡の津軽半島と松前の沖ではイカ釣り漁がはじまった。胴長一五センチから一八センチの若いスルメイカが函館の店頭にも並びはじめた。夏の夜には函館山からイカ釣り漁船の漁火が夜の海と空を照らし、今年もスルメイカの季節到来と思っていた。ところが一〇月半ば以降、函館山の麓の函館市入舟漁港に停泊するイカ釣り漁船は一向に出漁する気配がなく、夜の津軽海峡の漁火もない。函館朝市のイカ釣り掘り店の水槽は、イカではなくエビ釣りに替わっている。テレビと新聞も「イカ大不漁」のニュースを流し続け、函館市内の市民市場に並ぶ活きのよいスルメイカは、一杯が一〇〇〇円、一九八〇年代にも秋以降に店頭からイカが消えてしまった時と同じ事態が起きていた。

二〇一六年から三年間は過去五〇年を通してスルメイカ大不漁の年が続き、二〇一七年は全国の漁獲量は七万トン以下となり、最低約二〇万トンの国内需要を支えきれない異常事態が生じた（図3）。はたして、いつまでこの不漁が続くのだろうか。この図に示すように、日韓のスルメイカの漁獲量は、一九七〇年代半ばから八〇年代末までの寒冷期に秋生まれ群はほぼ半減して、九〇年代に増加したが、二〇〇〇年代に入って緩やかに減少傾向が続いている。一方、冬生まれ群の日韓の漁獲量は寒冷期であった八〇年代は一〇万トン以下に激減し、温暖期の九〇年代以降は約二〇～三〇万トンの「好漁」が続いていた。

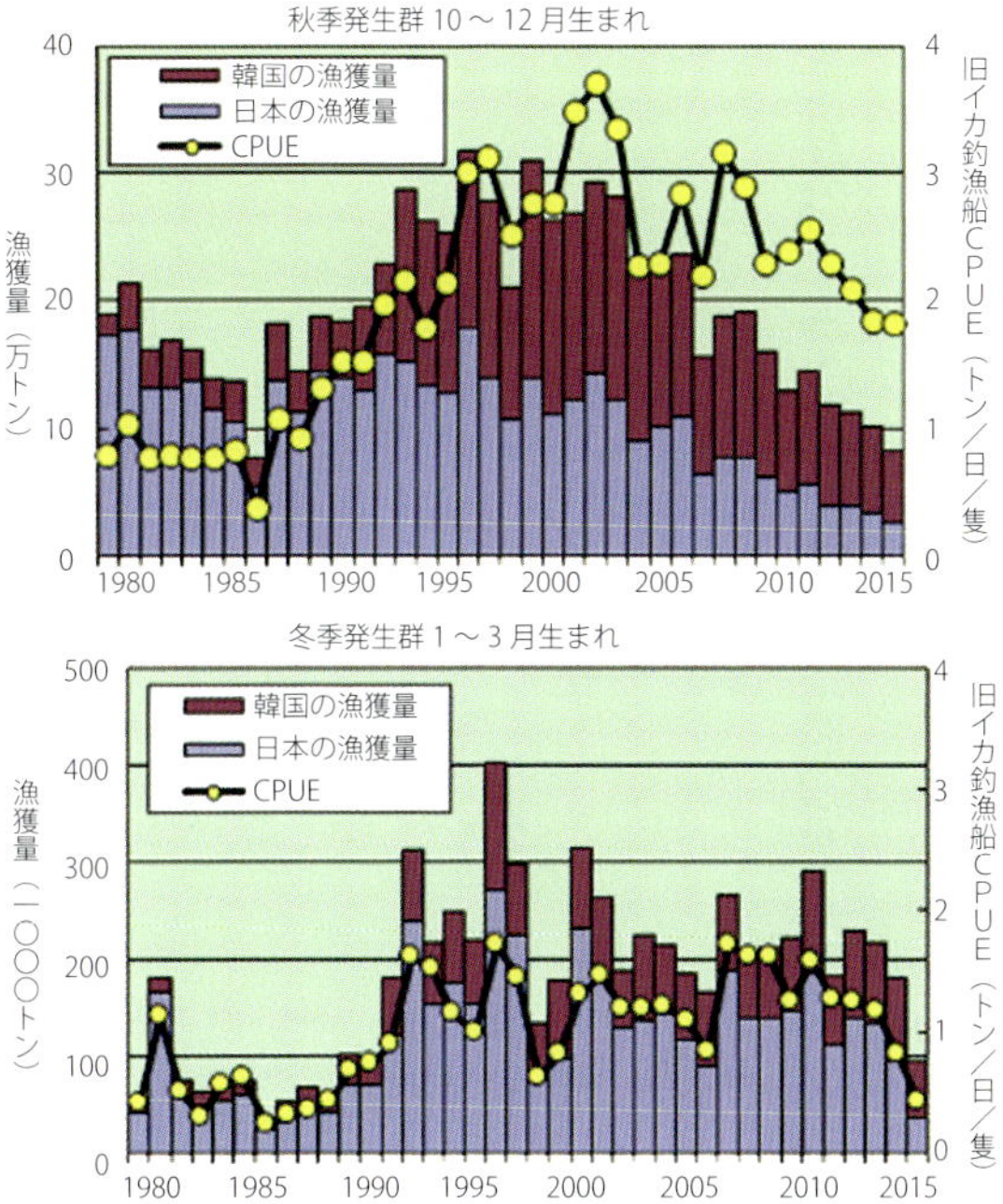

図3　秋生まれ群のと冬生まれ群の漁獲量（日本＋韓国）とCPUE（単位努力量当たり漁獲量）の経年変化（水産庁：平成 29 年度資源評価ダイジェスト版より）

＊ 2017 年のわが国の漁獲量は約 7 万トン (2016 年より少ない！)

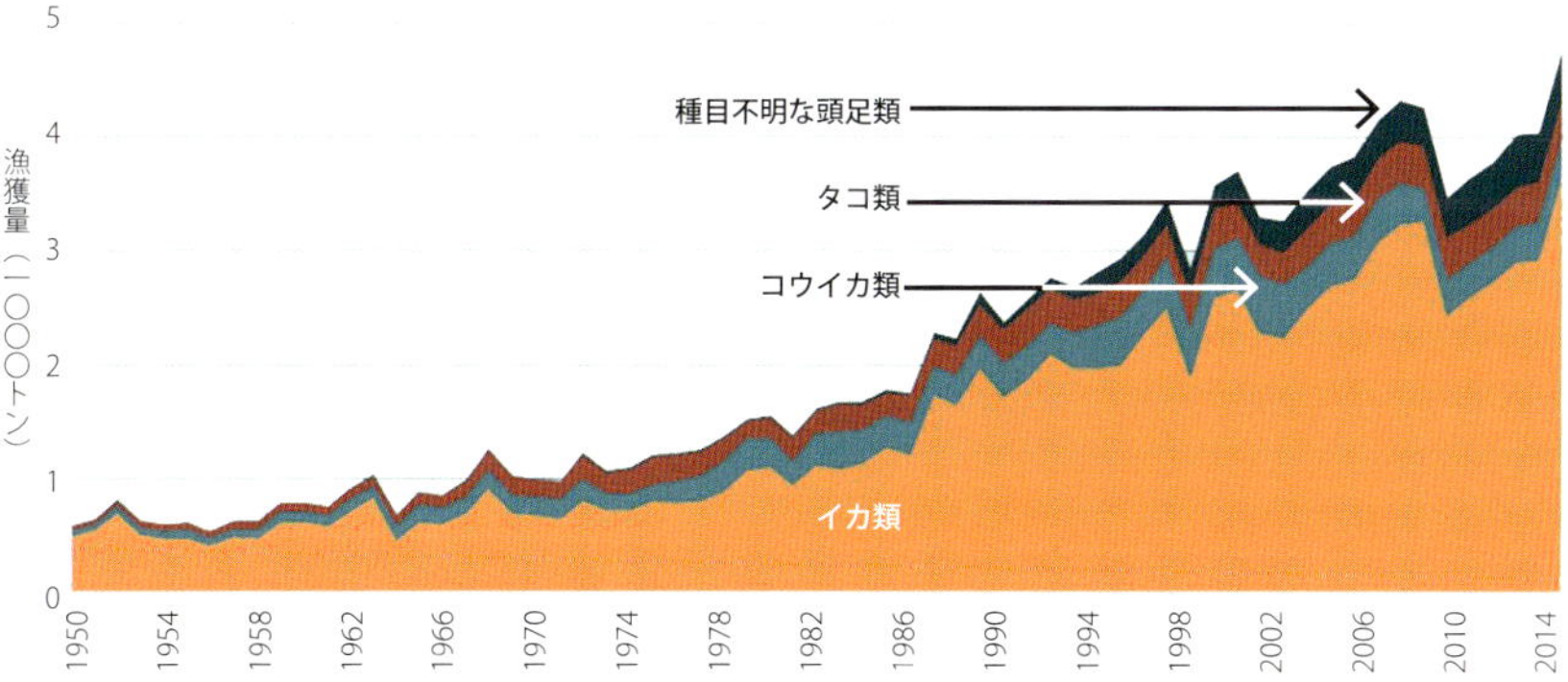

図4　1950～2014 年における世界の頭足類（イカ・タコ類）の種目別漁獲量の推移（FAO：2016）

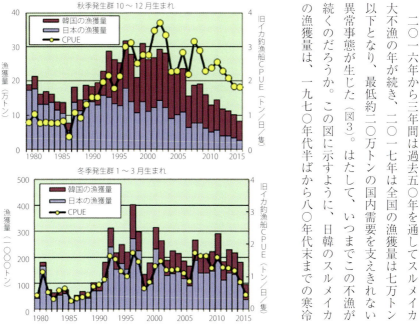

しかし、二〇一六年からは一気に「大不漁」になってしまった。

寿命一年のスルメイカは日本の南の海で生まれ、日本列島に沿って日本海と太平洋を北上して東北・北海道まで回遊し、北洋海域の豊富な餌生物を食べて成長し、再び南の産卵場へと回遊する「季節の旅人」である。なぜ、二〇〇〇年代以降、日本海で主に漁獲される秋生まれ群が減り続けているのか?さらに、なぜ、二〇一六年の秋以降に主に北日本の太平洋沿岸で漁獲されるスルメイカが消えてしまったのか?

世界のイカ・タコ漁獲量は増加中!

世界の魚介類（海藻類を除く）の漁獲と養殖を合わせた総生産量は増加傾向を維持しており、二〇一五年には約一億六九三〇万トンを記録した。このうち、養殖生産量を除く海面漁獲量は一九九六年の八六四〇万トンをピークに、二〇一五年には八一二〇トンと減少傾向にあり、すでに海からの魚の漁獲は限界に達したといわれている。

一方、世界の頭足類（イカ・タコ類）の漁獲量は、一九五〇年の六〇万トンから二〇一四年には四八〇万トンと増え続けている（前頁図4）。このなかで、中国のアカイカ、アメリカオオアカイカなどの漁獲量が近年急激に増加している。その多くは中国内での消費だけではなく、日本やヨーロッパに一次加工品（胴体をひらいた「だるま」と呼ばれる製品など）が輸出されている。頭足類の養殖は難しく、飼育実験研究レベルでは、アオリイカやコウイカ類など、大型の卵からふ化した幼生の給餌飼育が可能な数種に限られている。スペインでは小さなマダコを採集して生け簀での給餌蓄養が実施されているが、すべて海洋での漁獲に頼っているのが現状である。今後も、サケやマグロのような完全養殖が普及する可能性は低く、海洋からの漁獲に頼らざるを得ない。

一般に、イカ・タコ類を食べる民族は、ラテン系とアジア系が主であったが、ヨーロッパでの狂牛病などの影響を受けて、食肉から魚介類の加工品の需要が増加している。例えばイカの場合は、欧米人が好む「カラマーリ（スペイン語でイカの名称）」と呼ばれる「イカのリング揚げ（フリットディ カラマーリ）」の需要が増え続けている。頭足類のなかで、イカ類は世界で約四五〇種分布しているが、「資源」として人間が利用しているのはコウイカ科、ヤリイカ科、アカイカ科（以下スルメイカ類と呼ぶ）のイカ類に限られている。世界のイカ類の全資源量は、最低二〇〇〇万トンから最高三億トン、平均で一～二億トンと推定されている。イカ類は、その利用方法を工夫することによって、世界の蛋白資源として人類の生存を助ける可能性を秘めている。

日本海がスルメイカを救う！

体重が最大で二〇キロにも成長するアメリカオオアカイカ（推定寿命二歳）を除くスルメイカ類は寿命が一年で、世界に約二二種が知られている。産卵場で生まれたスルメイカ類の稚仔《ちし》（幼生）は一～数ミリと小さく、様々な捕食者の格好の餌となる。しかし、その後の成長は早く、生まれてから数ヵ月もすると自分の外套長（胴の長さ）と同じ大きさの魚類・イカ類を捕食する生き物に成長する。言い換えれば、わずか一年という短い寿命でありながら、海洋生態系の食物連鎖（「食う―食われる」の関係）のなかで、動物プランクトンと同じ「食べられる側」から、タラやマグロなどと同じ「食べる側」へと変身することができる。

外洋性のアカイカとトビイカ以外のスルメイカ類は、亜熱帯から亜寒帯域の大陸棚と大陸棚斜面に沿って、産卵海域から索餌・成長海域間を毎年回遊し、その距離は一〇〇〇キロにもおよぶ。餌を食べてどんどん成長する若いイカは、大陸棚を離れて外洋まで分布が広がることもあるが、その産卵場所は亜熱帯から温帯の海の大陸棚、大陸棚斜面の上にあるため、沿岸性と外洋性の中間の「半外洋性種」と呼ばれている。例えば、北米東岸に沿って分布するスルメイカ類のカナダイレックス（別名：カナダマツイカ）や、南米東岸のアルゼンチンイレックス（別名：アルゼンチンマツイカ）は、季節的な南北回遊を毎年繰り返している。

しかし、スルメイカと比べて他のスルメイカ類は漁獲変化が激しく、例えばカナダイレックスは七〇年代に一時的にカナダ東岸域で最大二〇万トン漁獲された年もあったが、八〇年代以降は、カナダ東岸までの漁獲は皆無となり、アメリカ東岸で数万トンのままである。また、アルゼンチンイレックスも最大一〇〇万トンの年もあれば、数年後には一〇万トン以下に激減するという漁獲変化を繰り返している。その原因として、スルメイカのように日本海と太平洋のような二つの回遊ルートがなく、大陸棚に沿った南北方向の回遊のため、イカがたくさん集まる海域が毎年決まっており、環境変化や乱獲による資源の激減が生じやすい。

スルメイカには、他のスルメイカの仲間にはない「日本海」という「その生命の繁栄を補償する海」が存在する。カナダイレックスを研究されていたオ・ドール博士から「スルメイカがうらやましい。なぜならば、日本海があるから」といわれて、その大切さを知った。

スルメイカやカナダイレックスでは、海水温が低い年が続くと、産卵場所の水温が下がって幼イカの生き残りが悪くなることや、餌を食べて成長することのできる海域が狭くなることにより、資源が減少している。逆に、暖かい年が続くと、産卵場所と餌を食べて成長できる海が拡がり、幼イカの生き残りも多くなって資源が増える。スルメイカについては、著者らの三〇年以上の飼育実験とフィールド調査から、「風が吹くとスルメイカが減る」仮説を提案している。これについては後述する。

日本周辺の海で何が起きている?

一九九〇年代になってようやく、日本周辺の海水温が低い寒い年が続くとマイワシが爆発的に増え、一転して海水温が高い年が続くとマイワシが激減してカタクチイワシとスルメイカが増えるという「海水温の寒冷・温暖レジームシフトに応答した魚種交替」が認知されるようになった。サバ類は、どちらかというと温暖から寒冷への移り変わりの時期に増えている。二〇一〇年頃からのマイワシとサバ類の漁獲量の増加とカタクチイワシ、スルメイカ(特に冬生まれ群)の減少は、一九七六/七七年~一九八八/八九年の間の温暖から寒冷期への海洋環境変化の時と類似している(図5)。

寿命一年のスルメイカは、再生産と加入に適さない年が数年続けば、親イカ資源も減り続け、さらに再生産と加入の失敗が続けば、一気に資源が激減してしまう。寿命二年のカタクチイワシもスルメイカと同様な変化をすると考えられる。しかし一方、六歳前後までの寿命のマイワシは、いったん増加に転じた場合は、数年に一度の再生産と加入の成功によっても資源は維持される。

ただし、二〇世紀以降の寒冷期の長さは、一九二〇年代以降の寒冷期は三〇年、一九七〇~八〇年代が一二年、二〇一〇年代は今のところ五~六年と短くなっている。この原因は、右肩上がりの海水温上昇のなかでの寒冷・温暖レ

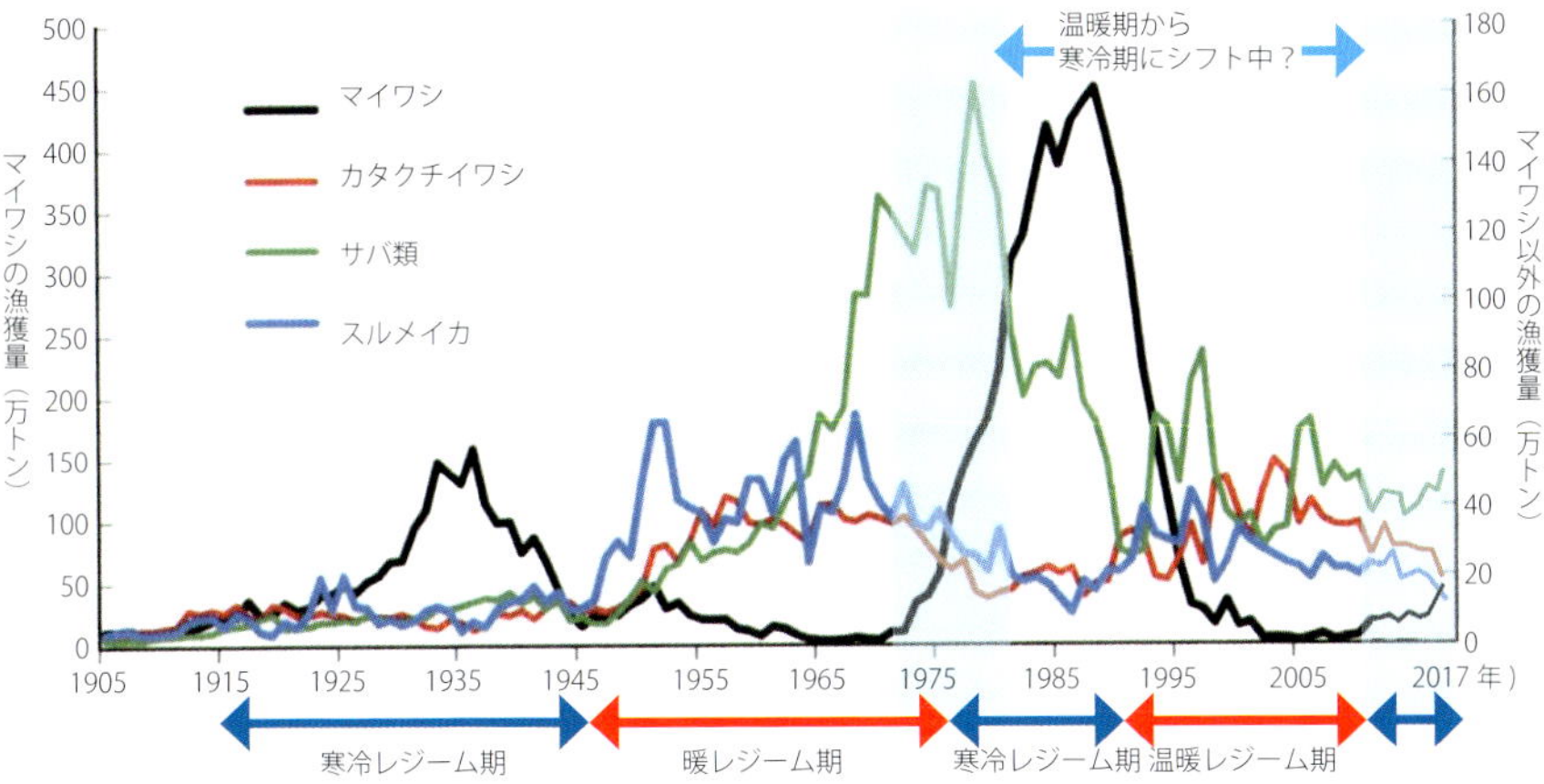

図５　日本の主要浮魚類の漁獲量の変遷（1905～2017）（谷津，2014，水産海洋学入門に加筆）（水産庁：平成29年度資源評価ダイジェスト版より2010年～2017年漁獲量を追加）

ジームシフトのため、温暖期は長く続き、寒冷期はますます短くなると推定される。そのため、海洋環境変化にともなう魚種交替の兆候はあるものの、一九八〇年～一九九〇代のようにマイワシが四五〇万トンも漁獲されるまで増え続けることのできる長い寒冷期ではないと考えている。

上記の魚種交替の対象以外の回遊資源にも、二〇〇〇年代、特に二〇一〇年代以降の海洋環境変化（冬～春の寒冷、夏～秋の温暖）に対して大きな変化が起きている。例えば、夏～秋の高水温化は、ブリの漁獲量の増加と漁場の北上化、日本でふ化放流したサケの回帰の減少、秋に産卵するホッケの漁獲減などと関係がありそうである。一方、冬～春の寒冷化は、北海道全域でのニシンの増加、青森県むつ湾を産卵場とするマダラの漁獲増などの要因と考えられる。

スルメイカの繁殖生態の謎を解く

なぜ、スルメイカは寒冷・温暖という気候変化に反応して資源変動をするのか。ここでは、スルメイカの再生産機構（産卵から幼イカの生き残るまで）について、これまでの著者らの研究から提案する「再生産仮説」の実験的検証の概要を紹介する。

スルメイカ類の産卵の特徴は、一個体の雌が直径数十センチ〜一メートルほどの大型の透明な卵塊《らんかい》を生み（図6）、このなかに数万〜数十万個の卵が規則正しい間隔で存在する。この卵塊が壊れないで、正常な卵発生と大量のふ化幼生が生き残ることのできるスルメイカの産卵場はどこなのか。私たちは、水槽内で未熟なスルメイカを数ヵ月間飼育して、産卵直前の完熟な状態まで育ててきた。産卵間近の雌イカは、必ず水槽の底に座る。この行動から、スルメイカは大陸棚や大陸棚斜面などのように、海底に座ることのできる海域の表中層で産卵すると推定した。事実、日本海南西部や東シナ海の産卵場では、産卵直前・直後のスルメイカが底引きトロール調査によって大量に採集されている。スルメイカ類の多くが大陸棚に沿った生活領域をもつ半外洋性種である理由は、その産卵場が必ず大陸棚から大陸棚斜面であるためと考えられる。

一方、未熟なスルメイカを数ヵ月間飼育して成熟させた個体を用いて人工授精を行い、卵発生と水温の関係、ふ化

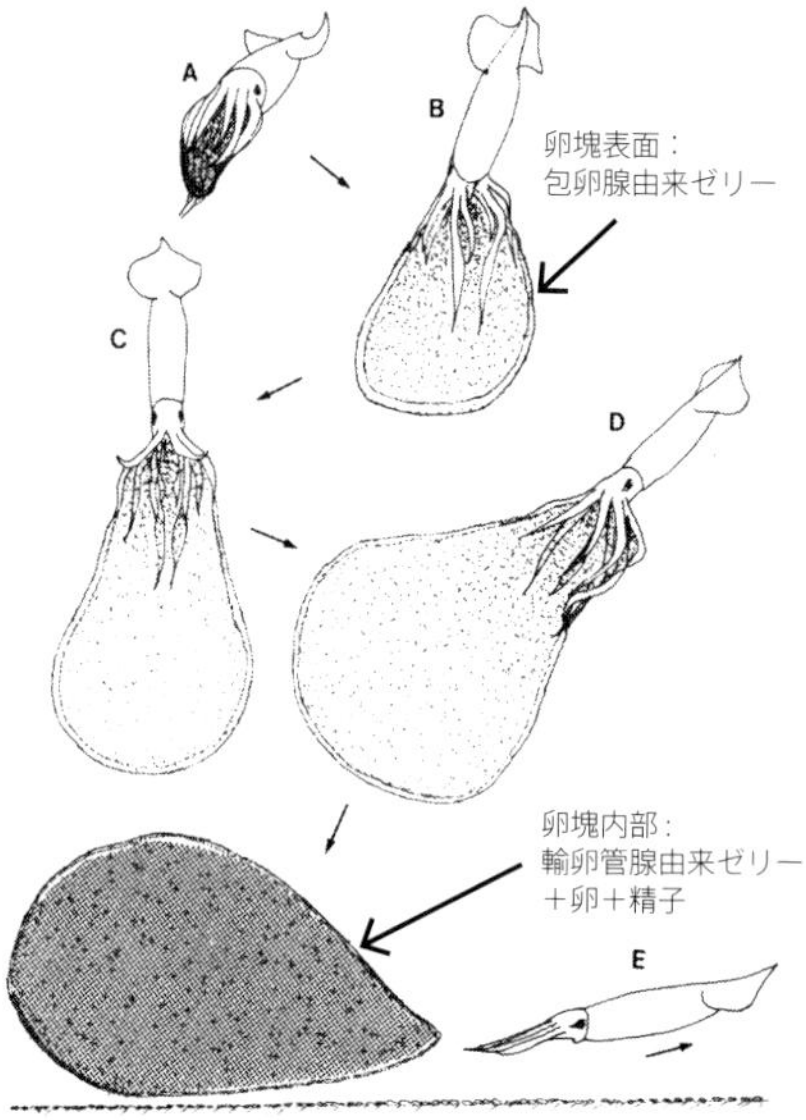

図6　スルメイカの産卵行動 (Sakurai 他, 2003)

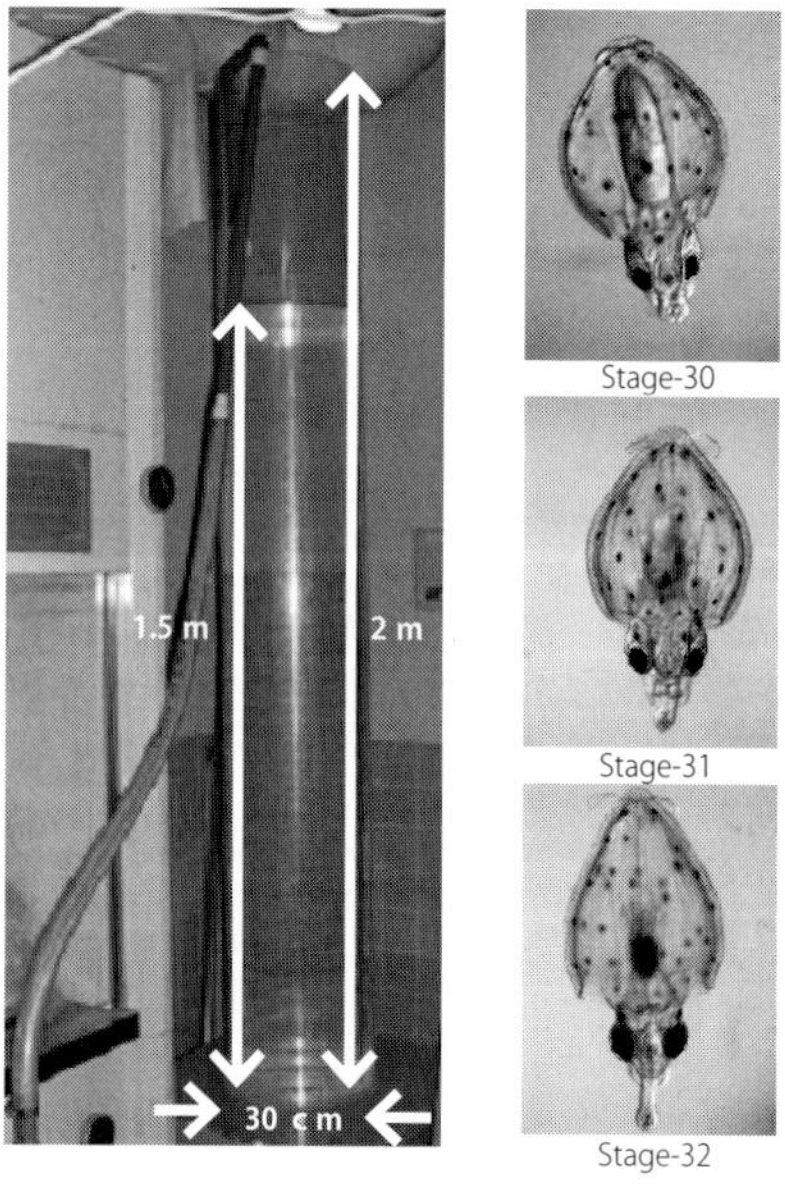

図7　ふ化幼生の上昇遊泳行動の測定 (山本他, 2012)

円柱水槽を 15℃から 25℃の 1℃刻みで水温を設定し、ステージ 30-32 のふ化幼生を円柱水槽の底に入れて、1.5m の表層まで上昇する個体数と遊泳速度を測定。

幼生が活発に遊泳できる水温条件などを調べた。その結果、卵発生は一五～二三℃の範囲で正常に発生し、ふ化幼生が生まれることがわかった。さらに、高さ約二メートルの円柱水槽に一五℃～二四℃の各水温の海水を入れ、水槽の底からふ化幼生がどれくらいのスピードで泳ぐかを、ふ化後の発育段階ごとに測定した（図7）。その結果、一八～二三℃の水温範囲で上昇遊泳を行い、海面近くでは二四℃でも生存できることが明らかにできた。特に、一九・五～二三℃の狭い水温範囲で最も多くの幼生が活発に遊泳することがわかった。ふ化直後の全長一ミリほどの幼生も心臓のように胴体を拍動させて、漏斗から噴出する水流によって上に向かって泳ぐ。

さらに、二〇一五年以降には、函館市国際海洋・水産総合研究センター内の約二〇〇トン容量の大型水槽で、水温躍層《やくそう》を再現して、卵塊が壊れないまま水温躍層に滞留し、その後、卵塊からふ化幼生が出て、水面まで上昇遊泳することを確認した（次頁図8）。水温躍層がない場合には、卵塊は水槽の底まで沈み卵塊を覆うゼリー膜が壊れ、食害性の動物プランクトンなどによってすべての発生卵が死滅する（次頁図9）。

スルメイカの再生産仮説の提案

これまで、天然の卵塊や発生途中の卵は一度も海中からみつかっていない。しかし、ふ化幼生はおよそ一八～二三℃の海表面近く（深くても数十メートルまで）でかならず採集されている。つまり、卵塊は、適水温の表層の暖水内で産卵され、ゆるやかに沈んで行くと想定される。表層の比重の軽い暖水と中層より深くて比重の重い冷水の間には、水温が急激に変化する水温躍層、あるいは海水密度の異なる密度躍層が存在する。水温が急に変化する水温躍層の水深は季節や海域によって異なり、数十～数百メートルと幅がある。おそらく、卵塊は表層暖水内でゆっくりと沈んで、この水温躍層まで達するまでの間に幼生は卵塊からふ化して、まっすぐ海の表面を目指して遊泳すると考えられる。

これらの実験と実際の産卵場でのふ化幼生分布調査の結果から、スルメイカの再生産仮説「スルメイカのふ化幼生が最も元気で泳いでいる産卵海域は、水深が一〇〇～五〇〇メートルの大陸棚から大陸棚斜面上の水温躍層が発達する表層暖水内であり、その海表面の水温範囲は一八～二四

℃、特に一九・五～二三℃の範囲である」というスルメイカの再生産仮説を提案した（図10）。これによって、スルメイカの分布情報がなくても、海底水深（水深一〇〇～五〇〇メートル）と海面水温だけで、その推定産卵場の時空間的なGIS（地理情報システム）分析が可能となった。

これらの月別の推定産卵場のマッピングから、秋生まれ群は「能登半島以南から対馬海峡」、冬生まれ群は「東シナ海の大陸棚周辺海域」、春生まれ群は「再び対馬海峡から能登半島」、さらに夏生まれ群は「東北・北海道の大陸棚海域」と季節的に産卵海域が替わって行くことを描き出すことができる。加えて、各季節の推定産卵場の広がりと連続性を経年的に比較することによって、産卵場が縮小しているか、拡大しているかが判断できる。さらに、寒冷期と温暖期の季節別推定産卵場の拡大・縮小による再生産・

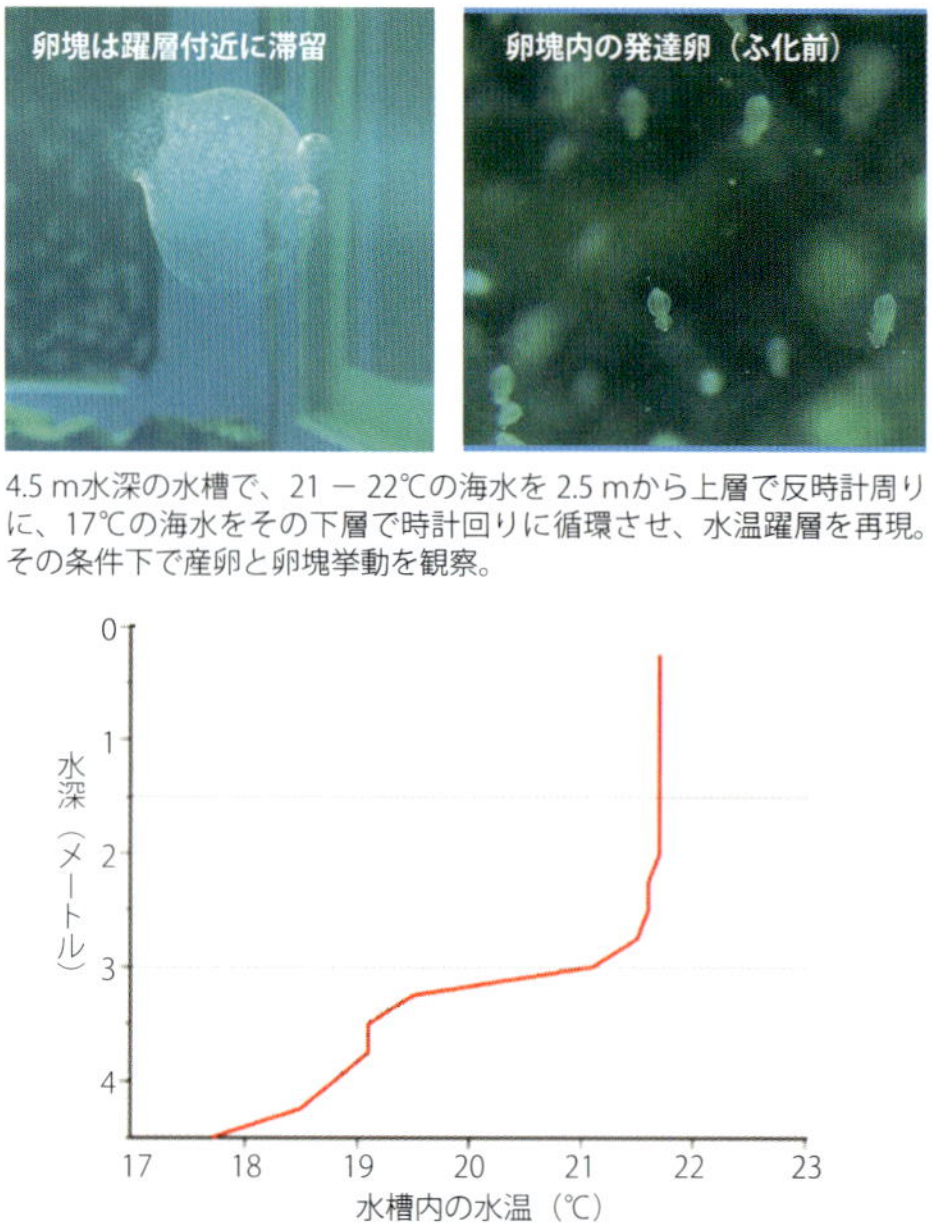

4.5 m水深の水槽で、21 － 22℃の海水を 2.5 mから上層で反時計周りに、17℃の海水をその下層で時計回りに循環させ、水温躍層を再現。その条件下で産卵と卵塊挙動を観察。

図８　200トン大型水槽の中層に水温躍層を再現．産卵された卵塊は水温躍層に滞留（Puneeta& Sakurai 他，2016）

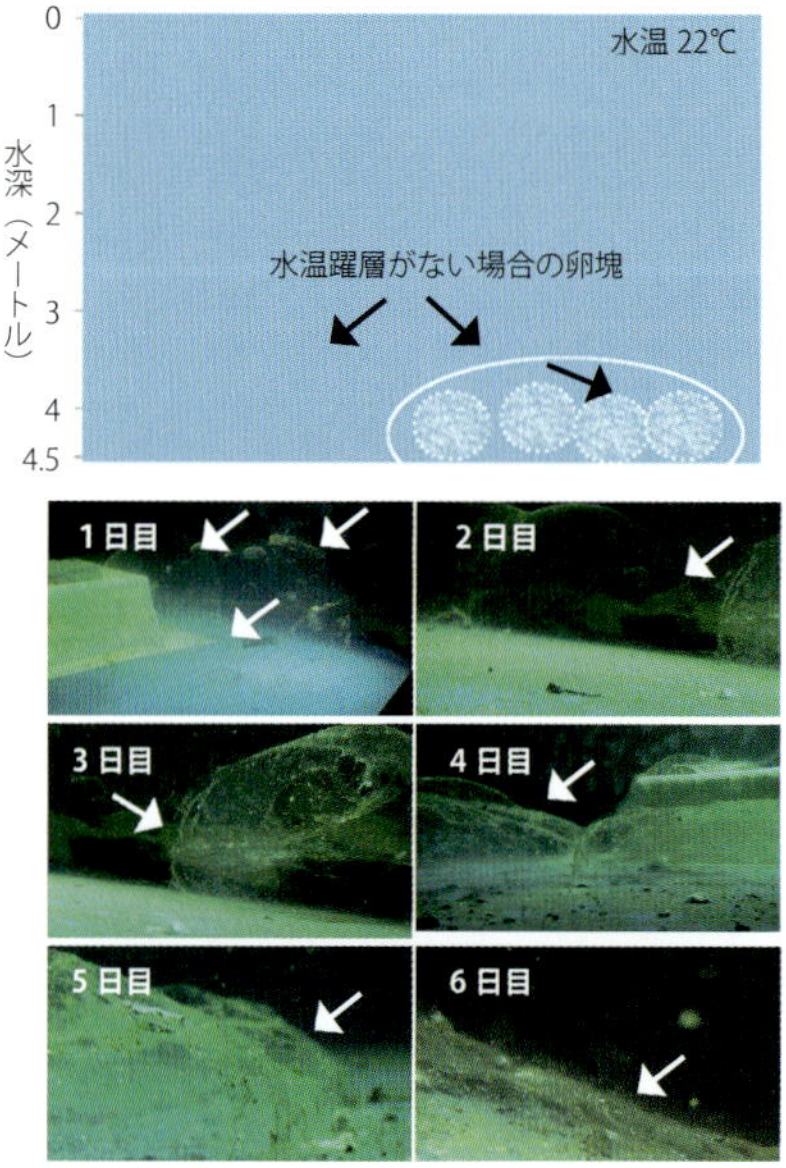

図９　水槽の底に沈んだ卵塊は，次第に壊れて行き，卵塊内の発生卵はすべて死亡（Puneeta& Sakurai 他，2016）

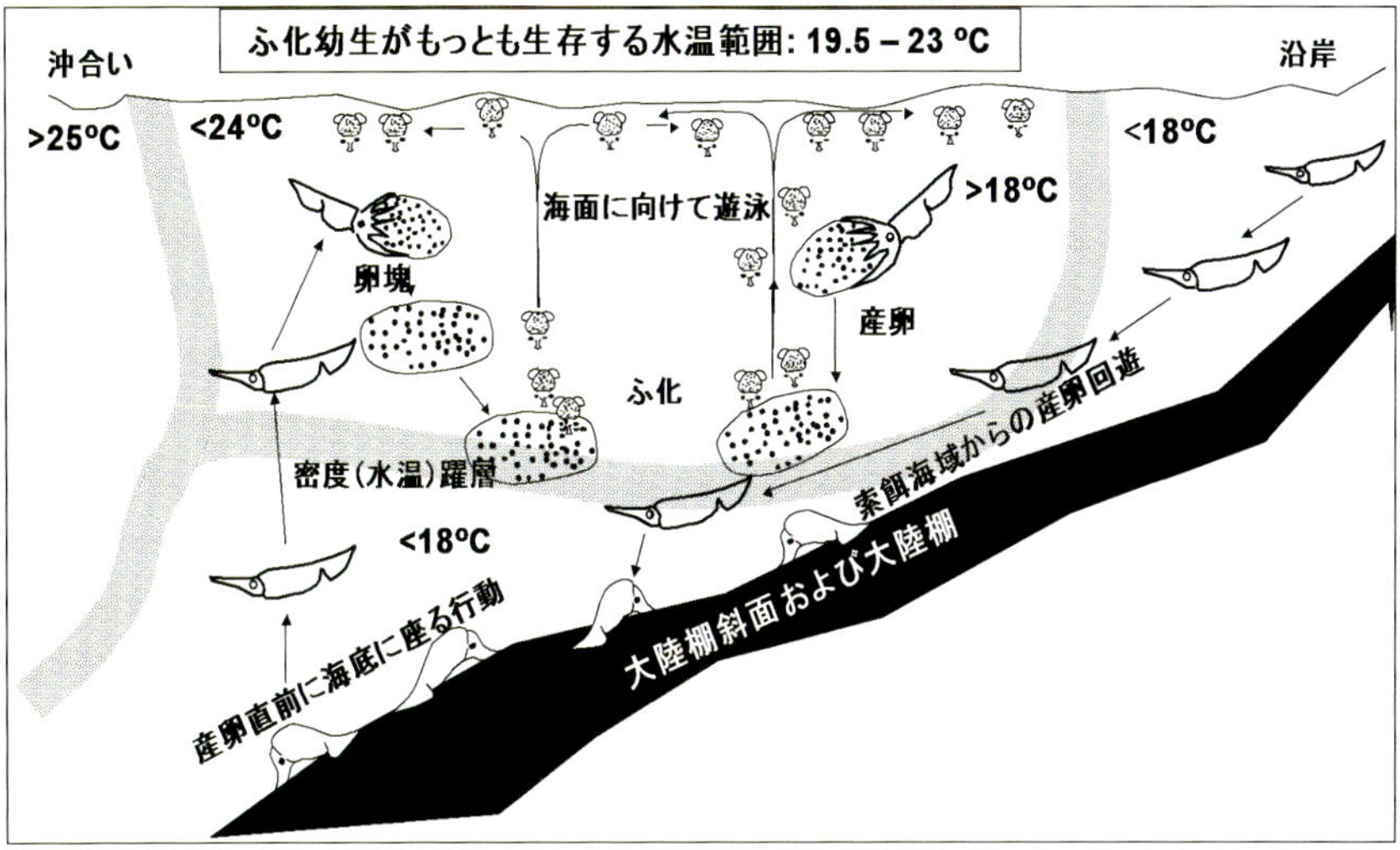

図 10　スルメイカの再生産仮説．これまでの仮説に、ふ化幼生が最も活発に遊泳できる水温範囲を追加（19.5 ～ 23℃、山本他，2013 を適用）．(Sakurai 他，2013)

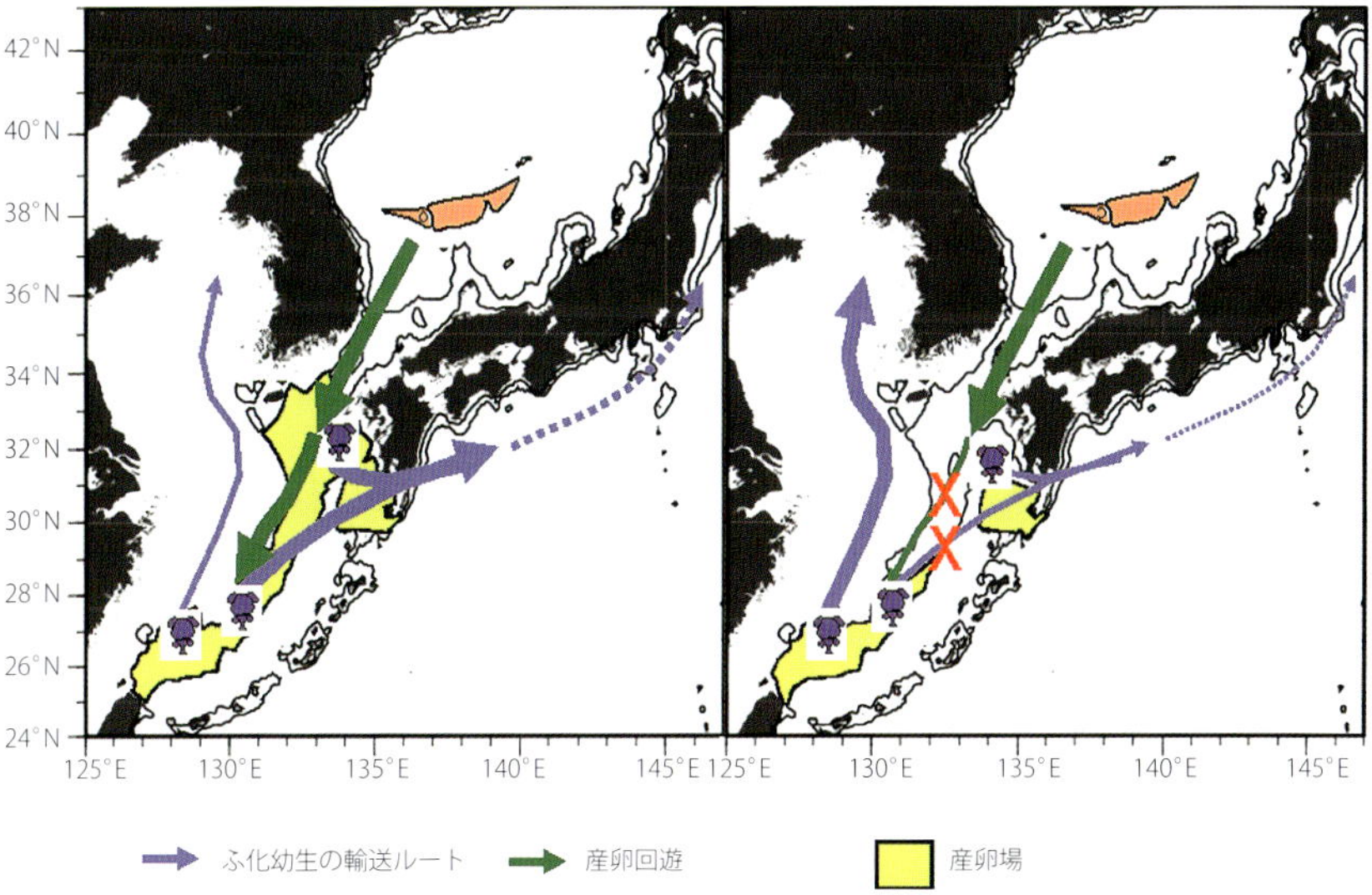

図 11　冬生まれ群のスルメイカの産卵回遊と産卵場 (Rosa & Sakurai 他，2011)

冬が暖かい年（1976 年以前と 1989 年以降）は産卵場が拡大、寒い年が続くと産卵場が縮小し（1977 ～ 1988 年）、北日本の太平洋側への回遊群が激減する。

加入の成否（生まれた幼生と幼イカの生き残りがよいか否か）と秋・冬まれ群の資源変動との関係を探ることができる。

風が吹けばスルメイカが減る？

一九七〇年代半ばから八〇年代後半の日本周辺の海水温が低い寒冷期に、特に東シナ海の大陸棚海域で一月から三月に産卵する「冬生まれ群」の急激な漁獲激減がなぜ起きたのか、そして、それ以降の一九九〇年代初めにかけての温暖期への移行期に一気に漁獲量が増加したのはなぜなのか。前述した再生産仮説による推定産卵場のGIS分析から、「北風が吹けばスルメイカが減る」原因を探った。

過去から現在までの寒冷・温暖の気候変化が、どのようにスルメイカ資源の増加や減少に影響を与えていたのか、二一世紀の地球温暖化が進むとスルメイカがどうなるのか。それらを考える上で、この再生産仮説が役立つ。スルメイカにとって世代をつなぐ「推定産卵場（産卵からふ化幼生が生存できる海域）」が、季節的にどのように移動し、その範囲の拡大・縮小をモニタリングできれば、少なくとも翌年の資源水準が大きく変化する場合の予測ができる。

一九七〇年代半ばから一九八〇年代は冬の季節風が強く、日本海の冷たい水域がロシアと朝鮮半島の沿岸から沖合に広がっていた。そのため、産卵のために南下してくる秋生まれのスルメイカは対馬暖流が残っている北陸から山陰沿岸に回遊し、一〇～一二月の間に産卵したと推定される。一方、東シナ海に産卵場がある冬生まれ群は、一～三月に対馬海峡を通過して産卵場に回遊するが、東シナ海の大陸棚斜面に沿った産卵場は、中国沿岸からの冷水に覆われてほとんど消え、わずかに台湾の北東側に縮小していた。このため、秋生まれ群よりも冬生まれ群が顕著に減少したと推定され、秋以降のイカ漁業を支える冬生まれ群がほとんどいなかったためと考えられる（前頁図11）。

一方、一九八九年（平成元年）以降は冬の季節風が弱く、日本海は温暖で対馬暖流が冬も山陰の日本海沿岸に残っていた。南下してきた秋生まれの親イカは、秋には北陸―山陰沿岸で産卵し、冬生まれ群は対馬海峡周辺や東シナ海で産卵できる産卵場が拡大していた。このような温暖年が連続する温暖期には、両季節発生群とも再生産・加入の成功率が高く、秋と冬生まれ群の漁獲量も増加する「豊漁年」が続いたと判断している。

スルメイカは環境変化の指標種

このように、スルメイカの産卵場の水温環境の変化が再生産・加入の成否を通して資源変化が生じ、結果的に秋・冬生まれ群の漁獲変化をもたらす一つの要因であることを紹介した。では、二〇〇〇年以降の秋生まれ群の漁獲量の減少傾向、二〇一六年からの冬生まれ群の漁獲量の激減、そして今後スルメイカの将来を、気候変化によって変化する産卵場の拡大・縮小から説明、そして予測できるのだろうか。

スルメイカが環境変化の指標種であることについて、その生息適水温を詳細に調べた飼育実験結果から説明したい（図12）。飼育実験の詳細は省略するが、スルメイカの生息適水温は一二℃から二三℃の範囲で、一二℃未満では、餌を食べなくなって、一週間ほどで死亡する。また、二四℃以上では、高水温に耐えられず数時間で死亡する。さらに、摂餌したエネルギーを成長に回す生息水温範囲は水温は一二℃～一五℃、雌雄の成熟と雄が精子の入った精莢（精子の入ったカプセル）を雌に渡す交接行動は一五℃以上からはじまり、それ以上では雌の輸卵管への成熟卵の蓄積、そして一九℃以上で雌は産卵する。スルメイカが、なぜ餌の多い北の海に向かい、そして水温の高い南の産卵場に戻ってくるのか、その生活史を通した生息水温の選択性からも説明できる。

二〇〇〇年以降の秋生まれ群の一〇月～一二月の推定産卵場のＧＩＳ解析から、一〇月の能登半島から対馬海峡の

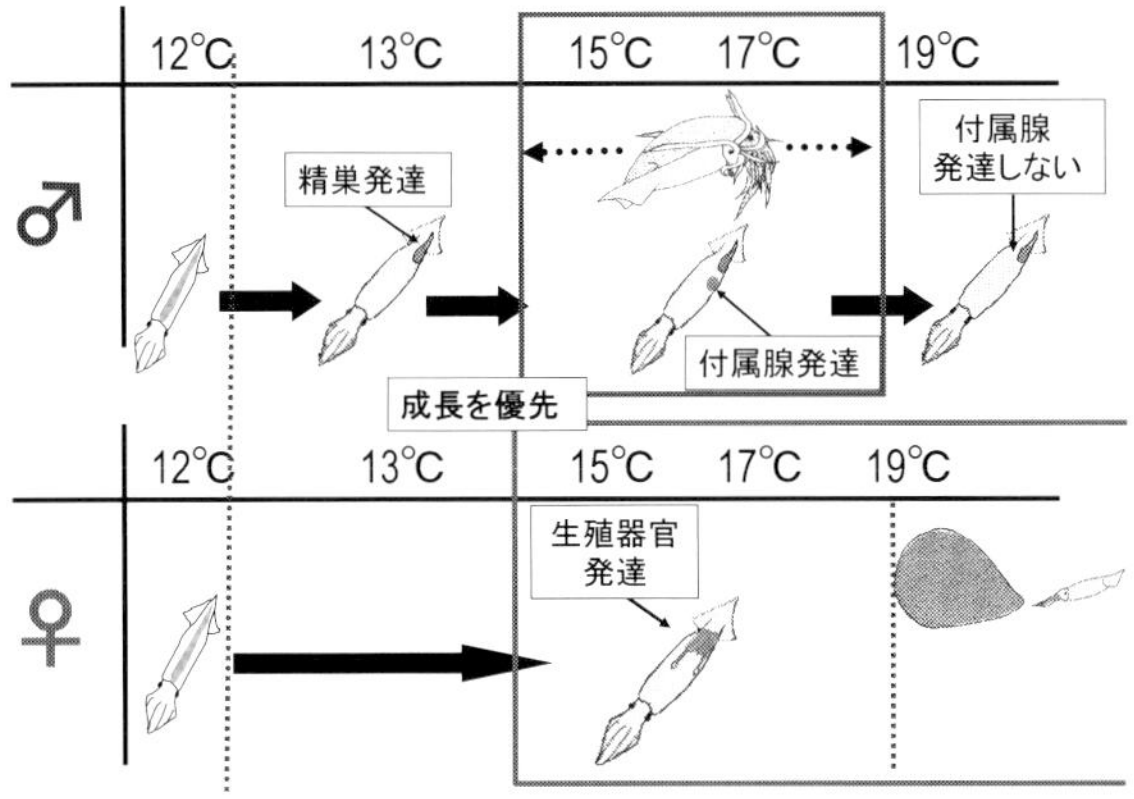

図12　成熟への水温効果（Sakurai 他, 2015）

成熟への水温の影響は雌雄で異なり、雄は低水温からゆっくりと成熟が進み、雌は高水温になってから成熟する。
スルメイカの成長に適する水温範囲：12℃～15℃／成熟が進行する水温範囲：15℃～18℃／産卵適水温：19℃～23℃／生存に不適な水温：12℃未満、23℃以上

大陸棚海域は、海面水温が二四℃を超える年が多くなっており、一〇月生まれのイカ幼生の生き残りが減っていると推定される（図13）。つまり、一〇月生まれのスルメイカは非常に少ない年が続いており、秋生まれ群は一一月と一二月生まれが中心となっている。もしこれが事実であれば、五月ころから主に日本海で漁獲される秋生まれ群は生まれ月が遅れた小型イカが中心となり、夏にかけての海水温の昇温にともなって北上回遊が早まり、イカ釣りが操業する海域は道北からロシア海域に偏ってしまう結果、漁獲量の減少が続く一要因となっている。これに外国漁船による日本の領海外での漁獲も無視できない。

二〇一六年からの冬生まれ群の漁獲量の激減は、二〇一五年以前と一六年以降の冬生まれ群の東シナ海の推定産卵場の縮小から説明できる（図14）。二〇一六年冬は沖縄諸島で「みぞれ雪」が降った年である。根室海峡に面する羅臼では、一九九〇年代以降の漁獲量は五千トン〜三万トンで

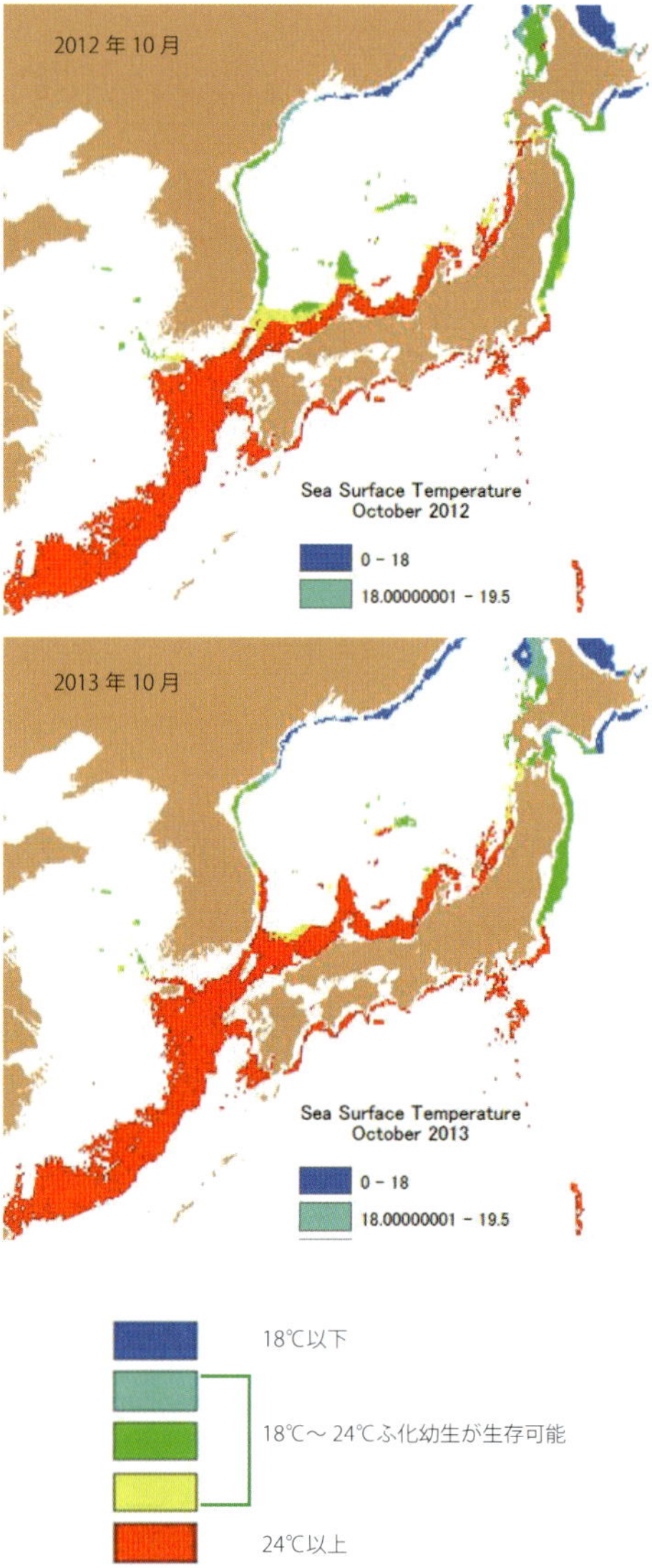

図13　秋生まれ群の10月の推定産卵場の高水温化の例（作成：北大北方生物圏フィールド科学センター・福井信一氏）

あったが、二〇一六年は四〇〇〇トン、二〇一七年には、過去に経験したことのない一〇〇〇トンにまで激減した（図15）。冬の産卵場分析から、二〇一六年以降に南日本を襲った強い季節風による寒波の影響で、海水が冷やされて東シナ海の産卵場の縮小が続き、太平洋を北上して道東から根室海峡を含むオホーツク海まで回遊する冬生まれ群の資源が減り続け、結果的に北日本の太平洋沿岸域での漁獲量が激減したと推定している。

スルメイカの未来は？

日本周辺海域のイワシ、スルメイカなどを含む水産資源の変動は、気候の寒冷・温暖レジームシフトと右肩上がりの地球温暖化に連動する海洋環境（特に海水温）の季節・経年変化に応答した現象である。今、地球規模での気候と海洋環境の変化で注目されているのは、「温暖化がもたらす

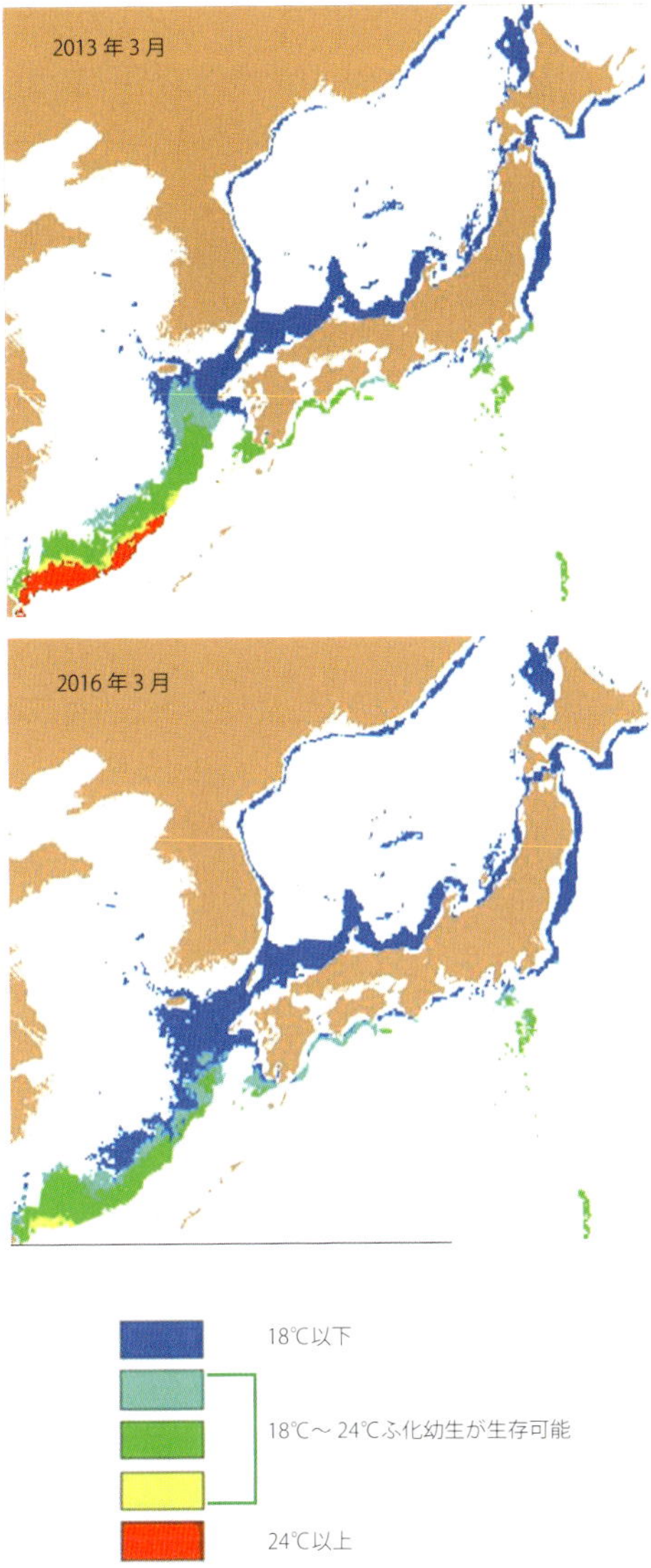

図14　2013年と2016年３月のスルメイカの推定産卵場（青と赤色海域はふ化幼生の生存に不適：2016年は推定産卵場が顕著に縮小）（作成：北大北方生物圏フィールド科学センター・福井信一氏）

図15　羅臼漁港でのスルメイカ水揚げ（2013年が2万5000トン、2016年：400トン、2017年：100トン）

厳冬」説である。従来は、ラ・ニーニャ現象に連動した北半球の偏西風の蛇行にともなう日本の寒波が定説であった。最近になって、北極の海氷の減少によるバレンツ海高気圧の発達、それに連動したシベリア高気圧の強化が寒気の南下と偏西風の蛇行を強め、それが日本列島を含む極東アジアと北米東岸の厳冬が起きるという「温暖化にともなう局所的厳冬」仮説が発表されている。二〇一六年冬からの東シナ海の冬の海水温の低下にともなう冬生まれ群の推定産卵場の縮小も、この影響を受けているかもしれない。

最近では、寿命の長いタラ類やマイワシ、サケは、再生産・加入の成否に対する環境変化の影響は、彼らが産卵場や河川に親として戻ってくるまでの数年間の時間的ラグをもって現れる。一方、スルメイカは単年性であるがゆえに、環境変化はある年の秋・冬生まれ群の再生産・加入の成否に即応的に影響を与え、その世代の資源量と漁獲量に変化がすぐに現れる。

もし、冬〜春の寒冷化が短期間で終了して、再び温暖期に移行すれば、単年生のスルメイカの冬生まれ群は数年で復活する可能性が高い。逆に、夏〜秋の日本海の高水温化は、秋生まれ群の産卵時期の季節的遅れを促進する。「海のカナリア」ともいえるスルメイカ、冒頭で触れたように、太平洋の回遊ルートに加えて、「日本海」という「その生命の繁栄を補償する海」が存在する。生まれる季節と漁獲される季節が変わっても、漁火が夜の海と空を照らす光景が永遠に続くことを願っている。

注：本章では、詳細な引用文献を割愛した。本文で記述した内容の多くは、『イカの不思議—季節の旅人・スルメイカ』（桜井泰憲　二〇一五、北海道新聞社）で紹介している。

コラム◉可能となったエチゼンクラゲ大発生の早期予報

上真一（広島大学特任教授）

エチゼンクラゲの発生場所は、朝鮮半島と中国本土で囲まれる東アジア最大の湾である渤海・黄海・東シナ海である。この大湾の環境と生態系が今世紀を境に大きく変化したことが、大発生頻発化の原因と考えられる。中国の経済発展にともない、この海での魚類資源の枯渇化、温暖化、富栄養化、人工構造物・プラスチックゴミの増加などが世界のどこの海よりも急激に起きており、これらが複合的に働いてクラゲの大発生をもたらしているらしい。中国が直ちに工場廃水や生活排水の規制などを通して沿岸環境管理を強め、クラゲ大発生をもたらす根本原因を取り除く対策をおこなうことはとうてい考えられない。また、三峡ダムの建設や現在進行中の南水北調事業（1）が今後のエチゼンクラゲの発生量にどのような影響をおよぼすかは不明である。

大発生の頻発化とその原因

エチゼンクラゲの大発生は前世紀では約四〇年に一度の珍事であった。しかし、今世紀を境に二〇〇二年以降ほぼ毎年のように起こるようになった。ただし、発生状況は単純ではない。二〇〇八年にクラゲはほとんど来なかったが、二〇〇九年はこれまでで最大規模の発生年となった。以後、二〇一〇、二〇一一年と連続して大発生は途絶えた。いずれにしろ、二〇〇二年から二〇一一年の一〇年間のうち七年において大発生が起こっている事態は異常である。

残念ながら、エチゼンクラゲ大発生が早急に停止し、魚類生産の豊かな元の海に回復する兆候はない。クラゲ大発生は今後も現状維持で推移するか、あるいはより大規模にそしてより頻繁に起こると考える方が自然である。どうすればエチゼンクラゲ禍からわが国の沿岸漁業を守ることができるか。まず予報体制の確立が重要であるが、それが可能となった。

フェリー目視調査による発生早期予報

エチゼンクラゲの大発生は、経済的損失をもたらす点でも現代の科学では

図1 フェリーデッキからのエチゼンクラゲ目視調査

防ぎようがない点でも、台風に似ている。中国沿岸域で発生した幼若《ようじゃく》クラゲは、長江低塩分水塊に乗って東シナ海の沖合に運ばれ、さらに北上する対馬海流に乗って日本海に輸送される。海流の上流に位置する中国で発生したクラゲが大きく成長しながら越境し、下流の日本に禍をもたらしている。

幸いクラゲの輸送ルートは台風のように迷走することはないが、問題はどのようにして発生源近くのクラゲの発生規模を知るかである。台風の場合は宇宙から気象観測衛星がにらみ続けているが、クラゲ観測衛星などというハイテク機器は存在しない。

日本の調査船が中国の領海や排他的経済水域に入ることは困難である。しかし、中国の海を知る機会は存在している。両国の間にはフェリーが定期運航されており、それに一般乗客として乗船し、デッキの上から海を眺めることは問題にはならない。もし海の表面にエチゼンクラゲが出現すれば、それらは否応なしに目に入ってくるので、その個体数を数えることも問題にはならない。この恩恵を最大限に駆使して、私たち広島大学のグループは中国の排他的経済水域内のエチゼンクラゲの目視観測をおこなっている。調査方法は極めてローテクであるが、得られるデータの信頼性は高い。

私たちは二〇〇六年から目視調査を開始した。現在使用しているのは下関―青島、神戸―天津、大阪―上海の三航路である。二名の調査員がペアとなって乗船し、通常は船腹から約一〇メートルの幅の海面付近に出現するクラゲを計数してゆく（図1）。時には芋の子を洗うように出現して、数取り器を押さえる指が痙攣《けいれん》を起こすくらいになる。なお、この作業をおこなうには当然フェリー会社とフェリーの中国人乗組員の理解と協力が必要なことはいうまでもない。調査時における彼らの好意には心より感謝している。

二〇〇九年はこれまでで最大規模のエチゼンクラゲが日本に来襲したが、越境する前のクラゲの分布と出現量をフェリー調査で捉えることができた。中国近海のエチゼンクラゲは毎年

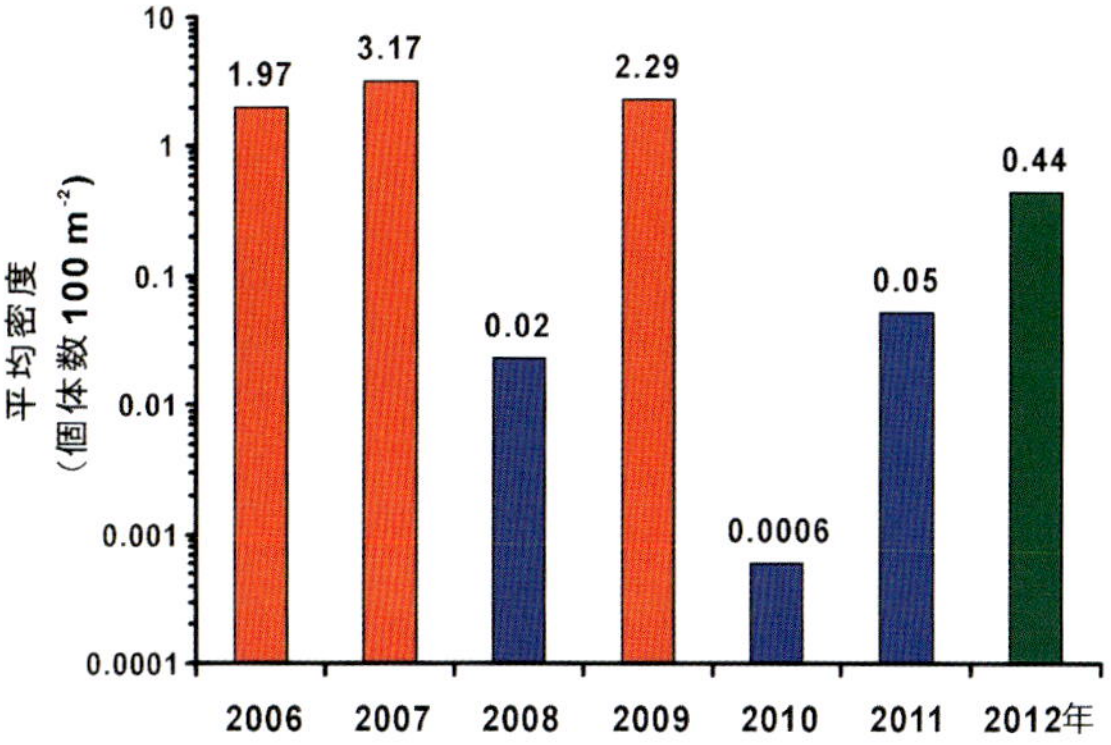

図２　2006～2012 年の７月における黄海でのエチゼンクラゲの平均出現密度の経年変化。2006、2007、2009 年は大発生年（赤色）、2008、2010、2011 年は非発生年（青色）。2012 年（緑色）。大発生年と非発生年の間には２～４桁の差があるので、確実に大発生年を予測できる。

七月に最高密度となり、その後日本海に輸送されるので次第に減少する。二〇〇六、二〇〇七、二〇〇九年七月の黄海における平均密度は約二～三個体／一〇〇平方メートルで、これらの年には日本沿岸の定置網に連日数千、数万個体の入網があり、深刻な漁業被害が出た。一方、二〇〇八、二〇一〇、二〇一一年七月の平均密度は前者に比較すると二～四桁も低く、定置網には少数のクラゲが入網するのみであった（図2）。

このようにフェリー調査結果から、エチゼンクラゲの大発生年とそうでない年は明瞭に区別され、クラゲが対馬に来襲する約一ヵ月前に、当該年が大発生か否かを予報することが可能となった。なお、二〇一二年七月のクラゲ密度は大発生年より一桁低かったが（図2）、最近二年間連続して発生しなかったこともあり、漁業者に対する注意喚起も含めて「大発生並みに警戒が必要」との内容で予報を出した。

私たちのエチゼンクラゲ早期予報は、水産総合研究センターを経由して全国の漁業関係機関に配信されるので、漁業者は時間的余裕をもってクラゲ被害の軽減対策を講じることができるようになっている。

大発生年とそうでない年があるのはなぜか？

二〇〇八、二〇一〇、二〇一一年の三年間は大発生がストップした。中国沿岸域の環境がこの三年間だけに限って例外的に改善されたとはとうてい考

えられない。この原因はまだよく判っていないが、本種のポドシストの休眠特性に関係がありそうだ。ポドシストとはエチゼンクラゲのポリプが生産する直径約〇・二ミリのデスク状の細胞の塊（シスト）である。ポドシストの外側はキチン質の硬い殻に囲まれ、中には栄養物質がたっぷりと蓄えられて、短くても六年間は休眠する能力を有している。したがって、中国沿岸域にはエチゼンクラゲのポドシストが休眠状態で大量に存在していると推定される。ポドシストは特定（高水温、低塩分、貧酸素など）の外部刺激を受けると休眠から目覚め、脱シストしてポリプへと変態する。前述の三年間は、ポドシストの大半が休眠し続けポリプへの出芽数が少なかったからだろう。一方、何らかの要因で大量に脱シストすると翌年は大発生年となるのだろう。

（1）南水北調《なんすいほくちょう》事業＝南水北調工程。中国南方地域の水を北方地域に送り慢性的な水不足を解消するプロジェクト。二〇〇二年一二月二七日着工。

10 バイオロギングで生態を探る

宮崎信之（東京大学名誉教授）

はじめに

人間の生産活動が活発になるにつれて、地球上の生態系が乱され、自然環境の破壊が急速に進行している。なかでも、二酸化炭素などの温室効果ガスによる地球温暖化の問題、酸性雨による森林、湖沼、建築物への被害、熱帯林の破壊や砂漠化の問題、フロンガスによる成層圏オゾン層の破壊、海洋汚染、さらに野生動物の保護や生態系保全などに対する具体的な取組みが求められている。

二〇一五年九月の国連総会では、「我々の世界を変革する：持続可能な開発のための二〇三〇アジェンダ」で、持続可能な開発目標（ＳＤＧｓ：Sustainable Development Goals）として一七のグローバル目標と一六九のターゲットからなる具体的な行動方針が提示された。各国政府は、この方針に基づき、それぞれの地域特性を考慮しながら、この目標に向けて活動を始めた。日本政府もホームページなどで必要な情報を公表し、企業や市民にも積極的な働きかけを展開している（https: //www.mofa.go.jp/mofaj/gaiko/oda/sdgs/index.html）。

さて、海洋動物は極域から熱帯・亜熱帯・温帯海域まで地球上に広く生活しており、さまざまな環境下で生活していることが知られている。生物多様性の保護、海洋生態系の保全、地球規模の気候変動にともなう環境変化による生物影響などの課題を解決するには、既存の情報を整理し、これらの課題に対応していくだけでなく、彼らの水中行動や生息環境を把握するとともに、環境の変化に対する選択性についても理解を深めていくことが不可欠である。それには、これまでおこなわれてきた捕殺や網による捕獲などで得られる生物の情報だけでなく、対象となる動物を殺さ

図1　世界で成果をあげているバイオロギング・サイエンスの活動図

ないで、有効な情報を収集することが求められている。

日本では、国立極地研究所の内藤靖彦・名誉教授を中心に日本の研究者集団が「Bio-logging Science（生物装着型行動・環境計測システム科学）」と呼ばれるシステム科学を立ち上げ、独自の発想ですぐれた研究機器を開発して、世界を主導していく研究体制の構築を目指してきた。

私は内藤教授との議論を通じて、私が所属していた東京大学大気海洋研究所が中心になってバイオロギング・サイエンスを展開していくことが海洋科学の発展に重要ではないかと考え、東京大学から「先駆的海洋科学創成に向けた革新技術の開発事業―世界最先端のバイオロギング・システムを用いた海洋動物の水中行動と海洋環境研究（二〇〇七―二〇一六年）」の課題で特別研究費を得て、リトルレオナルド社（社長：鈴木道彦氏）との協力の基に、研究者が必要とする情報を得るためのさまざまな用途に適したバイオロギング機器を開発してきた（特許の名称：データロガー装置、特許番号：第五七五万四七六二号）。

今では、これらの機器を海洋動物に装着し、動物の行動、彼らの生息環境、環境選択性などの情報を、動物を殺すことなく入手することができるようになった。この手法はこれまでの常識を覆すエポックメイキングな出来事であった。私たちはバイオロギング・サイエンスの手法を用いて得られた研究成果を国内外の学会で発表すると同時に、科学論文として学術誌に公表してきた。その結果、バイオロギング・サイエンスに関心をもつ諸外国の第一線の研究者から共同研究の申請が数多く提案され、国際共同研究が始動し始めた（図1）。

本稿では、このバイオロギング・サイエンスの手法の開発の歴史を簡潔に述べ、私の共同研究者や関係者たちにより得られた代表的な研究のトピックスを紹介し、さまざまな海洋生態系の理解を深めると同時に、沿岸域の総合管理などの課題に関する取組みについても言及する。

技術開発の歴史

最近、日本における海洋科学の進歩は目をみはるものが多い。しかしよく考えてみると、欧米で開発された機器を用いて調査を実施している場合が多い。しかし、世界を主導する研究を実施するには、既製の機器を用いて得られる情報には限界があり、新たな研究のブレイクスルーには物足りない面がある。また、代理店を通じた機器の購入や故障したさいの修復などに多くの課題がある。そこで、既存の機器では得られない魅力的な情報を入手するためには、独自に機器を開発する必要性が指摘されるようになってきた。

内藤靖彦教授を中心に日本の研究者集団が組織され、機器開発、機器利用、データ解析などの作業をオールジャパンで対処していくことが求められた。幸いリトルレオナルド社の協力を得ることができ、さまざまな用途に合った機器を開発することができるようになった。近年、携帯電話の普及にともない小型のＩＣチップを使用することが可能になり、精度の高いデジタル情報を大量に収集することができるようになるとともに、動物の行動に影響をおよぼさないようにするための機器の小型化も同時に進めることができるようになった。ひとたびこの種の技術的課題が解決されると、ユーザーは一気に増え、各研究者から必要とする情報を得るための機器開発の要望が高まってきた。

その結果、小型の機器にもかかわらず深度、温度、塩分、速度、加速度、静止画、動画などのファインスケールの情報を高い精度で得られるようになり、広範囲の海洋科学の研究者が関心をもつようになってきた。これらの機器は、海に生活しているクジラ、イルカ、アザラシ、ウミガメ、ワニなどの大型動物だけでなく、空を飛ぶ海鳥、ペンギン、魚（体長二五センチ以上の個体）などの小型の動物にも使用することができるようになってきた。また、外国の研究者からは、チーターやトラなど陸棲動物の調査も要請されるようになってきた。このように、最新鋭の機器を使用する国内外の研究者の輪が次々と拡大し、バイオロギング・システムを用いた研究が世界で展開されるようになってきた。

研究トピックスの紹介

ここでは、私の共同研究者がバイオロギング・システムを用いて実施してきた研究のトピックスを紹介する。最初に、海洋政策研究財団が中心になって実施した東京湾とその周辺域で生活しているスズキの調査を紹介し、沿岸・汽水・河川域を広く利用しているスズキの行動の情報を基に、総合的な沿岸域管理への応用について述べる。次に、中国の研究者の要請を受けて、長江に建設された三峡ダムなどにより繁殖域を奪われたカラチョウザメの行動調査を紹介し、絶滅危惧種の保護管理に有効な方策について述べる。最後に、小笠原諸島沖や紀伊半島沖で実施されているホエールウオッチング関係者の協力を得て実施してきたマッコウクジラの潜水行動の調査から得られた潜水行動の特性を述べる。

沿岸域・汽水域・河川域を広く利用しているスズキの調査

スズキ（*Lateolabrax japonicus*）は、日本列島や朝鮮半島の沿岸域、汽水域、河川域に生息する肉食魚で、食用として利用されるだけでなく、釣りの対象魚としても人気のある種類である。とくに、東京湾の北西部に位置する千葉県船橋漁業組合は、スズキを巻網漁法で捕獲しており、二〇一七年には六三三トンにものぼる全国一の漁獲量をあげていることから、スズキは東京湾における水産業上重要な種類で、東京湾の生態系を把握するには相応しい対象種類の一つである。このスズキが遡上する千葉県の小櫃《おびつ》川には小櫃堰があり、その上流には亀山ダムが設置されており、治水管理のみならず、市民の観光地としても活用されている。これらの地域特性を踏まえ、東京湾・盤洲《ばんず》干潟・小櫃川をモデル水域として選択し、スズキにデータロガー（計測・収集したデータの記録計）やビデオロガー（ビデオ画像の記録計）を装着して彼らの行動、生息環境、環境選択性を調査した（図2）。

田上英明氏らは、水温・深度・三軸の加速度が計測できるデータロガー、水中ビデオカメラ、超音波発信器をスズキに装着し、放流した。三軸の加速度データの解析ではスズキの捕食イベントが記録されており、スズキは東京湾の沿岸域、小櫃川、小櫃川河口の盤洲干潟周辺の汽水域で採餌活動をしており、これらの水域を広く利用していることが明らかになった（Tanoue *et al.* 2015）（図３）。この捕食行動のプロファイルを確認するために、千葉県千倉にある千葉県水産総合研究センターの協力を得て水槽実験をおこない、採餌行動の特徴的な水中行動を検証することができた。また、スズキに装着したビデオの画像解析によると、仲間のスズキと一緒に群れで遊泳している画像や他の種類の魚との遊泳画像、さらには河川域で釣りをしている釣り人の画像などが撮影されており、スズキが生息環境を多様に利用している興味深い情報を得ることができた。この結果から、スズキが淡水から海水までの広い範囲の塩分環境水

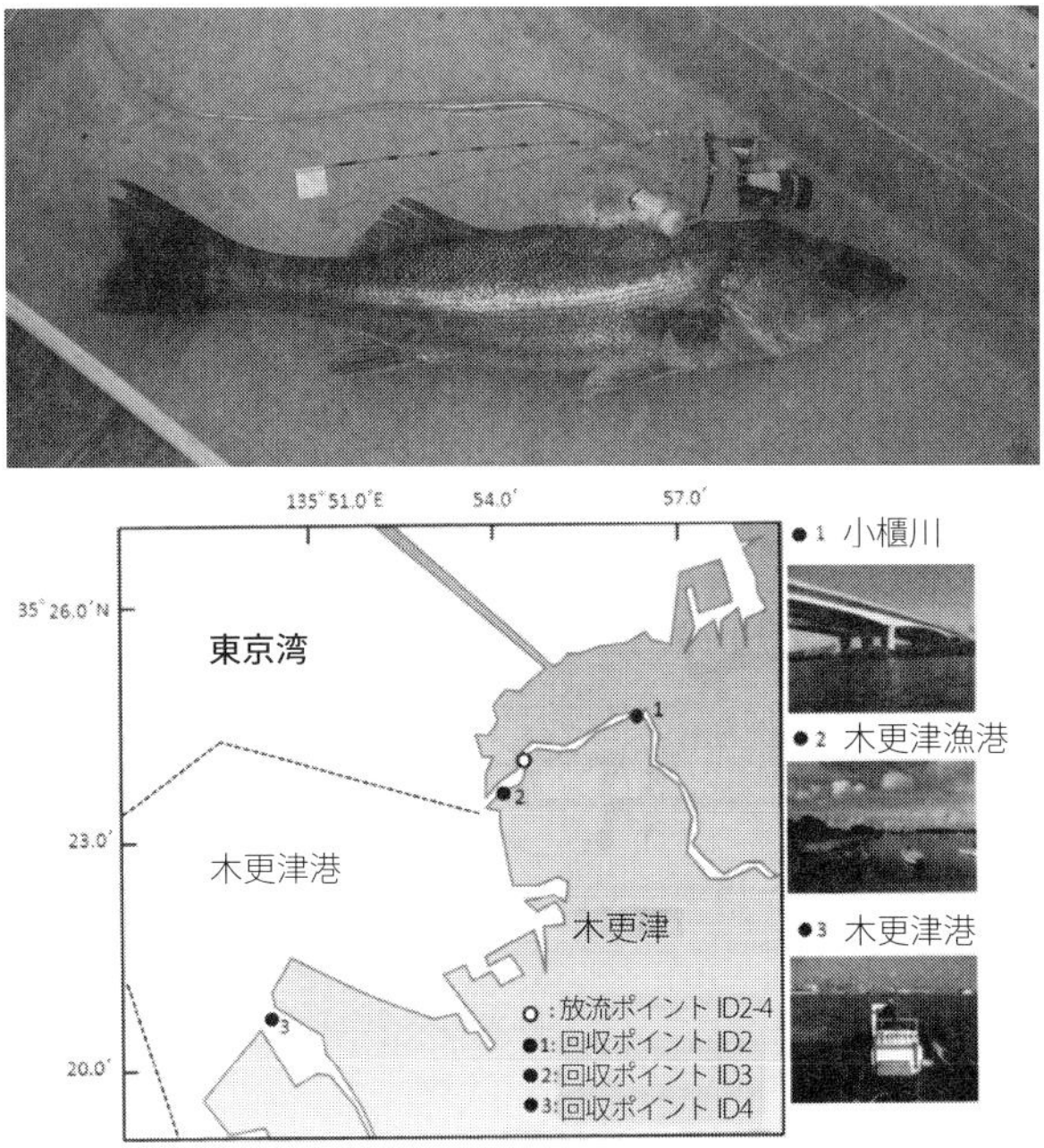

図２　スズキに装着したバイオロギング・システム（フロート、データロガー、ビデオロガー、VHF）（上図）。調査した東京湾、盤洲干潟、小櫃川の地図（○：放流地点と●：回収地点）（Tanoue et al. 2015）（下図）

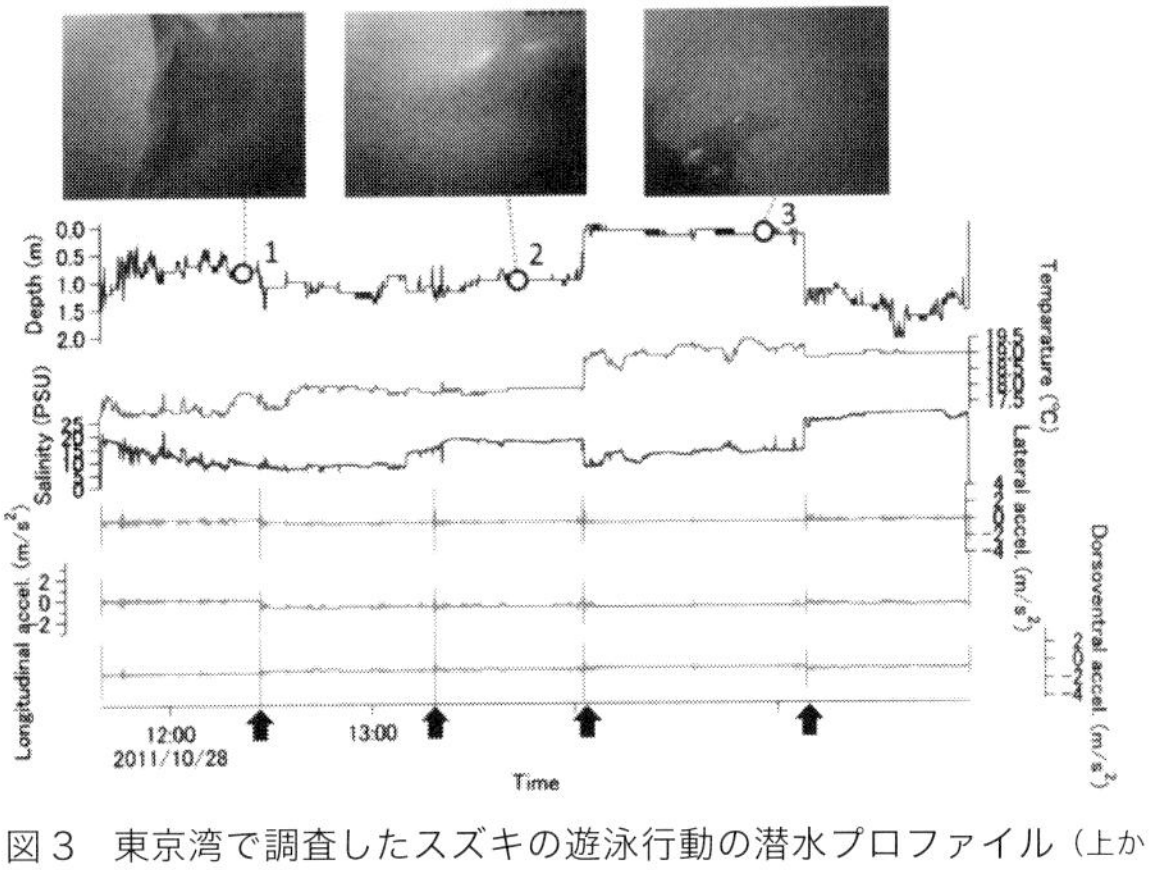

図３　東京湾で調査したスズキの遊泳行動の潜水プロファイル（上から黒線：深度、赤線：水温、青線：塩分、緑線：３軸加速度）を示す。下部黒の矢印：捕食イベント。スズキに搭載したビデオが撮影した画像（写真１と写真２：スズキと一緒に泳ぐ魚、写真３：川辺の釣り人）（Tanoue et al. 2015）

域を利用していることが明らかになった。

大学院生の宮田直之氏は、スズキの浸透圧調整に関する研究を大分県南部振興局の協力を得て、大分県の大分川や大野川に生息しているスズキに塩分・水温・深度を計測できる最新のロガーを装着して、スズキの水中行動を調査した（Miyata *et al.* 2016）（図4）。大分川や大野川の河口域では表層が淡水、底層が海水で構成されている特徴的な水塊を形成しており、この水域ではスズキは頻繁に鉛直方向に遊泳行動を繰り返していた。スズキは夜間、表層の低塩分水域と底層の高塩分水域の間を頻繁に遊泳しており、非常に短時間で浸透圧調節をおこなっている行動が観察された（図5）。この研究成果から、東京湾周辺の汽水域や河川域に生息しているスズキも同様に短時間に浸透圧調整を繰り返しながら餌生物を捕食しているものと推察された。

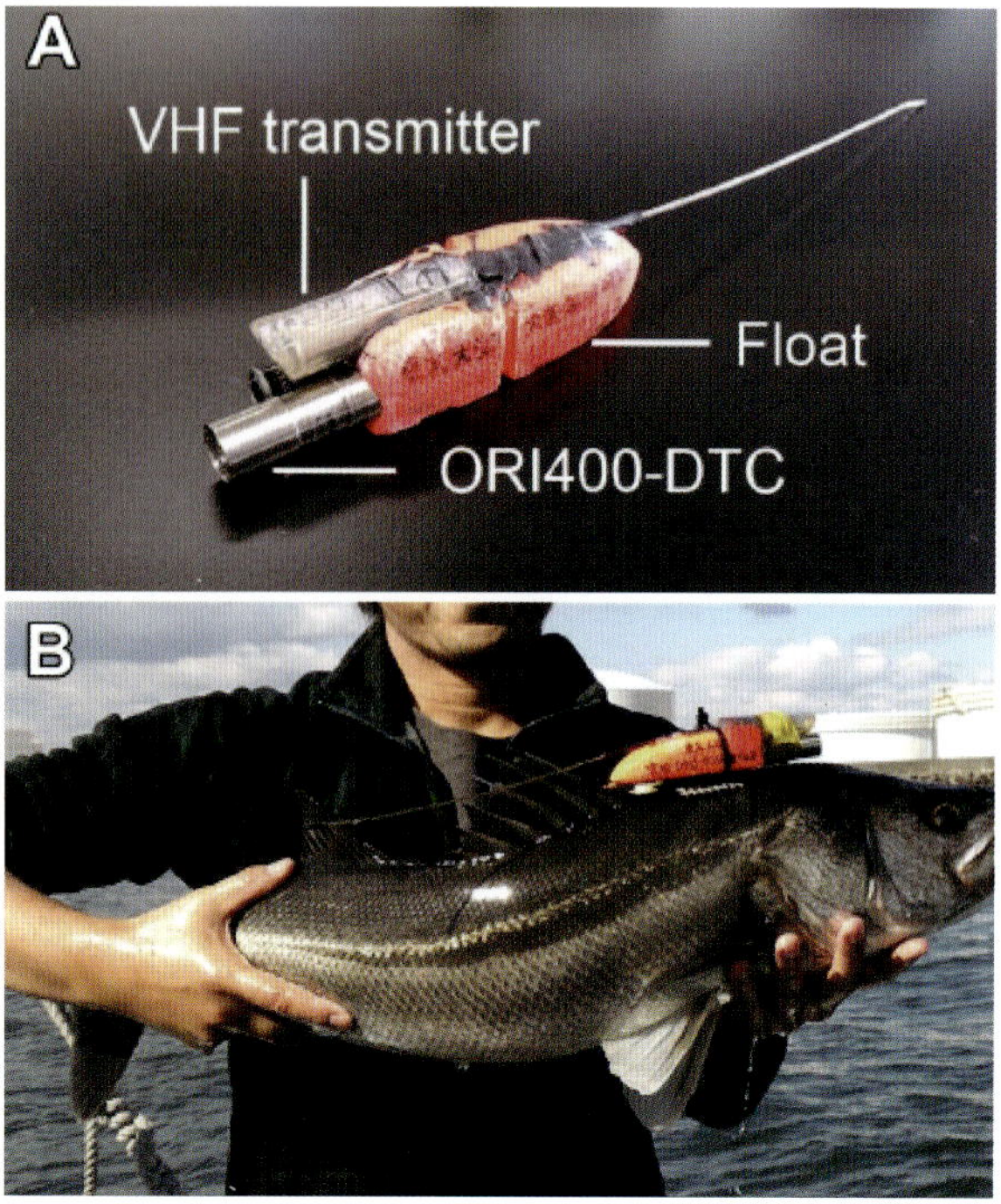

スズキに装着した塩分ロガー（上図 A: 塩分ロガー装置一式、上図 B: 塩分ロガーを装着したスズキ）

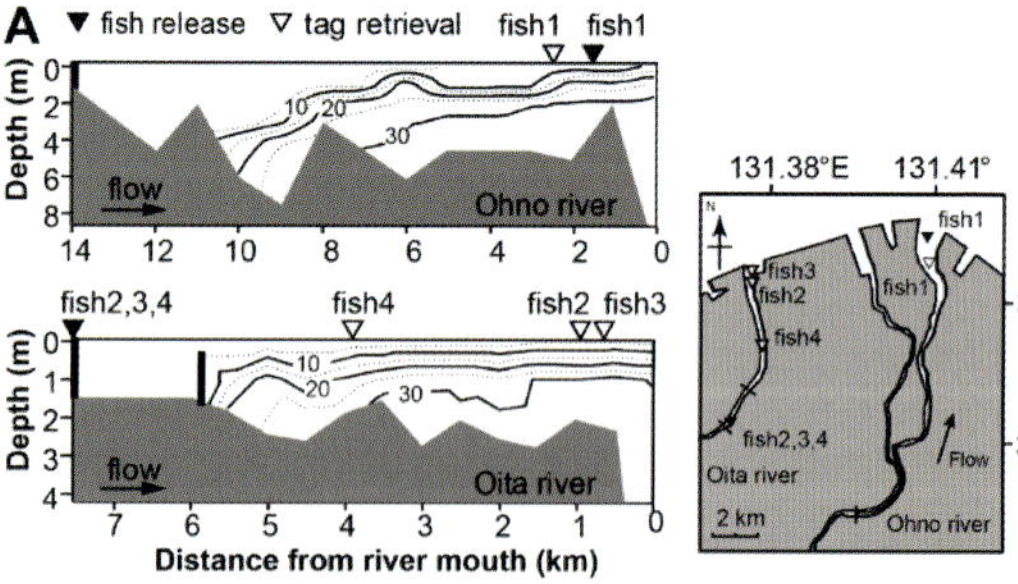

図４　大分県で調査した大田川と大野川の模式図（左図）（右図 △：回収地点、▼：放流地点）(Miyata et al. 2016)

沿岸域の総合管理を考察する目的で、東京湾沿岸域のみならず主要河川である小櫃川の沿岸域の環境状況も並行して調査した。現在、小櫃川の上流には小櫃堰があり、下流から上流に移動する魚の行動が制限されている。小櫃川は一九七〇年七月一日の集中豪雨による被害を受けたために、千葉県は治水対策の一環として小櫃川・小糸《こいと》川災害復旧工事事務所を設置し、総事業費九五・二億円を投じて小櫃堰を一九七五年三月に完成させた。小櫃堰が形成される以前にはウナギなどの魚が上流まで遡上《そじょう》しており、沿岸域の人々は「地元産のウナギ」を食べていたが、堰ができてからはほとんど遡上してこなくなったと述べている。小櫃堰のさらに上流には、治水を含めた多目的ダムとして、亀山ダムが一九八一年三月に建設された。ここでは、市民がハイキング、キャンプ、ボート、釣りなどを楽しんでおり、釣り人のためにブラックバスが放流されている。

今回の調査で得られた情報を基に、治水の管理、観光の振興、産業の活性化などの視点から、最新の情報をもとに市民や地方自治体が中心になって関係者が議論し、小櫃堰や亀山ダムとその周辺域の生物多様性の保護や環境の保全の視点から総合的に

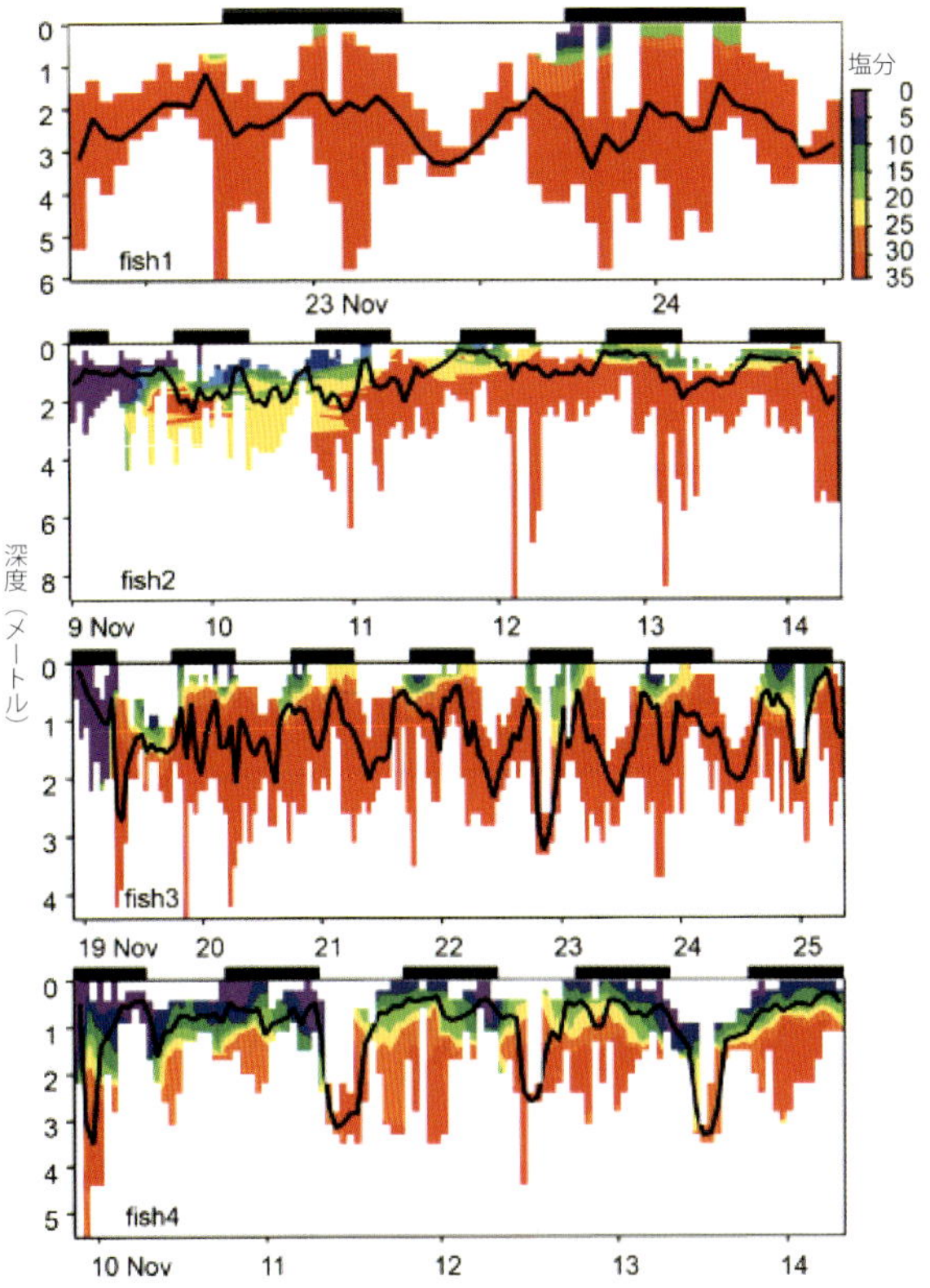

図５　スズキ（fish1, fish2, fish3, fish 4）の鉛直遊泳行動と塩分のプロファイル。黒線：１時間当たりの平均深度。黒い横線：夜間（Miyata et al. 2016）

検討する必要があると、指摘された。とくに、亀山ダムのブックラクバスが小櫃川を経由して東京湾に入り込む可能性が考えられることから、早急に釣り人に厳しいブックラクバス放流制限を設けて、亀山ダムから他の水域に分布が拡大しないように対策を講じていくことが望ましい。

三峡ダムの建設により繁殖域を奪われたカラチョウザメの調査

中国の長江（揚子江）には、かつてヨウスコウカワイルカが生息していた。一九八〇―一九九〇年代にかけて、中国の研究者はこの種類の個体数が減少してきたことを国際会議で報告し、さまざまな対策を施してきた。しかし、二〇〇六年に実施された調査により生息が確認できなかったことから、ヨウスコウカワイルカは絶滅の可能性が高いことが指摘されている。その要因として漁獲や混獲などによる個体数の減少なども考えられるが、その他の要因として長江周辺域の工場からの廃棄物や住民の生活排水による環境汚染が指摘されている。

長江は、長い中国の歴史上、しばしば大雨で水位が増し、河川水が堤防を越えて溢れ出し、流域地域に多大な被害をもたらしてきたことが知られている。長江の治水が時の皇帝の最大の課題の一つでもあった。中国政府は、一九九三年に長江の中流域に世界最大の水力発電ダムである三峡ダムの建設を開始し、二〇〇九年に完成させた。このダムの建設によって、電力の確保（二二五〇万キロワット）はもちろんのこと、下流域の治水対策を積極的に推進してきた。このダムの完成により、これまで重慶市中心部まで三〇〇〇トン級の船しか遡上できなかったのであるが、今では一万トン級の大型船舶まで航行できるようになった（図6）。その意味では、産業上大変重要な役割を果たすことになった。ところが、このダムの建設の際に魚道を設けなかったので、これまで三峡ダムの上流部で産卵活動をしていたカラチョウザメ（*Acipenser sinensis*）が繁殖期に産卵場に戻れず、漁業管理上大きな問題となった。そこで、危起偉（Wei）博士（長江水産研究所）から、バイオロギング・システムの手法を用いてカラチョウザメの行動を把握し、保護に関する情報収集の協力を要請された。

二〇〇五年と二〇〇六年に中国の湖北省宣昌市を訪問し、危起偉博士や関係者との間で調査に関する情報を交換し、地方自治体や中国政府からの捕獲許可取得後に調査を実施することになった。当時、長江水産研究所では、水産業上重要な活動の一つとしてカラチョウザメの増養殖事業を展開しており、水槽で飼育した個体を元の繁殖場であった三峡ダム上流域に放流することを企画していた。

そこで第一回目の調査では、体長七八―一二二センチの飼育された個体に水温・深度・二軸の加速度を計測できるデータロガーを装着して、自然水への回帰の可能性を検討した（Watanabe *et al.* 2008）。その結果、カラチョウザメは水深一五メートル付近への浅い潜水と水深一〇〇メートル付近への深い潜水をおこなっており、前者の場合には表層に浮上して呼吸をするという通常の遊泳行動を活発におこなっていたが、ダム周辺の水深一〇〇メートル付近まで潜っていったカラチョウザメは水面に浮上することなく深い水域でゆっくり遊泳していることが明らかになった（図7）。

カラチョウザメを解剖してみると、有管鰾《ひょう》（口から直接に管でつながっている浮袋）であることから、ひとたび深い水域に潜った場合には水圧で浮袋が圧迫されるために、浮袋の機能を使用して水面に浮上できない可能性が示唆された。したがって、三峡ダムの上流にカラチョウザメを放流するには、この種類が通常遊泳し

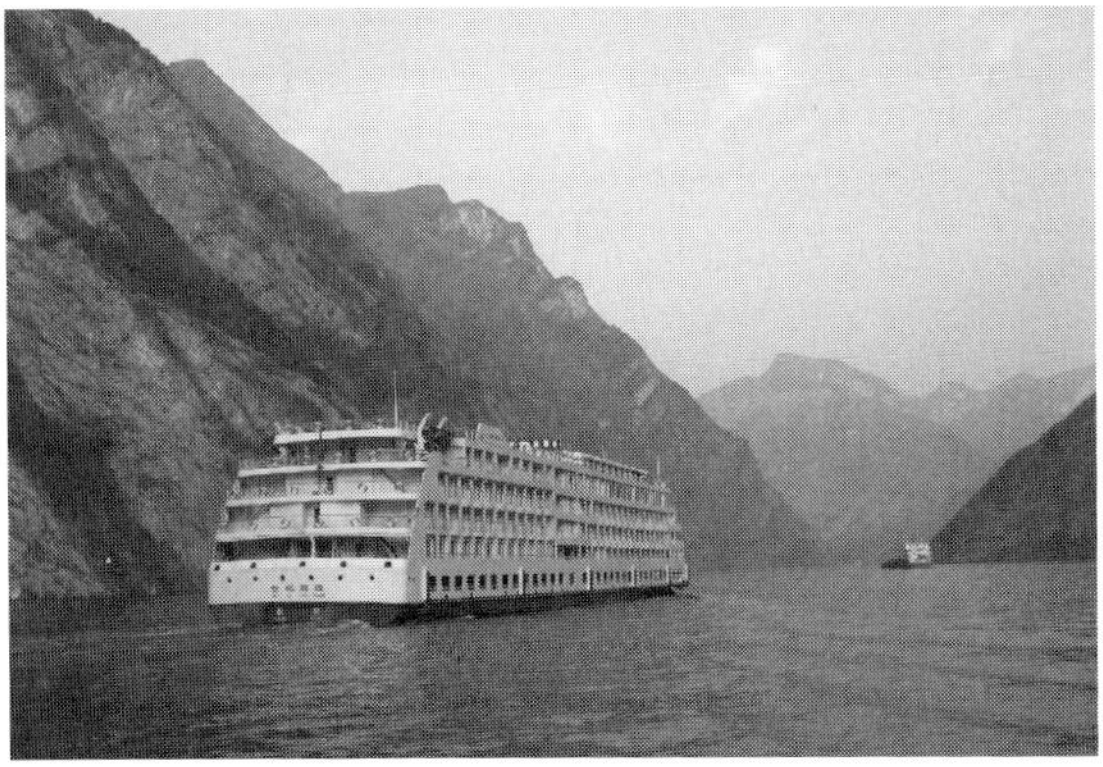

図6　長江を往来する大型観光船

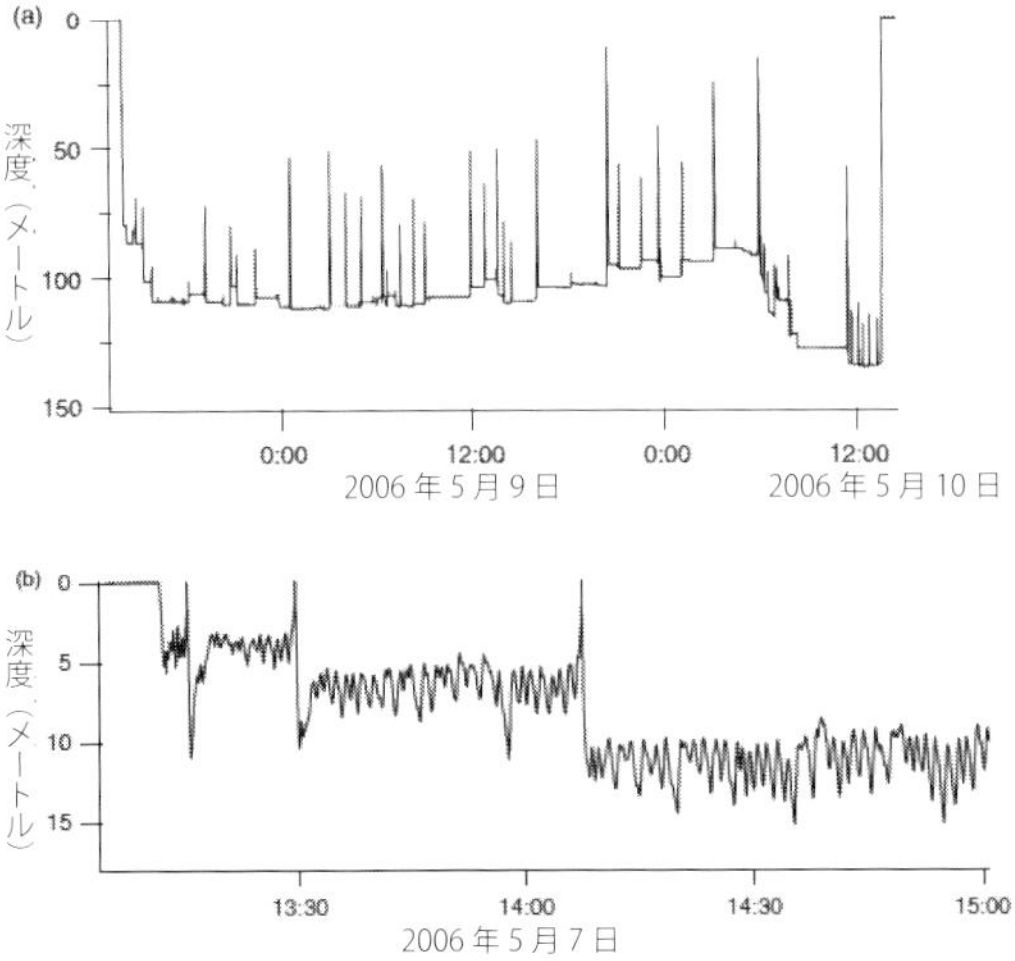

図7　第1回目の調査で得られた深い水域 (a) と浅い水域 (b) で潜水するカラチョウザメの潜水プロファイル (Watanabe et al. 2008)

ている比較的浅い水域を設定し、その水域に放流することの重要性が指摘された。

第二回目の調査では、東シナ海から長江に繁殖のために戻ってきたカラチョウザメ（体長：二四五―三四七センチ）に、特別許可を得て水温・深度・遊泳速度・二軸の加速が計測できるデータロガーを装着し、三峡ダムから四〇キロ下流に位置する葛州ダム（一九八八年完成、発電量：一四一億キロワット）の下流域から放流し、成体の潜水行動を調査した（図8）。渡辺佑基氏によれば、カラチョウザメが生息している最大水深は二三メートルで、昼夜問わず頻繁に水面上に浮上してくる行動（〇・三五回／時）が観測され、浮上時の体軸は八〇度で速度は最大三メートル／秒であった（Watanabe *et al.* 2012）（図9）。

図8　特別許可を得て、実験2で使用した成体のカラチョウザメ

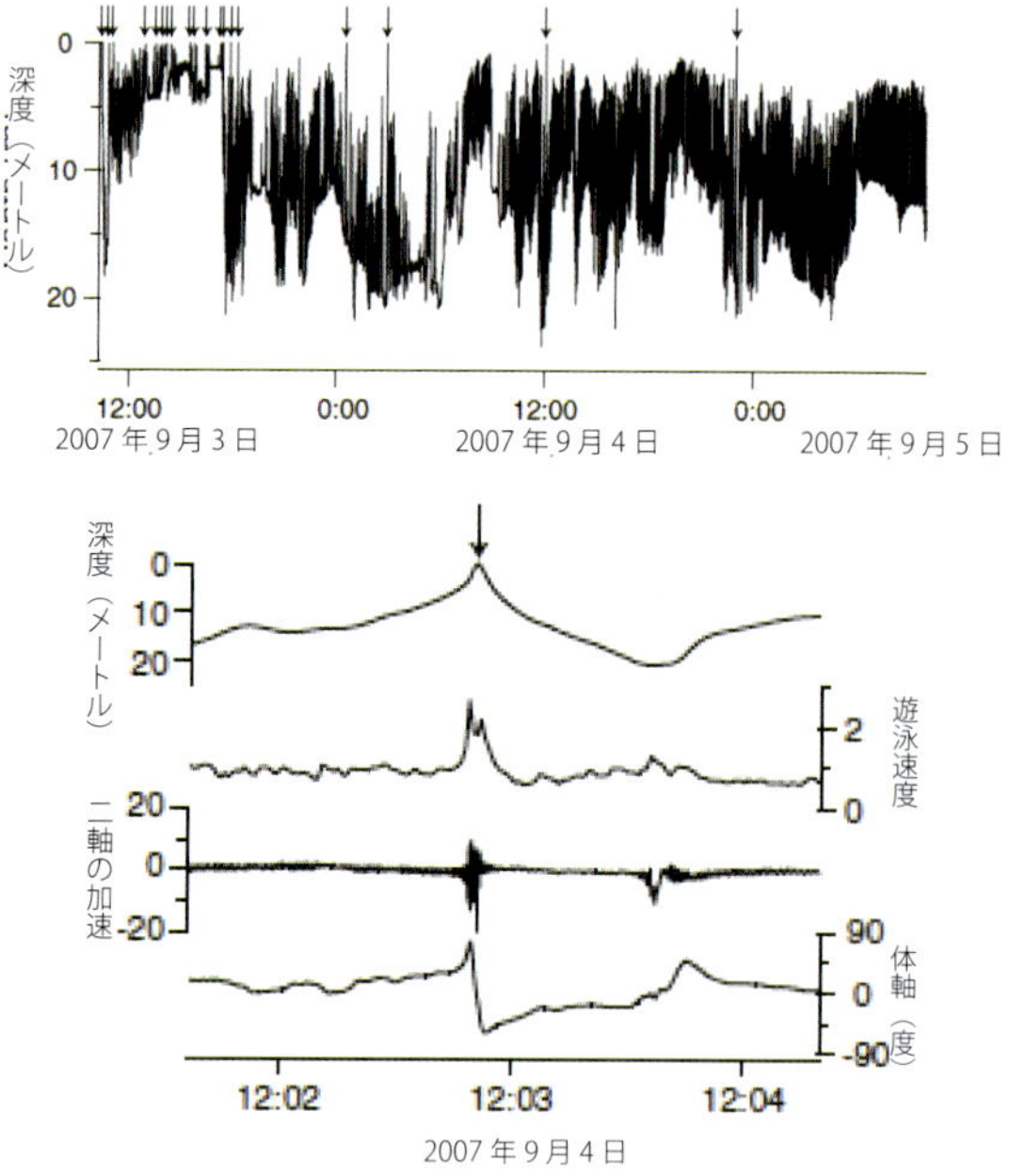

図9　カラチョウザメ成体の潜水プロファイル（上図）と1回の水面浮上プロファイルの拡大図（下図）。上図の黒い矢印は水面浮上時を示す (Watanabe et al. 2012)

ダムが建設されたことにより大型の船舶の往来が激しくなっていることから、長江を往来する船舶との衝突や接触が起きる可能性が考えられるので、それを回避する具体的な対策を講じる必要性が指摘された。葛州ダムの下流域に

設置したカメラでカラチョウザメの卵が確認されたことから、この新たに形成された産卵場の環境をしっかり保護して、将来に向けてカラチョウザメが持続的に生存できるようにしていく保護政策を構築していくことの重要性が指摘された。

将来の課題としては、三峡ダムには上流からの土砂などの流出物が堆積しており、年々その量が増加していることから、今後、ダムの水を放水する際にこの堆積物も一緒に放出される可能性がある。その際には、この堆積物が下流部に流れ、葛州ダムの下流部に新たに形成されたカラチョウザメの産卵場に影響を与えることが懸念される。放流する際には繁殖場を壊さないようにゆっくり時間をかけて慎重に対処していくことが期待される。

長江の治水管理、船舶による物流輸送、電力発電に大いに貢献した三峡ダムやその下流の葛州ダムの建設により、カラチョウザメの産卵場の喪失など多くの課題が浮上してきた。実際に長江沿岸部を調査してみると、周辺地域や工場からさまざまな廃棄物や生活排水が流れ込んでいる。国はもちろんのこと、企業、地方自治体、市民などが正確な科学的知見を基に俯瞰的な視点から長江全域の環境保全対策を再度検討し、保全対策を積極的に推進していく必要がある。

長江は、河川の管理の上では大変規模が大きく、住民の生活に密接に結びついていることから、その管理・運営は関係者の合意形成を前提にして実施していくことが大切である。私たちが開発した最新鋭のバイオロギング・システムをさらに活用して、収集した精度の高い情報をもとに、長江の総合的な管理システムが構築されることを期待したい。

頻繁に深い潜水をするマッコウクジラの謎

マッコウクジラ（*Physeter macrocephalus*）は、アメリカ人の小説家であるハーマン・メルヴィル著の『白鯨（Moby-Dick or The Whale）』（1851）にも登場するように、巨大なハクジラとして一般によく知られている。しかし、その潜水行動についてはこれまでほとんど知られてこなかった。自然界でマッコウクジラを観察すると、約四〇—五〇分間隔で潜水を繰り返し、潜ったクジラがほぼ同じ場所に浮上してくることが知られている。

英国の有名なクジラ学者のクラーク博士は、マッコウクジラが水深一〇〇〇メートルを超える潜水をして採餌するには、潜水と浮上の際には効率的なエネルギー収支のメカニズムがあるに違いないと考え、マッコウクジラ頭部の解剖学的な所見を整理して、仮説を提案した（Clarke 1978）。それによると、頭部にある特殊な脂肪組織の脳油は体温下では液体だが約二五℃で凝固することから、水面に浮上したマッコウクジラは、鼻道に海水を注ぎ冷やすことにより脳油を液体から固体に変化させ、体の密度を大きくして頭部を下にして潜水し、深海では毛細血管で温めた脳油を固体から液体に変化させ、体の密度を小さくして頭部を上にして浮上すると考えた。マッコウクジラは、このシステムによってエネルギー消費を少なくして潜水・浮上をおこなっており、マッコウクジラの採餌方法としては、深海でじっとダイオウイカなどの餌を待って、クジラに近づいてきたこれらの餌生物を捕獲しているのではないかと考えられていた。約三〇年近く、この仮説が正しいか否かを誰も検証することができなかった。

ところが、私の研究室に所属している大学院生の青木かがり氏は、天野雅男博士（現長崎大学教授）と共同で、小笠原諸島沖や熊野灘沖のホエールウオッチング船で、マッコウクジラに水温・深度・速度・三軸の加速度を計測するデータロガーを装着・回収して、潜水中のマッコウクジラ潜水行動を解析した。その結果、マッコウクジラは超音波のクリックスを発しながら頭部を回転させて餌生物を探しながら潜水し、餌を発見したら速度を上げて餌を追いかけ捕食することを明らかにした。潜水プロファイルを見ると、約四〇―五〇分間隔の潜水を繰り返し、一回の潜水で何回か上記のような採餌行動が観察され、その後海面上に浮上したままで休息していることが明らかになった（Amano and Yoshioka 2003; Aoki *et al.* 2007; Aoki *et al.* 2012）（一六〇頁図10）。

これは、マッコウクジラが深海では「餌待ち行動」ではなく、「餌追い行動」で積極的に採餌していることを示唆しており、クラーク博士の「餌待ち行動」説を否定することになった。また、長時間の潜水行動のデータを整理してみると、マッコウクジラは水面に並んで浮かんで休息しているだけではなく、水面上に頭を出さず、水面下で頭部を上にして、ゆっくりとした上下遊泳を繰り返しながら休息していることも明らかになった（Miller *et al.* 2008）。

このように、バイオロギング・システムを用いることによって、これまで不明であったマッコウクジラの深海での潜水行動の謎が次第に明らかになってきた。同時に、クジラが水深一〇〇〇メートル以深への潜水と水面への浮上を繰り返すことにともない、深度別の水温分布情報を得ることができ、水温躍層などの海洋環境情報も同時に入手することができるようになってきた。

今回紹介したマッコウクジラの潜水データは、小笠原諸島沖や紀伊半島勝浦沖でおこなっているホエールウオッチング船で、関係者の協力のもとで得られたものである。人間と海の生物との関係についても、これまでのように動物を捕殺して肉や油を利用し、捕獲個体の調査から生物学的な情報を収集する方法だけでなく、ここで紹介したように動物を殺さないで動物の行動や環境の情報を得られるようなバイオロギング・システムを用いて、多面的な視点から野生動物から未知の知見を得ることの大切さを再確認できた。

今後は、海洋生態系の保全や地球規模の環境変動への生物の応答を考える上でも、動物を殺さないで彼らの生活や生息環境の情報を入手することができるバイオロギング・システムの有効な活用の導入が期待される。

おわりに

本稿では、動物を殺さないで動物の行動情報や環境情報を計測する新しいバイオロギング・システムの手法を用いて得られた研究トピックスを紹介し、これまで未知であった生物現象を明らかにすると同時に、沿岸域の総合的管理にも有効な情報を提供した。日本が開発した世界最新の機器は、国内外の研究者に使用され、海洋科学の発展に大きく寄与してきた。今後は、研究者からのさまざまな要望を受けてデータロガー、カメラロガー、ビデオロガーの質とその機能を高め、広く世界の人々に利用してもらえる機器を整備するとともに、新たな研究課題に取組む際に必要な機器開発を展開していくことが求められている。

この新しいバイオロギング・サイエンスを活性化することにより、若手研究者の育成に良い影響を与えることはもちろんのこと、夢のある魅力的な研究をさらに発展させる具体的な道筋を提示することができる。現在、日本で開発された機器は世界中で使用されており、さまざまな生物に装着できる小型の機器で、しかも精度の高い情報を大量に

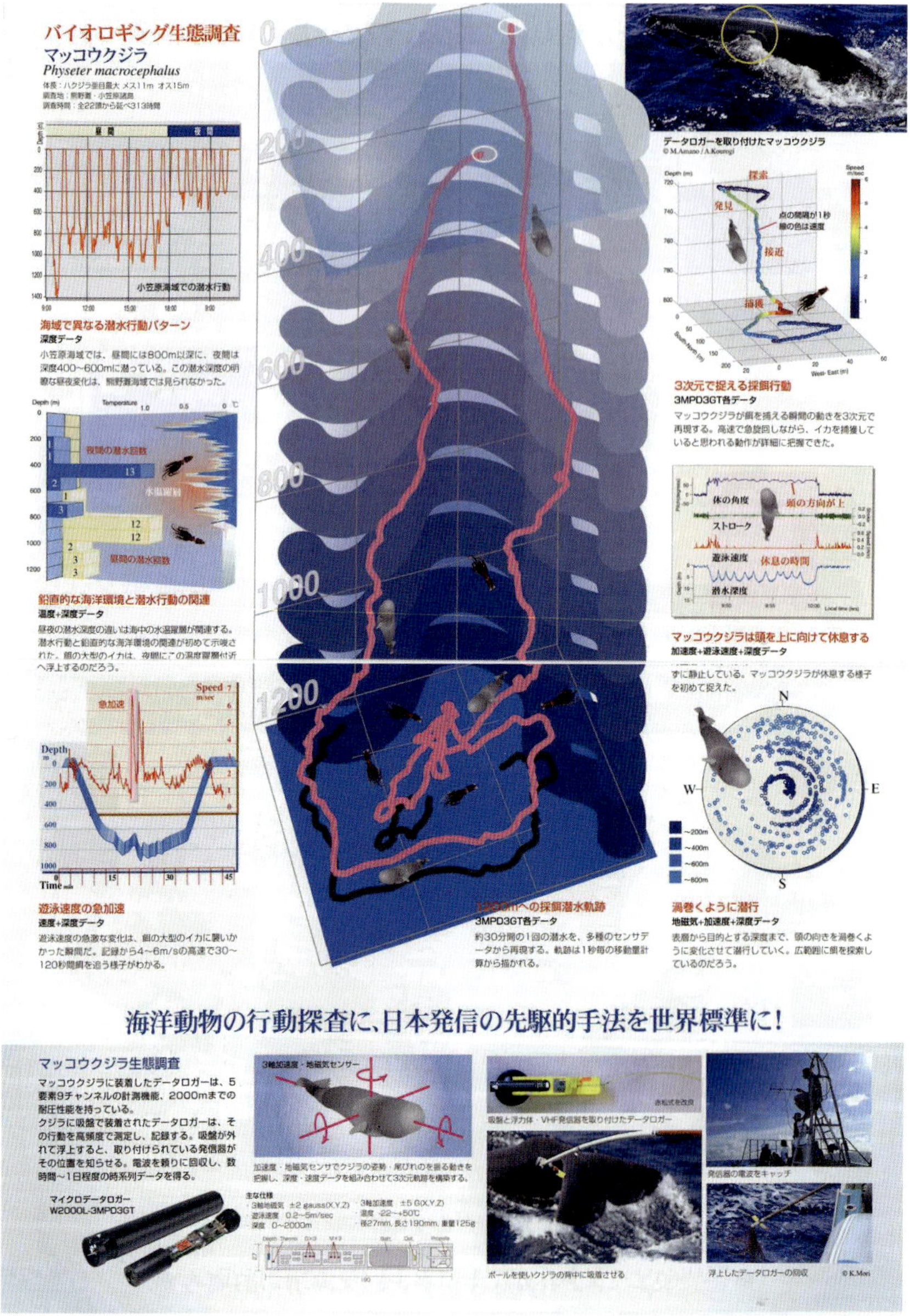

図10　マッコウクジラの潜水特性（東京大学大気海洋研究所作成・改変）

得られる機器の需要が高まっている。このような状況のもとで、世界でも類を見ないすぐれた機器を低価格で作製し、広く世界の人々に利用してもらえるように機器開発を積極的に推進していくことが大切である。

日本においては、リトルレオナルド社の方々が、研究者からのさまざまな要望に応えるべく誠実に取り組み、新しい研究成果に大いに貢献してきた。技術者と研究者の忌憚のない意見の交換と技術者のレベルの高い技術がこれまでの成果に繋がってきたと言える。しかし、現在使用している小型リチウム電池の能力に限界があることから、長時間にわたる情報収集に問題が残されている。関係者には、これまでのご尽力に感謝するとともに、なお一層のご協力をお願いしたい。

謝辞

東京湾におけるスズキの調査は、海洋政策研究財団（現笹川平和財団海洋政策研究所）の支援を受けて実施された。調査は、海洋政策研究財団の田上英明博士（現・下関水産大学）が中心になって計画・実施し、三洋テクノマリン株式会社の故寺崎誠副社長とそのスタッフ、並びに東京大学大気海洋研究所の佐藤克文教授の研究室に所属していた大学院生である森友彦氏や宮田直之氏の協力を得て共同研究として実施された。スズキの飼育実験では千葉県水産総合研究センター、スズキの塩分適応研究では大分県水産研究所のスッタフの方々にお世話になった。長江におけるカラチョウザメの調査は、国立極地研究所の内藤靖彦教授や渡辺佑基博士、中国長江水産研究所の危起偉博士やスタッフ、ならびに無錫淡水研究所の楊健博士らの協力を得て実施された。日本沿岸域のマッコクジラの調査は、長崎大学の天野雅男教授、東京大学大気海洋研究所の青木かがり博士、小笠原諸島や和歌山県勝浦市のホエールウオッチング関係者の協力を得て実施された。関係者の皆様にお礼申し上げる。

参考文献

Amano, M./ Yoshioka, M. 2003, "Sperm whale diving behavior monitored using a suction-cup-attached TDR tag.", *Mar. Ecol. Prog. Ser.* 258: 291-295.

Aoki, K./ Amano, M./ Yoshioka, M./ Mori, K./ Tokuda, D./ Miyazaki, N. 2007, "Diel diving behavior of sperm whales off Japan. 2007.", *Mar. Ecol. Prog. Ser.* 349: 277-287.

Aoki, K./ Amano, M./ Mori, K., Kubodera, T./ Miyazaki, N. 2012, "Active hunting by deep-diving sperm whales: 3D dive profiles and manoeuvres during bursts of speed.", *Mar. Ecol. Prog. Ser.* 444: 289-301.With supplement of 7 pages.

Clarke, M. R. 1978, "Buoyancy control as a function of the spermaceti organ in the sperm whale.", *J. Mar. Biol. Assoc. UK* 58(1): 27-71.

Miller, P. J. O./ Aoki, K./ Rendoll, L. E./ Amano, M. 2008, "Stereotypical resting behavior of the sperm whale.", *Current Biology* 18: 21-23.

Miyata, N./ Mori, T./ Kagehira, M./ Miyazaki, N./ Suzuki, M./ Sato, K. 2016, "Micro CTD data logger reveals short-term excursions of Japanese sea bass from seawater to freshwater.", *Aquatic Biology* 25: 97-106.

Tanoue, H./ Miyazaki, N./ Niizawa, T./ Mizushima, K./ Suzuki, M./ Ruitton, S./ Porsmoguer, S. B./ Alabsi, N./ Gonzalvo, S./ Mohri, M./ Hamano, A./ Komatsu, T. 2015, "Measurement of fish habitat use by fish-mounted data logers for intergrated coastal management: an example of Japanese sea bass (*Latelabrax japonicas*) in Tokyo Bay.", in Ceccaldi, H. J./ Henocque, Y./ Koike, Y./ Komatsu, T./ Stora, G./ Tusseau-Vuilemin, M. H. eds., *Marine Productivity: Perturbations and Resilience of Socio-Ecosystems Degradation and Resilience*, Springer: 243-251.

Watanabe, Y./ Wei, Q./ Yang, D./ Chen, X./ Du, H./ Yang, J./ Sato, K./ Naito, Y./ Miyazaki, N. 2008, "Swimming behavior in relation to buoyancy in an open swimbladder fish, the Chinese sturgeon.", *Journal of Zoology* 275: 381-390.

Watanabe, Y./ Wei, Q./ Du, H./ Li, L./ Miyazaki, N. 2012, "Swimming behavior of wild Chinese sturgeon, and implications for human impact.", *Environmental Biology of Fishes*. doi: 10.1007//s10641-012-0019-0【published online First】.

コラム◉水中グライダー――新たな海洋観測ツール

安藤健太郎（（国研）海洋研究開発機構 地球環境観測研究開発センターグループリーダー）

水中グライダー

水中グライダーのアイデアは古く一九八〇年代に遡り、米国の著名な海洋研究者であるストンメル博士が陸上にいながら全球の海洋を表層から深層まで思いのまま観測したいという強い願いにより開発が始まったもので、大空のグライダーのように水中を上下しながら水平に移動し、観測データを取得するという観測機材です。

当初は米国ウッズホール海洋研究所とその周辺に位置する海洋観測の開発販売をおこなうベンチャー会社との共同で開発が開始され、いわゆる水温差を利用したサーマル式エンジンをもつグライダーの開発がおこなわれてきました。それと並行して、扱いやすさや確実性も考慮され通常のアルカリやリチウム等の電池を利用したバッテリー駆動の水中グライダーも開発されてきました。

二〇一九年現在、米国の企業数社においてそれぞれグライダーの開発が終了し商業用に製造され（著者調べ）、かつ米国以外の国でも開発が行われ、実用化されています。グライダーが水中を上下しながら水平に移動するために、グライダーは、浮力制御機能（アルゴフロートはこの浮力調整のみによる）、内部の重心の位置を左右に変え水中翼で安定させつつ転向できる機能、そして重心の位置を前後に代えて姿勢を上向き・下向きに変更できる機能をもっています（図1）。

浮力調整はアルゴフロートと同じであり、圧力筐体内の油（シリコン等）を筐体外に出すことで浮力を得たり、油を筐体内に入れることで浮力を減らす制御をします。筐体内の電池ケースの重量が最大なので、この電池ケースそのものを前後に動かすことにより上・下にグライダーを向け、また、重心の位置を左右に回転させることでグライダーを旋回させます。

これらの機能のうち、最もエネルギーを必要とする浮力調整にサーマル式エンジンを利用しているグライダー（現在一社が実証済）をサーマル式グライダーと呼びます。サーマル式エンジンでは、水温一〇度以上で固体から液体となり体積を増すグリースを利用することで、浮力調整用の油の出し入れのためのエネルギーをつくり出し、浮力の制御として利用しています。このエンジンを利用すれば、バッテリー式グライダーに比べてより長期間にわたり自動観測を続けることができます。

製品化されているグライダーの一つであるスローカム（Webb Research社）で電池式とサーマル式での仕様を比較すると、電池式では連続観測期間が五〇日（アルカリ電池）〜二四〇日（リチウム電池）で航続距離が最大で四〇〇〇キロメートルであるのに対し、サーマル式では連続観測期間が三〜五年、航続距離は四万〇〇〇〇キロメートルで、サーマル式は非常に自然に優しく

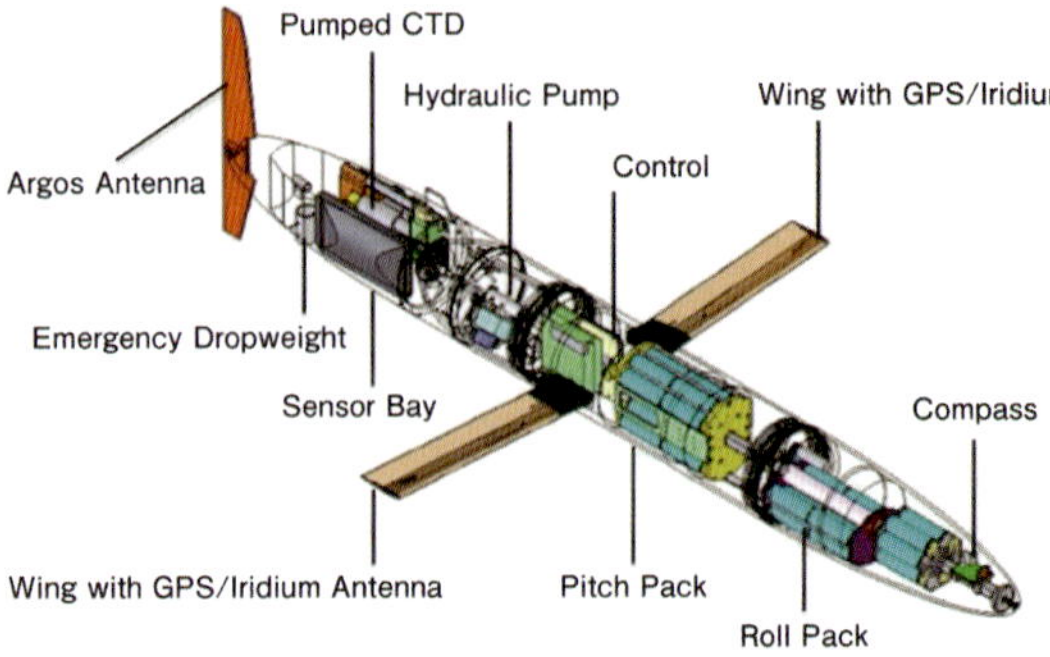

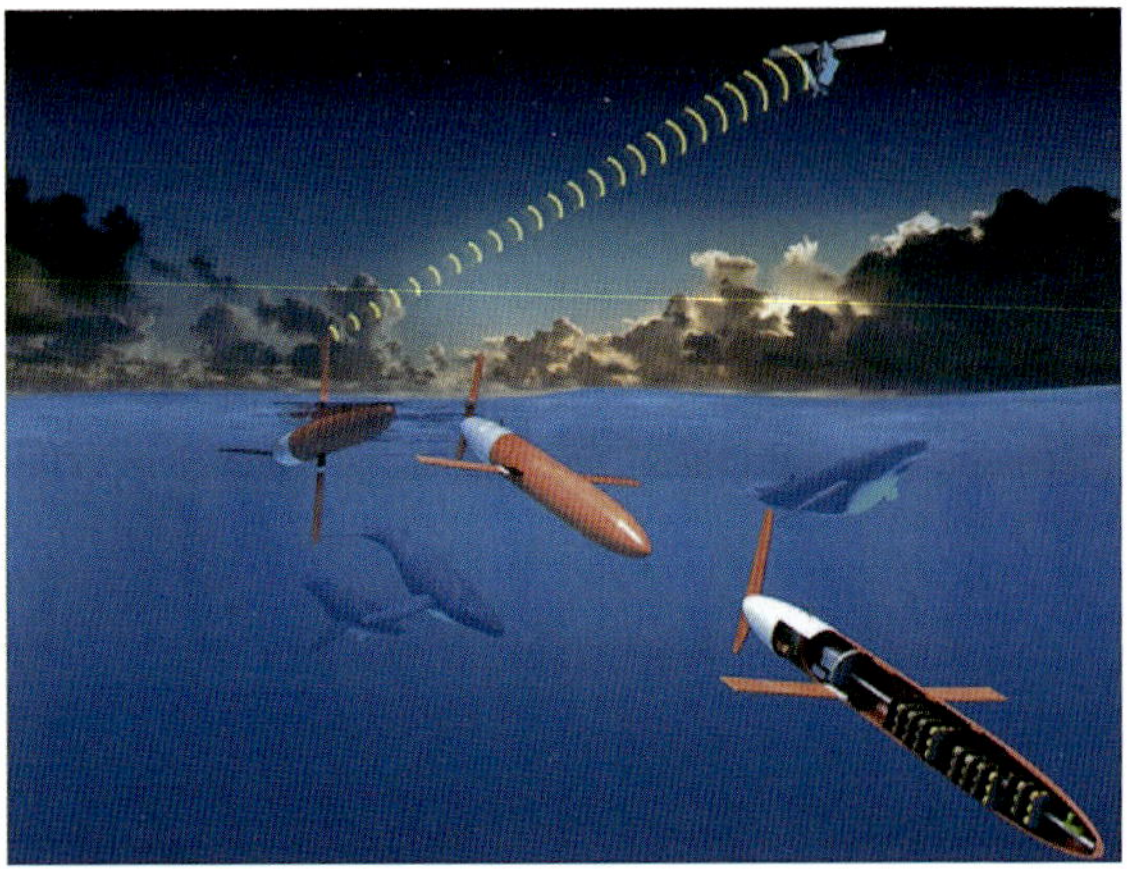

図1　水中グライダーの仕組み（米国ブルーフィン社スプレーグライダーの例）。空中重量は50kg程度で長さが2m弱というのが一般的なサイズです。グライダー内部では電池等おもりとなる物を前後・左右に動かし重心の位置を変えて水中の姿勢を上下や左右に傾けます。水中重量は中立であり、筐体内の油を筐体の内外に出し入れすることで体積を変化させ、グライダー全体の浮力を調節して上昇・下降します。

エコな観測機材といえます。

現状と将来

日本ではこれまで積極的に開発がおこなわれて来なかったこともあり、水中グライダーの利用はありませんでしたが、最近では水産庁や東京大学で利用されはじめています。他方、開発主体の米国を中心としてすでにいくつかの実績があり、沿岸での観測から縁辺海（1）、外洋までの観測にすでに利用されています。その一例として、図2に米国の研究者がおこなったグライダー観測のデータで、南西太平洋赤道域のソロモン海（オーストラリアの北東海域）で三年間に渡りソロモン海をさまざまなルートで横断したグライダーによる表層の海流を示します。このデータから例えばソロモン海の西側で北向き（赤道向き）の強い流れが常に観測され低緯度西岸境界流が明確にわかり、さらに解析することで赤道向きの流量やその変動などを理解することができると思われます。

さらに世界ではこれまでのいくつかのグライダー観測の成功を受けて、グライダーを「全球海洋観測システム」として既存の全球海洋観測システムを補完する形で取り込む可能性についての議論が始まりつつあります。例えば

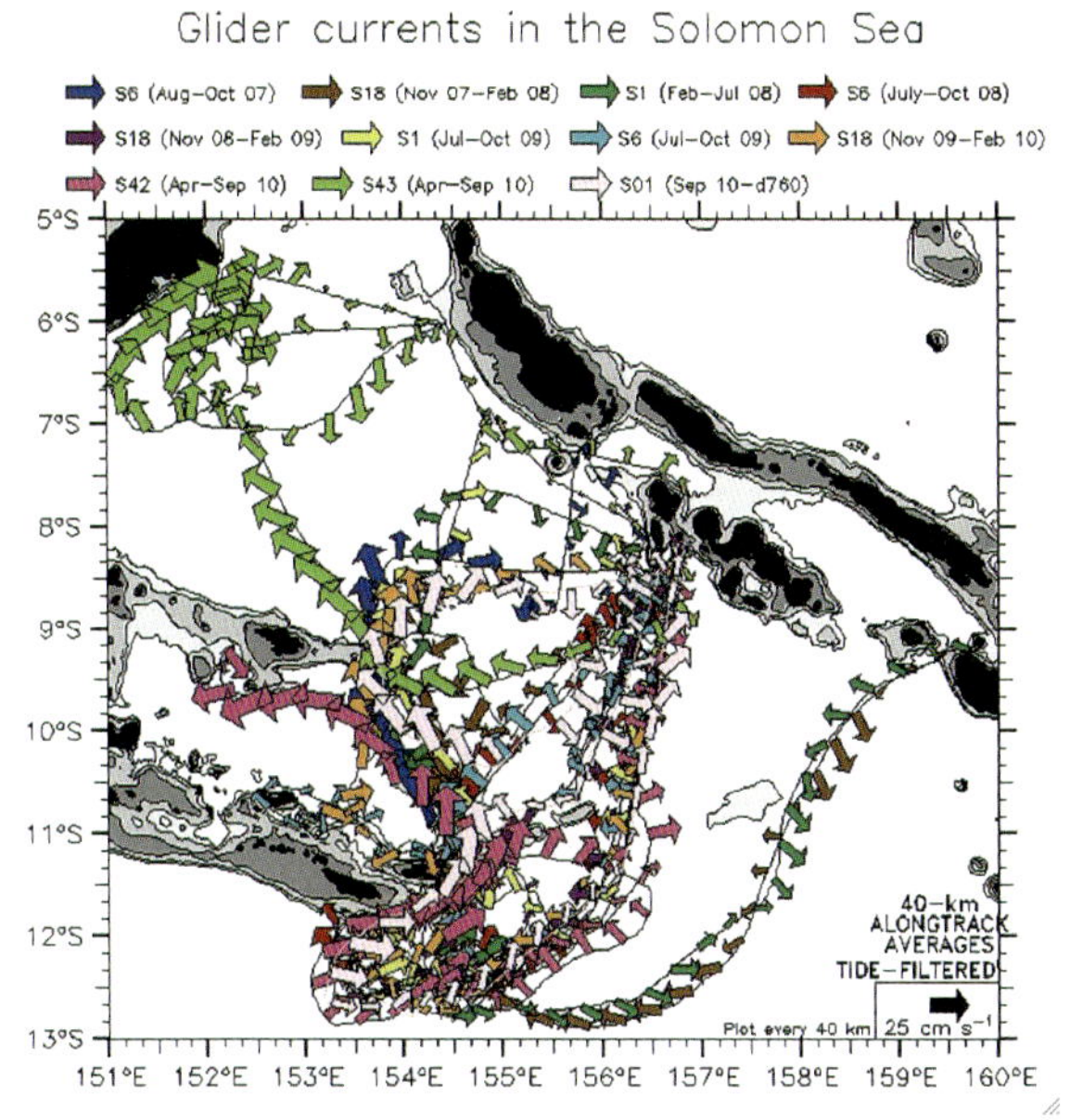

図2　2007年から2010年にかけて実施された南西太平洋赤道域のソロモン海におけるグライダーの測線（黒の実線）とグライダーのデータによる表層流速ベクトル（米国海洋大気庁太平洋海洋環境研究所 ウイリアム・ケスラー博士提供）。

エルニーニョ現象のような気候変動現象にともなう異常気象現象を正確に把握し予測するためには、全球での海洋観測データが必要なのですが、実際に集められうる観測データには濃淡があり、赤道域や途上国の沿岸・縁辺海や極付近では、観測がそれほど多くはありません。そこでグライダーを利用して、インドネシア多島海での連続的な横断観測、黒潮などの重要な海流の横断観測等をおこない、既存の全球観測システムを補完するということが考えられます。

もちろん全球観測の補完だけではなく、沿岸域の観測でも小型船で回収し整備済みのグライダーを投入することで比較的安価に連続観測をおこなうこともできます。とくに栄養塩や酸素などの沿岸生態系に影響する項目のリアルタイム観測は、沿岸での漁業等の社会経済活動に有益な情報となりえます。

グライダーは回収し整備することで何度も利用でき、環境に対する負荷も非常に少なくて済みます。グライダーの利用可能性は広く、今後ますます利用される機材になると思われます。日本でも開発が進み、日本製の優れたグライダーが製造販売されることが期待されています。

(1) 島嶼や半島などによって、母大洋から粗く緩やかに隔離された海を縁海または縁辺海という。

11 日本の海洋保護区の課題とは

八木信行（東京大学大学院農学生命科学研究科教授）

海と生態系に関する人々の捉え方

人間が海洋に保護区を策定する行為は、海と人間の関わり方の一形態といえる。したがって、海洋保護区を議論するにあたっては、海の生態系を人間がどの様に認識しているかを考慮しなければならない。ところが人間による海への関心事項は多様であるため、人間を平均値としてみて一律の議論をすることは難しい。海については、食料生産の場ととらえている者、埋立て飛行場などを建設しようと考えている者、洋上風力発電の場としたいと考えている者、ダイビングなどレジャーの場ととらえている者、沈む夕日をのんびり眺めることで心の安寧を得る場と思う者などさまざまな人がいる。また、これとは別の次元で、生態系のなかで人間がどのような立ち位置に存在しているかとの認識も人それぞれで違う。人間（つまり自分自身）の立っている位置が、生態系のなかにその一員として立っているのか、それとも生態系とは切り離された場所に自分が立っているのかという違いである。

以上の関係を図1（次頁）として図示してみた。

図1の縦軸は、生態系のなかのどの位置に自分が立っているのかを示す軸であり、上に行くほど自分が生態系と一体化して近い位置に立っていると考える人で、下に行くほど自分自身は生態系とは関係ない離れた場所に位置していると考える人である。

一方で、図1の横軸は、海の資源をどう利用したいかを示す軸であり、軸の左方は海の資源利用はしない立場（海は眺めるだけ）、真中あたりは資源を利用するが開発しつくさないように加減して利用する立場（海は食料調達の場ととらえる人がこれに相当）、軸の右方は海の漁業資源などは全

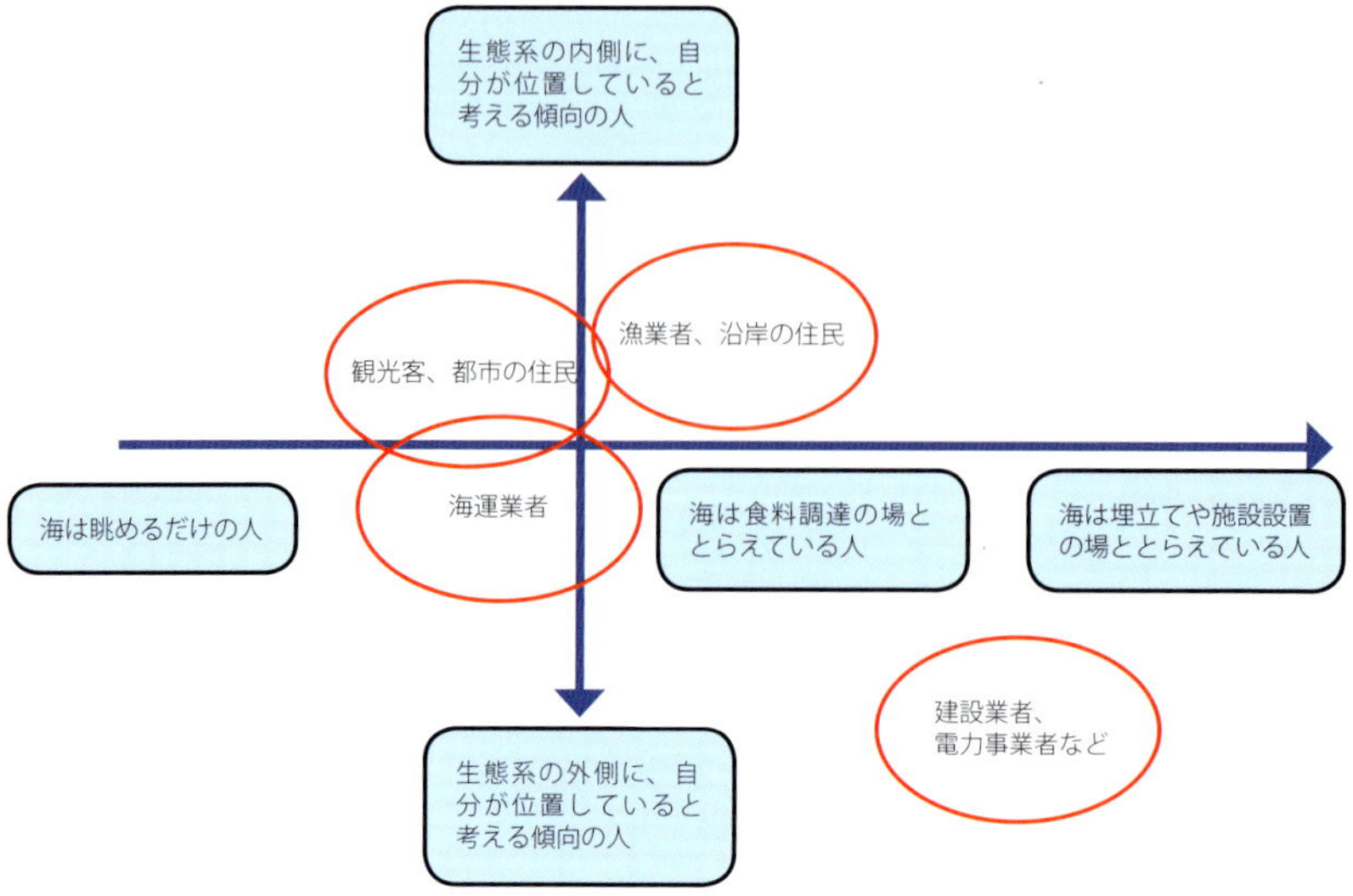

図１　海への関心の関係図

て消滅させる立場（海を埋め立てなどの場としてとらえている人がこれに相当）であることを表している。

これを総合的に考えれば、例えば漁業者は、自分自身が海という生態系のなかにいながら漁をするという感覚をもちやすいと思われることから、図では右上の方（第一象限）に位置するように図示できる。また、海水浴で海を訪れる都市住民などは生態系のなかに自分が存在する感覚をもちやすいと思われることから、図の左上（第二象限）に位置するように図示できる。海運業者などは生態系とは関係ない場所で海を利用するため、図の左下（第三象限）に位置するように図示できるであろう。都市住民などの一部もこの位置に属するものがいると思われる。

次に、建設会社や電力事業者などは、生態系を埋め立てるなどして一旦破壊してから別のもの（例えば空港や道路や発電施設など）を建設するビジネスに従事している。ビジネス上の立場としては、自分自身は生態系と無関係な位置に立っているとの感覚をもちやすいと思われることから、図では右下の方（第四象限）に位置するように図示できる。

こうして整理してみると、海洋保護区に対する各者の反応が予想できる。海洋保護区を新しく設定しようとすると、横軸で右に行くほど、反対の立場をとることが予想される。また、海洋保護区が一旦設定された後は、縦軸で上に行くほど保護区の管理や運営に協力的になり、下に行くほど無関心になることが予想される。

以上を踏まえたうえで、海洋保護区をめぐる国際的な議論について解釈することとしたい。

海洋保護区をめぐる国際的な議論

海洋保護区をめぐる国際的な議論は一九九〇年代以前から存在していた。一九九二年に開催された「国連環境開発会議」（ＵＮＣＥＤ、「地球サミット」）では環境分野での国際的な取組みに関する行動計画である「アジェンダ21」を採択した。ここでは沿岸国は海洋生物多様性の維持などをおこなうことが求められ、手段の一つとして海洋保護区の設置と管理に言及がある（1）。また一〇年後の二〇〇二年に開催された「持続可能な開発に関する世界首脳会議」（ＷＳＳＤ、ヨハネスブルグサミット）においては、海洋の管理と保全に関する多様なアプローチの一つとして、海洋保護区の設置と二〇一二年までのネットワーク化が書き込まれている（2）。二〇一二年までの海洋・沿岸保護地域のネットワーク構築を求めることは、二〇〇三年に主要国首脳が集まって開催されたエビアン・サミット（Ｇ８）でも追認された。加えて二〇〇五年国連食糧農業機関（ＦＡＯ）第二六回水産委員会では、ＦＡＯにおいて海洋保護区に関する技術的ガイドラインを策定する旨を決定し、この動きを奨励する趣旨が国連総会決議としても採択された（3）。国際海事機関（ＩＭＯ）でも特別敏感海域（ＰＳＳＡ：Particularly Sensitive Sea Area）指定制度をつくり、一九九〇年代からグレートバリアリーフ（オーストラリア）などが指定され現在に至っている（4）。

生物多様性条約会合では、二〇〇二年の第六回締約国会議（ＣＯＰ６）で二〇一〇年目標を合意し、海洋および沿岸生態域の少なくとも一〇％は効果的に保全されていることを掲げた。しかしながらこの目標値は二〇一〇年までに達成されず、同年に開催された同条約ＣＯＰ10で、「少なくとも二〇二〇年までに、陸上と陸水域の一七％、沿岸と海洋の一〇％を、保護区や他の効果的な保全手段によって有効かつ公平に保全する」との文章が合意された（5）。なお、筆者は二〇一〇年における同条約ＣＯＰ10（名古屋で開催）

に出席していたが、ここでは「沿岸と海洋の一〇％」の母数が海洋全体なのか、または各国の排他的経済水域なのか領海なのかについて、議論があったものの結局最後までコンセンサスが醸成できず、何の一〇％を保全するのかは敢えて言及しないまま時間切れで愛知目標のテキスト合意に至った点を確認している。

最近では、二〇一五年九月、「国連持続可能な開発サミット」において採択された「持続可能な開発目標（ＳＤＧｓ）」のなかにも海洋保護区に関する記述が存在し、「少なくとも沿岸域および海域の一〇％を保全する」とされている（６）。

公海域の海洋保護区を設定しようとする議論

生物多様性条約では、国の管轄権のなかに存在する生物多様性（areas within the limits of its national jurisdiction）が条約の適用を受けることになる。海の場合、国の管轄権がおよぶ範囲は沖合二〇〇カイリまでとなる。これは、国連海洋法条約において、岸から一二カイリまでを領海（７）、沿岸から二〇〇カイリまでを排他的経済水域とし（８）、沿岸国は前者では陸地の延長と同じく主権をもち、後者では（主権はもたないものの）漁業資源や他の資源を管理する権利などを有する（９）、と記載されていることによる。排他的経済水域の外側は公海と呼ばれ、漁業などは自由におこなえるという公海自由の原則がある（10）。しかしながら、公海域といってもさまざまな規制がかかっており、漁業を管理する国際条約などが国連海洋法条約とは別に複数存在している。日本は多くの漁業条約に加盟しているため、ここで決定される国際約束（クロマグロの漁獲トン数制限や、商業捕鯨の一時停止など）は、公海であっても守る必要がある。

これに加えて、最近、公海域で海洋保護区を設置しようとする交渉、いわゆるＢＢＮＪ（Biological diversity beyond national jurisdiction：国家管轄権外区域における海洋生物多様性）交渉が国連ではじまった。国連では新しい国際条約を策定する議論が二〇〇三年頃からあり、二〇〇六年からワーキンググループとして各国で議論をすることになった。二〇一四年までは、条約策定を目的とした交渉ではなく、条約策定の交渉に進むのか否かなどを議論していた状態であったが、二〇一五年国連決議で条約策定のための交渉に進むことが決定し（11）、その準備委員会を二〇一六年に二回、二〇一七年に二回おこなった。そして二〇一八年からは政府間交渉が開始され、二〇一八年九月にその第一回会合が開催されたところとなっている。

ここでの交渉課題は四つ存在しており、一つは「海洋遺伝資源（利益配分を含む）」、二つめは「区域型管理ツール等の措置（海洋保護区を含む）」、三つめは「環境影響評価」、四つめは「能力構築および海洋技術移転」である。この四つの課題に対応すべきとの点は、二〇一一年から合意が存在し(12)、二〇一五年(13)と二〇一七年(14)にも再確認されているため、新しい課題を追加することなどはできないよう、固定化されているとみてよい。

図２　国連 BBNJ 政府間交渉の様子（2018 年９月筆者撮影）

海洋保護区は二つめの交渉課題になっている。ＥＵや島嶼国は、保護区を国連ＢＢＮＪの枠組みで設立できるように熱心に主張しているが、一方でアメリカや日本などは、既存の漁業条約と整合性をもたない規制が導入されないように若干慎重な姿勢をみせている。

国際的にはペーパー保護区が問題

ペーパー保護区とは、書類上だけ保護区になっているが、現地での実態がともなっていない場所をいう。つまり現地で誰もモニタリングや取締などをおこなっていないので、規制が認知されていなかったり、無視されていたりする状態がそれである。陸上でもこのような場所も多いらしく、このことを問題視する議論が生物多様性条約の会合でも存在する。

保護区に限らず、そもそも何かの約束事は、約束した後にその管理や取締をどうするのか、コストを誰が負担するのかなどが重要である。コスト負担の感覚がなく、とりあえず規制をつくってしまおうといった安易な対応が、このようなペーパー保護区をつくりだしているといえる。

ＢＢＮＪで保護区が仮に策定される場合も、管理や取締をどうするのか、各国のコスト負担などを含めてしっかりと議論する必要があるだろう。公海では国連が取締をする権限を有しているわけではなく、船を管轄している国が、自国の船の行動を監視・取締する必要がある。公海漁業についても、現状でも規制は多数存在している一方で、その遵守が十分ではない実態がある。このような指摘はＢＢＮＪの議長文書（A/69/780）にも書かれている。海は広大であり、取締作業には相応の資金や労力がともなう。この負担問題を明確にさせることも重要課題である。

さらには、管理をおこなおうとすれば、海洋保護区の設置目的にしたがってこれをおこなう必要がある。しかし海洋保護区を設置する目的についてＢＢＮＪの交渉ではまだ明確になっておらず、現状では海洋保護区をどの様な手続きでつくるかの議論に終始している感がある。これは危険な兆候であろう。保護区は、何かの生物種などを保全するという目標を達成するための手段の一つであるが、ＢＢＮＪの議論では、手段にすぎない海洋保護区が目的化している状況がある。このようななかでは、海洋保護区を設定しただけで満足してしまい、海上で実際の保全効果をモニタリングすることや違法行為への取締作業などが置き去りとされ、ペーパー保護区になってしまう可能性もある。

しかしながら、このような可能性はＢＢＮＪではあまり顧みられていない。この理由としては、公海で漁業などの商業的な活動をおこなう国は欧米や日本、中国など世界のなかでも一部の国であり、多数の途上国は公海で商業活動をおこなっていないことが大きい。よって公海で新しい規制をつくっても、これらの国は、もとから活動をおこなっていないため直接的な影響は受けない。つまり管理コストの制約を考えずに新しいルールの設置を訴えることができる。ＢＢＮＪはこのような国が多数存在しており、冒頭の図1にもどって説明すれば、図の第三象限に位置する国が多いといえる。

ＢＢＮＪでは、公海の科学調査が制限される可能性もある。今までは公海自由の原則によって比較的自由に公海では科学調査ができていたが、これが制限されて科学の発展が遅れるのではないかとの懸念も存在する。この点については、まず事実関係として、二〇一五年のＢＢＮＪ議長報告では、科学調査が過度の官僚的な手続きによって阻害されないことが重要であること、科学的な理解が重要事項であり、意思決定への情報提供が健全な科学によってなされるニーズが存在するなどが記載されている(15)。しかし、今後の交渉は予断を許さない。公海で積極的に調査活動をしているのは主として日本および一部の先進国であり、多数派を占める途上国はあまり調査活動をしていない。新しい規制を導入しても影響を受けない多数派が存在している点で、先ほどの海洋保護区と似た構造になっている。

それではどうすべきか。私見ではあるが、多勢に無勢を防ぐためのキーワードとして「権利と義務」を用いるとよいと思われる。つまり、調査をしていることが義務で、その義務を果たしていないものは権利(つまり利用)も行使できないという構図にもっていくと状況が変わる可能性がある。また、科学コミュニティーで、米国やカナダ、ノルウェーなどの科学者と連携をとることが重要で、BBNJ交渉から離れた場所における科学者間による連携を構築しておくことも課題となろう。

いずれにせよ、このBBNJ交渉は未だ継続しており、いつ頃条約の条文が各国で合意されるのか予想は現時点ではつかないが、今後も注目していく必要がある。

日本国内における海洋保護区

以上の国際情勢をふまえたうえで、日本の海洋保護区の特徴を議論したい。まず日本の海洋保護区の特徴の一つは、漁業規制と強い関連を有しているという点である。四方を海に囲まれ中山間地域が多い日本では、古来、漁業は伝統的な食糧調達の手段であり、魚食文化が形成された(長崎一九九五)。短期に資源を取りつくせば餓えが襲ってくるため、持続可能な開発は古くから重視されてきた。

実際、江戸時代以前から、沿岸地域社会を基盤とする沿岸漁業管理が存在していた(青塚二〇〇〇)。また漁業資源をめぐって競合する近隣の漁村との紛争を未然に避けるため、比較的広範囲な海域における漁場使用ルールなども記録されている。例えば二〇〇年以上前の文化一三(一八一六)年には江戸湾で操業する武蔵、相模、上総国の漁業者が集まり、紛争解決のため江戸内湾漁業議定書を策定した文書が残っている(羽原一九五一)。この内容を要約すれば、関係する漁業者は、(一)毎年会議を開くこと、(二)既存の三八漁具・漁法以外の新たな漁業をはじめないこと、

(三) 規約を遵守することである (藤森他 一九七一)。

同様に漁獲を秩序だって持続可能な形でおこなった趣旨の記録は日本各地に存在しており、例えば大分県姫島村では、明治時代から現代までに漁業協同組合が実施した漁業規制を詳細に記録した文書「漁業期節定め」が大切に保管されている。ここでは海藻採集の規制が一丁目一番地の扱いを受け、また保護区域も設定されていることが特徴である。姫島の漁業者が、魚そのものの直接的な資源保全だけでなく、漁場環境の全体的な保護に気をつかっていたことがうかがえる内容となっている。

このように日本は独自の手法で江戸時代以前から沿岸環境を保全してきており、海洋保護区と呼ぶべき海域は、実は多数存在していると考えることができる。公式な政府統計はないが、筆者らが二〇〇九年から二〇一〇年にかけて調査した結果では、日本には (一) 自然公園法に基づく海域公園地区、(二) 自然環境保全法に基づく海域特別地区、(三) 鳥獣法 (鳥獣の保護および狩猟の適正化に関する法律) に基づく鳥獣保護区特別保護地区、(四) 水産資源保護法に基づく保護水面、(五) 都道府県の漁業調整規則に基づく禁漁区域、(六) 漁業法の枠組みのなかで漁業者が自主的に設定する禁漁区域といった区分で海洋保護区と呼べる地域が存在し、箇所数を合計すれば日本全国で一一六一ヵ所以上存在することが分かった (Yagi *et al.* 2010)。そのうち三〇〇ヵ所以上は漁業者の自主的な管理の枠組みである。さらには、都道府県調整規則による禁漁区も六〇〇ヵ所以上存在するが、そのルーツは、明治期以前に漁業者が自主的に設置した禁漁区となっている例も多いと考えられる (前掲書)。

日本で禁漁区の数が多いのは、沿岸で生物資源、すなわち水産資源を管理している漁業協同組合の数が多いことが一つの理由であろう。日本における漁業協同組合数は、統合が進んではいるが、前記調査の時点では約一〇〇〇を数える。それぞれの組合は、独自の資源管理ルールを有している。そのなかで禁漁区の設置は一般的な資源管理手法とみてよい。全国で禁漁区の合計箇所数が一〇〇〇ヵ所を超えているとの結果も、数としては矛盾のない範囲といえる。

なお、環境保全が漁業者に任されているとの議論をはじめると、これは仲間内のルーズな約束で、フリーライダーも生じやすいので、規制は遵守されないのではといった疑問が呈されることがある。ところが、こと日本の沿岸社会では、自主的な枠組みだからこそ規制が遵守される側面がある。禁漁区域の設定などは昔から地域の漁協で決めている。いったん漁協内で取決めが成立すれば、抜け駆けするものが身内から出ないよう、内部で相互監視する。このため、身内の取決めは法律と同等かそれ以上に遵守されるとみてよい。このことは冒頭の図1を用いても説明が可能である。すなわちこの図で漁業者は第一象限に位置しており、いったん海洋保護区が設定されれば、管理や運営に協力的になる構図になるとの説明ができる。

二〇〇九年にノーベル経済学賞を受賞したインディアナ大学のオストロム教授は、地域の自主管理で一〇〇年以上にわたり共有資源の維持に成功している例が世界に多数存在していること、それらの場所では相互監視のメカニズムが存在することを指摘している。日本の沿岸での海洋保護区についても、監視やモニタリングが存在しており、生物多様性条約など国際的な場面でも正当に評価されるべき内容といえよう。

さらには、先に紹介した一一六一ヵ所のカウントには入っていないが、海浜清掃や藻場育成など、人手により維持されている「里海」や、川の上流に植林をして森川海を一体として保全しようとする活動なども、日本には多い。

日本政府内における取扱い

日本では、世界に先んじて現場では海洋保護区を設定し管理する実態が存在していたが、一昔前まで日本政府内では海洋保護区をそれほど積極的に議論していなかった感がある。そして二〇一〇年に、名古屋で開催された生物多様性条約第一〇回締約国会合（COP10）において愛知目標として二〇二〇年までに海域の一〇%を保全する旨が決定された前後から、ようやく議論が活発化した感がある（八木 二〇一七）。

例えば、内閣府が二〇〇八年に公表した第一期海洋基本計画では「我が国における海洋保護区の設定のあり方を明確化したうえで、その設定を適切に推進する」との短い記述がある程度であった。ところが二〇一三年の第二期海洋基本計画ではより積極的な記述となり、「海洋保護区を資源の保存管理の手法の一つとして、その設定や管理の充実を推進し、海洋の生態系および生物多様性の保全と漁業の持続的な発展の両立を図る」などの表現となっている。二〇一八年の第三期海洋基本計画はこれがさらに進み、「海洋保護区は漁業資源の持続的利用に資する管理措置の一つであり、漁業者の自主的な管理によって、生物多様性を保存しながら、資源を持続的に利用していくような海域も効果的な保護区となり得るという基本認識の下、漁業者等への海洋保護区の必要性の浸透を図りつつ、海洋保護区の適切な設定と管理の充実を推進する」などの記述が存在する。

海洋基本計画は、有識者会合などでの議論を踏まえつつ、関係する省庁の担当者が議論を交わしながら策定されていく。基本計画の記述が年を追うごとにより具体化しているということは、これが政府内における海洋保護区をめぐる議論の活発化を表しているとみてよいだろう。

この理由は、先述した生物多様性条約における愛知目標や、国連BBNJ交渉の本格化、さらには一部諸国が大規模な海洋保護区を近年設定していることなどが影響していると思われる。

諸外国における広大な海洋保護区の例では、二〇〇六年に米国が設置した北西ハワイ諸島のパパハナウモクアケア海洋国立記念碑は、長辺約二〇〇〇キロ、面積約三六万平方キロの大きさがある。ここでは立入りは許可制であり、先住民以外がおこなう漁業は五年で段階的に撤退するなどの規制が導入されている。

オーストラリアのグレート・バリア・リーフ海洋公園も広大であり、長辺二三〇〇キロ、面積約三四万平方キロの大きさがある。公園内は、底曳き網漁業などの商業漁業が一律に禁止されているというわけではないが、ゾーニングによって禁止すべき活動が定められており、漁業操業もこの規制にしたがう必要がある。

フランスでも、海洋保護区庁が、法律に基づき海洋保護区を設定する仕組みがあり、二〇〇七年にはフランス初の海洋自然公園として広さ三五五〇平方キロにわたるエロイーズ海洋自然公園がブレスト沖に設置された。さらにパラオでは、二〇一五年に、五〇万平方キロの面積を有する海洋保護区を設立するとのアナウンスをおこなっている。

日本政府内でも、これらの動きを横目でみながら、日本が後れをとることがないようにしたいとの問題意識もあるのだろう。

結論

日本は世界に先んじて多数の海洋保護区を沿岸に設定し

管理してきた歴史がある。この経験から、海洋保護区はただ設定するだけでなく管理が重要であり、そのためには相応のコストがかかることを知っている。また、保護区はいたずらに面積を大きくしてペーパー保護区となるリスクを高めるよりも、関係者が協力して遵守できる規模感が重要であること、また海だけではなく、森川海の連携といったつながりのなかでの生態系保全が同じように重要であることを理解している。日本の漁業者などは、冒頭の図1の整理から類推すれば、海洋保護区が一旦設定された後は、保護区の管理や運営に協力的になる分類になるであろう。彼らを含め、なるべく多くの利害関係者をこのポジションに位置させるようにもっていくことが、海洋保護区の合意形成のうえでも、その後の管理のうえでも重要になる。このような経験などを、あらゆる機会を捉えて世界に伝えていくことが日本の貢献の一つになる。

ただし注意する必要があるのは、公海など陸から遠隔地に設定する海洋保護区は、人間の立つ位置がそこの自然環境から離れた場所になりがちで、冒頭の図1においては第三象限に属する人が世界では多くなるという点である。米英の人間は、そもそも身近な陸上の保護区であってもこの第三象限に属する人が多数いるように思える。これは筆者の意見だけではなく、例えばギディングスらも、「多くの米国人・英国人は、郊外の野生動物を人間から保護することは熱心であるが、都市の環境にはあまり関心を払わない、この根源は環境が人間と切り離された存在であることに起因している」との趣旨を述べている（Giddings *et al.* 2002）。このようなハードルが存在しているなかではあるが、海洋保全は単なる表面上の保護面積などだけではなく、人間が積極的に関与する行為が重要である点をしっかり述べていくことが重要である。

もう一つの課題としては、日本沿岸における伝統的な保全の取組みを永続させていくことも重要である。現在、沿岸では人口減少などにより保全を維持させる社会的な資本も減退傾向にある場所が多い。またこのような人口減少は、沿岸地域だけでなく、中山間地などを含めて日本全国に共通する課題である。全国的な規模で、地域活性化をどの様におこなうのか、欧米の補助金政策や農産水産物の保護制度（ノルウェーの最低魚価制度など）を参考にしながら議論をしていく必要があるだろう。

（1）ＡＧＥＮＤＡ 21のパラ 17.7。
（2）ＷＳＳＤの Plan of Implementation of the World Summit on Sustainable Development、パラ 32。
（3）国連決議は A/RES/63/112 など。
（4）ＩＭＯのＨＰを参照。（http: //www.imo.org/en/OurWork/Environment/PSSAs/Pages/Default.aspx）
（5）愛知目標のパラ 11。
（6）「持続可能な開発のための 2030 アジェンダ」（http: //www.mofa.go.jp/mofaj/files/000101402.pdf）
（7）国連海洋法条約　第３条
（8）同　第５７条
（9）同　第５６条
（10）同　第８７条
（11）国連決議 A/RES/69/292
（12）国連決議 A/RES/66/231
（13）国連決議 A/RES/69/292
（14）国連決議 A/RES/72/249
（15）国連文書 A/69/780

参考文献

青塚繁志　二〇〇〇『日本漁業法史』北斗書房：五六六
長崎福三　一九九五『肉食文化と魚食文化』農山漁村文化協会：二〇八
羽原又吉　一九五二『江戸湾漁業と維新後の発展及その資料　第一巻』財団法人水産研究会：一八二
藤森三郎・多田稔・鈴木順・西坂忠雄・三木慎一郎（編）　一九七一『東京都内湾漁業興亡史』東京都内湾漁業興亡史刊行会：八五三
八木信行　二〇一七「日本型海洋保護区：その思想と可能性」『沿岸域学会誌』二九（四）：二五―三一

Giddings/ Hopwood/ O'Brien 2002, "Environment economy and society: fitting them together into sustainable development", Sustainable Development 10: 187-196.
Yagi, N./ Takagi, T./ Takada, Y./ Kurokura H. 2010, protected areas in Japan: Institutional background and management framework. Marine Policy 34: 1300-1306.

コラム◉南極ロス海、世界最大の海洋保護区に——その本当の意味

森下丈二（東京海洋大学教授）

二〇一六年一〇月末、南極のロス海に世界最大の海洋保護区（ＭＰＡ）が設立されたというニュースが、ＢＢＣをはじめ世界中のマスコミによって報じられた。これは一〇月二八日に閉幕した南極海洋生物資源保存委員会（ＣＣＡＭＬＲ）による決定で、日本もそのメンバーである。マスコミの報道では、一五七万平方キロにおよぶ海域の中で漁業が三五年にわたり禁止され、地球上に最後に残された手つかずの自然が保護されること、米国のケリー国務長官やニュージーランドのマカリー外相がこの決定を讃えたこと、などがもっぱら伝えられた。

他方、とくに漁業関係者の間ではロス海ＭＰＡ設立は警戒心をもって受け取られ、日本はなぜこの決定に反対しなかったのかという声も聞かれた。

海洋保護区（ＭＰＡ）の設立をめぐっては、しばしば漁業を守るか海洋環境を守るかという論点で議論がおこなわれ、その結果としての対立を生みがちであるが、ここでは、ロス海ＭＰＡ設立の内容を中心として、ＭＰＡをめぐる情勢を考えてみたい。

海洋保護区（ＭＰＡ）とは何か？

ＭＰＡと聞くとき、それは漁業や他の人間活動を永久に禁止した漁獲禁止海域ととらえる向きは多い。事実、五年におよんだロス海ＭＰＡ設立提案の交渉期間中、筆者を含むＣＣＡＭＬＲ参加者は一般の方やＮＧＯ関係者から毎年下記のようなメールによる訴えを多数受け取った。

「二〇ＸＸ年のＣＣＡＭＬＲで、南極のロス海と東南極海域において大規模で永久的な海洋保護区と漁獲全面禁止海域を設立することに合意して、人類のためのレガシーを築いてください。南極の海は野生生物の驚異的な棲家であり、世界の海洋の中で最も手つかずの海域を含みます。将来の世代のために、海を守るリーダーシップを示すことを期待します」。

さらに、さまざまな国際機関の会合でＭＰＡ設立の目標が合意されてきている。例えば、二〇〇二年にヨハネスブルグで開催された持続可能な開発に

関する世界首脳会議（ＷＳＳＤ：World Summit on Sustainable Development）は、二〇一二年までにＭＰＡの代表的ネットワーク（例えば複数のＭＰＡで保護対象生物の回遊経路をカバーするもの、ただし合意された定義はない）を設立することを規定した。また、二〇一〇年に名古屋で開催された生物多様性条約（ＣＢＤ）第一〇回締約国会議は、二〇二〇年までに、沿岸域および海域の一〇％、とくに生物多様性と生態系サービスに特別に重要な地域が保護されることを目標として掲げた。

これらから生まれるイメージは、ＭＰＡとは、海洋環境や海洋生態系を保護するために広大な海域を永久に漁獲禁止するもので、二〇二〇年や海域の一〇％などという数値目標が設定されているというものであろう。

しかし、さまざまな国際機関はＭＰＡをどのように考え、定義しているのか。

絶滅危惧種のレッドリストで有名な国際自然保護連合（ＩＵＣＮ）は、一九九四年にＭＰＡを「上部の水圏を含む、潮間帯（intertidal）と潮下帯（subtidal）における関連動植物、歴史、文化物で、法もしくはその他効果的な手段で区域全体あるいは一部の環境を保全するもの」と定義した。また、二〇〇四年に生物多様性条約（ＣＢＤ）第七回締約国会議は「水体とそれに付随する動植物相および歴史的文化的な性質を含む海洋環境又は隣接する区域であって、（法的）規制又は慣習を含む他の効果的な手法によって保護され、海洋又は沿岸の生物多様性が周辺よりも高度に保護されている区域」という定義に合意した。

複雑な表現であるが、注目すべきは、いずれも漁業の全面禁止などといった概念は含まず、「周辺よりも高度に保護」されるという表現で保護の度合いには柔軟性が存在するということである。この解釈を裏付けるものとして、やはりＩＵＣＮが分類したＭＰＡのカテゴリー分けがある。これにしたがえば、科学目的または自然保護のための厳格な自然保護区から、国立公園などの生態系保護とレクリエーションのための保護区、自然生態系の持続可能な利用のための資源管理保護区まで、資源の利用を含む多様な形態がＭＰＡの範疇として認識されているのである。

ロス海ＭＰＡ

それでは今回設立が合意されたロス海ＭＰＡとはどのようなものか。図に示したように、ロス海ＭＰＡは目的と機能が異なる複数の海域の複雑な組み合わせから構成されており、単純に広い海域を漁業禁止としたわけではない。それぞれの境界線は科学的な情報に基づき設定されており、例えば保護が必要な海底の生態系などに対応している。

特別調査海域（ＳＲＺ）では、メロ（マゼランアイナメなど）とオキアミを対象とした漁業が許され、その漁業を通じて科学データが収集される。オキアミ調査海域（ＫＲＺ）では、やはり漁業の実施を通じてデータの収集が図られる。一般禁止海域（図の（ⅰ）（ⅱ）（ⅲ））では漁業が禁止されるが、漁業から保護する必要がある海洋生態系などが明確に規定されるとともに、漁業禁止の代替措置としてＭＰＡの外側の新たな漁場が解放された。

ＭＰＡの設立はその数値目標などからゴールであると位置付けられがちであるが、正当なＭＰＡとは海洋生態系の保存と管理に向けてのスタートである。

ロス海ＭＰＡでは、設立されたＭＰＡの下での管理計画と調査モニタリング計画が規定され、さらに、五年ごとのＣＣＡＭＬＲ科学委員会でのＭＰＡでの諸活

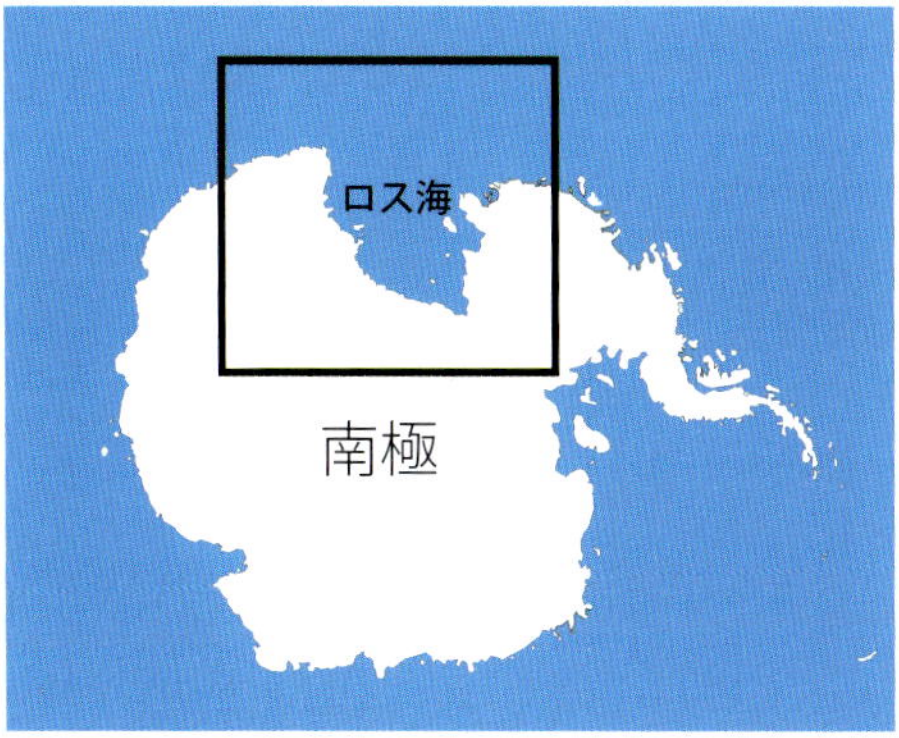

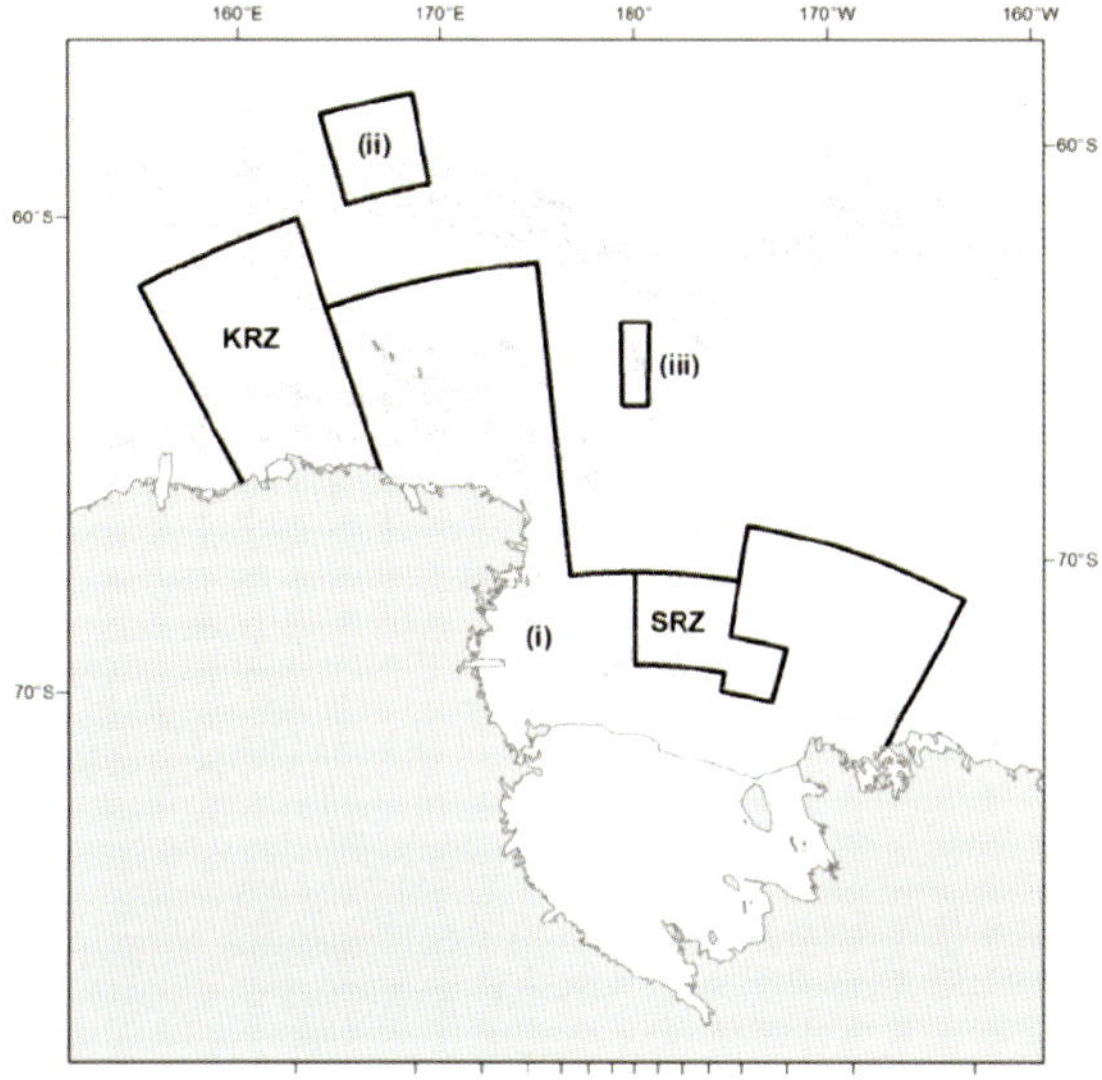

南極ロス海で海洋保護区が設定された海域
SRZ は特別調査海域、KRZ はオキアミ調査海域、(i) ～ (iii) は一般禁止海域

動やMPAの効果に関する検討、一〇年ごとのCCAMLR年次会合によるMPAの内容の検討と必要に応じた修正、そして、三五年後のMPA効力終了が規定されている。

これらの詳細は、冒頭の漁業禁止等の側面のみを発信する報道ぶりからはうかがいがたいといえる。

目指すべき本来のMPAとは

CCAMLRは五年間をかけて科学的情報に裏付けられた海洋生態系の保全と利用管理のためのMPAをつくりあげた。日本の漁業管理でも一定の海域や期間を設定して漁業を禁止する禁漁区や禁漁期の設定は古くからおこなわれてきている。これらも広義のMPAである。近年国際的に議論となっているMPAと日本の漁業管理の大きな違いは、前者のMPAは単一の魚種の保存管理ではなく、海洋生態系の保存と管理を目指すという点であろう。いわゆる生態系アプローチである。

残念ながら、MPAをめぐる国際的議論の中では、MPA設立自体が目的となり、設立後は管理や調査の面で何らフォローアップのない「ペーパーMPA」が存在する。MPAの本来の意義と有効性は、その設立後にいかに適切な管理と効果のモニタリングがおこなわれ、必要に応じてMPAそのものの修正がおこなわれていくかにかかっている。海洋生態系には科学的不確実性が存在することを前提として受け入れ、モニタリングを通じてその不確実性に対応していく順応的管理の考え方である。

ロス海MPAがペーパーMPAとなるか、海洋生態系の保全と利用管理を進める有効な手段として機能するかは、これからのMPA運営に依存する。その「レガシー」ははじまったばかりなのである。

12 海洋生物多様性の保全に向けた世界の取組み

前川美湖（公財）笹川平和財団海洋政策研究所主任研究員）
角田智彦

海洋生態系の危機

「海洋はA4の紙である」。これは東京大学名誉教授の山形俊男先生が大学の講義でよく使っていた言葉である。

海洋の表面積をA4サイズの紙と考えると、約四〇〇〇メートルの水深は〇・〇五ミリメートル程度に相当し、まさに紙のような薄さになる。四〇〇〇メートルの深海底は辿り着くことすら容易ではない未知なことも多い世界であるが、A4の紙と考えると海は有限であることがわかる。私たちは童謡で「海は広いな、大きいな」と歌い、海は何でも受け入れてくれると感じているかもしれないが、海には限りがあり、いま悲鳴をあげている。

海は、これまでさまざまなものを受け入れてきた。海ゴミを含む汚染物質だけでなく、世界の海洋は一九七〇年代以降に上昇した熱の九三％を吸収し、一七五〇年以降に排出された二酸化炭素の二八％を吸収し、氷山から融け出た淡水を事実上すべて受け入れている。地球温暖化の影響を抑制する調整剤としての役割を担い、仮に海洋が二八％の二酸化炭素を吸収しなければ、産業革命以前の二七八ｐｐｍから四〇〇ｐｐｍに上昇している大気中の二酸化炭素濃度は四五〇ｐｐｍ以上になっていたと言われている。しかし、海は有限であり、今後は二酸化炭素の吸収もペースダウンするとみられている。

このように海洋に蓄積された熱や淡水、二酸化炭素は、近年では海水温や海面水位の上昇、海洋酸性化のかたちで科学的に検知可能なレベルに達しており、海洋環境への影響は無視できない状況になっている。温室効果ガスの削減に取組むことを約束した枠組みである「パリ協定」の前文において、重要な生態系としての「海洋」が明記されたように、海洋の生態系にも大きな影響を与えることが懸念されている。

本書では、これまでバラスト水などを通して国外から移動してきた外来種の課題についても生物多様性の観点から提起してきたが、今後の海洋生態系は、温暖化に起因した移動も余儀なくされる。世界各国の科学者が参加し、気候変動に関する科学研究から得られた最新の知見を評価する「気候変動に関する政府間パネル（IPCC）」の第五次評価報告書（二〇一三、二〇一四）でも、世界的に南（低緯度）から北（高緯度）への水産資源の移動が予測されており、赤道付近の低緯度における漁獲減少など、将来の懸念が示されている。

図1は、気象庁が示している最近一〇〇年間の海面水温の上昇率（年平均）であるが、日本周辺では世界平均の約〇・五度よりも大きなペースで水温が上昇していることがわかる。その結果、日本周辺でもさまざまな生物の移動がみられるようになり、従来通りの海洋生態系を維持できなくな

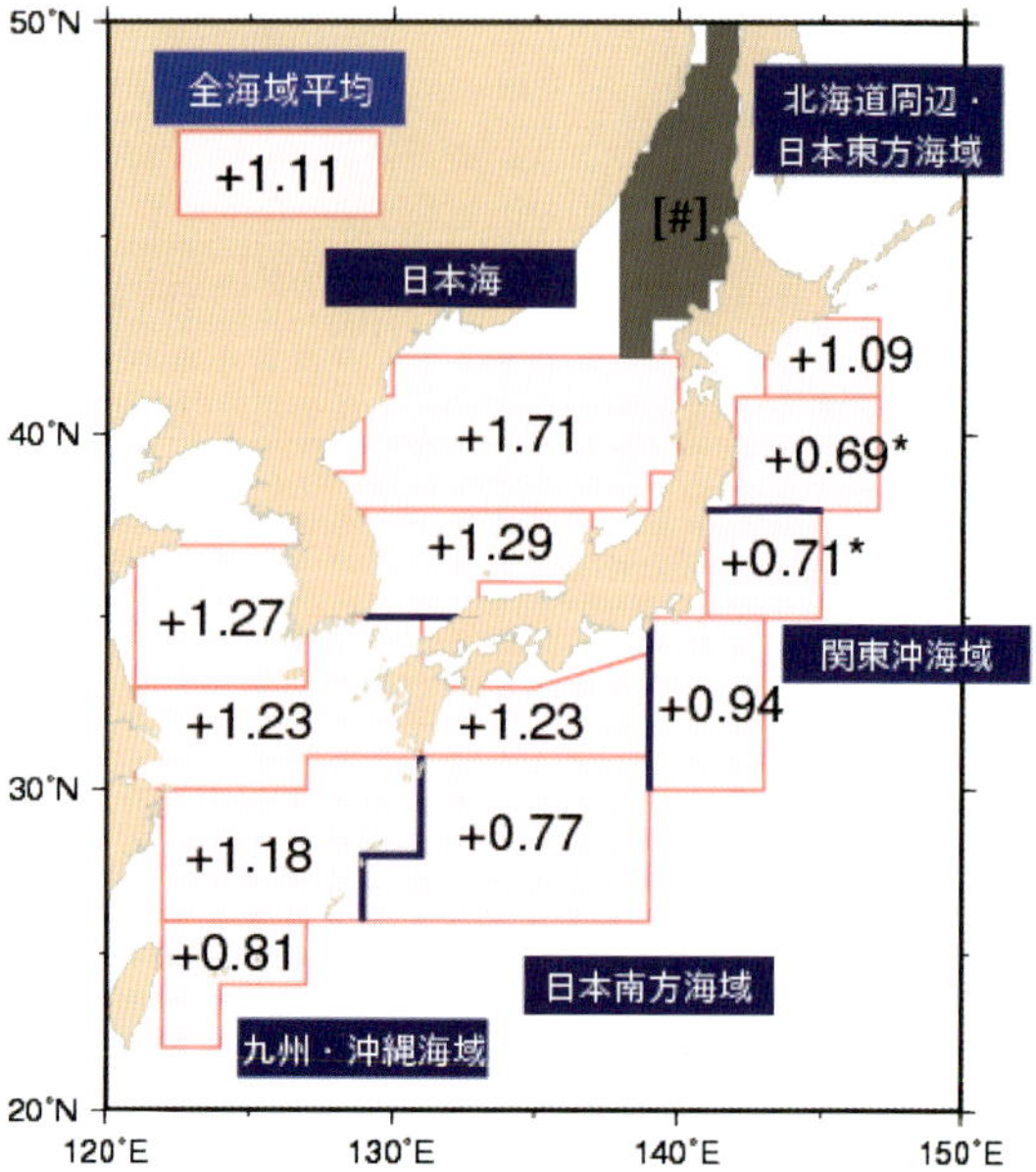

図１　日本近海の海域平均海面水温（年平均）の長期変化傾向（℃/100年）（http: //www.data.jma.go.jp）

図２　和歌山県・串本沖で勢力を拡大している「スギノキミドリイシ」（2017年12月、山本智之氏撮影）

ると考えられている。和歌山県串本町の沿岸では、それまで分布していなかった「ショウガサンゴ」、「サオトメシコロサンゴ」、「リュウモンサンゴ」「スギノキミドリイシ」といった南方系の種類のサンゴが、相次いで発見されている（図2）（山本 二〇一八）。これら南方系サンゴたちは、いま海に起きつつある持続可能性への危機を身をもって示している。

このような危機への対策のため、国連をはじめとした世界中で多くの取組みがおこなわれている。ここでは、二〇一七年に世界のリーダー達が集まって議論をした国連海洋会議や「私たちの海洋」会議について、国際的な海洋保護区（MPA）などの取組みなどを交えながら紹介したい。

図3　国連海洋会議で共同議長国フィジーの伝統的な踊りが披露された（写真：IISD/Mike Muzurakis）

国連海洋会議の開催

二〇一五年九月の第七〇会期国連総会において、二〇三〇アジェンダが決議され、持続可能な開発目標（SDGs）が採択された。そして、二〇一七年六月に、国連本部において、「海洋・海洋資源の保全と持続可能な利用」（SDG14）の実施のためのハイレベル国連会議が「私たちの海、私たちの未来：持続可能な開発目標一四の達成に向けた連携」というテーマで開催され、一五五の国と地域の代表を含む四〇〇〇人の代表団が参加した。SDGsに関する経緯を振り返りつつ、この世界各国、国際機関、NGOs等が本格的にこの課題について議論する初めての会議となった国連海洋会議の意義を示したい（図3）。

SDGsをめぐる経緯

SDGsをめぐる「持続可能な開発」の枠組みの議論は、一九八七年に「環境と開発に関する世界委員会（ブルントラント委員会）」が公表した報告書「我々の共有する未来」に遡る。環境と開発が両立しうるものであることを初めて示したこの報告書を受けて国連が開催したのが、一九九二

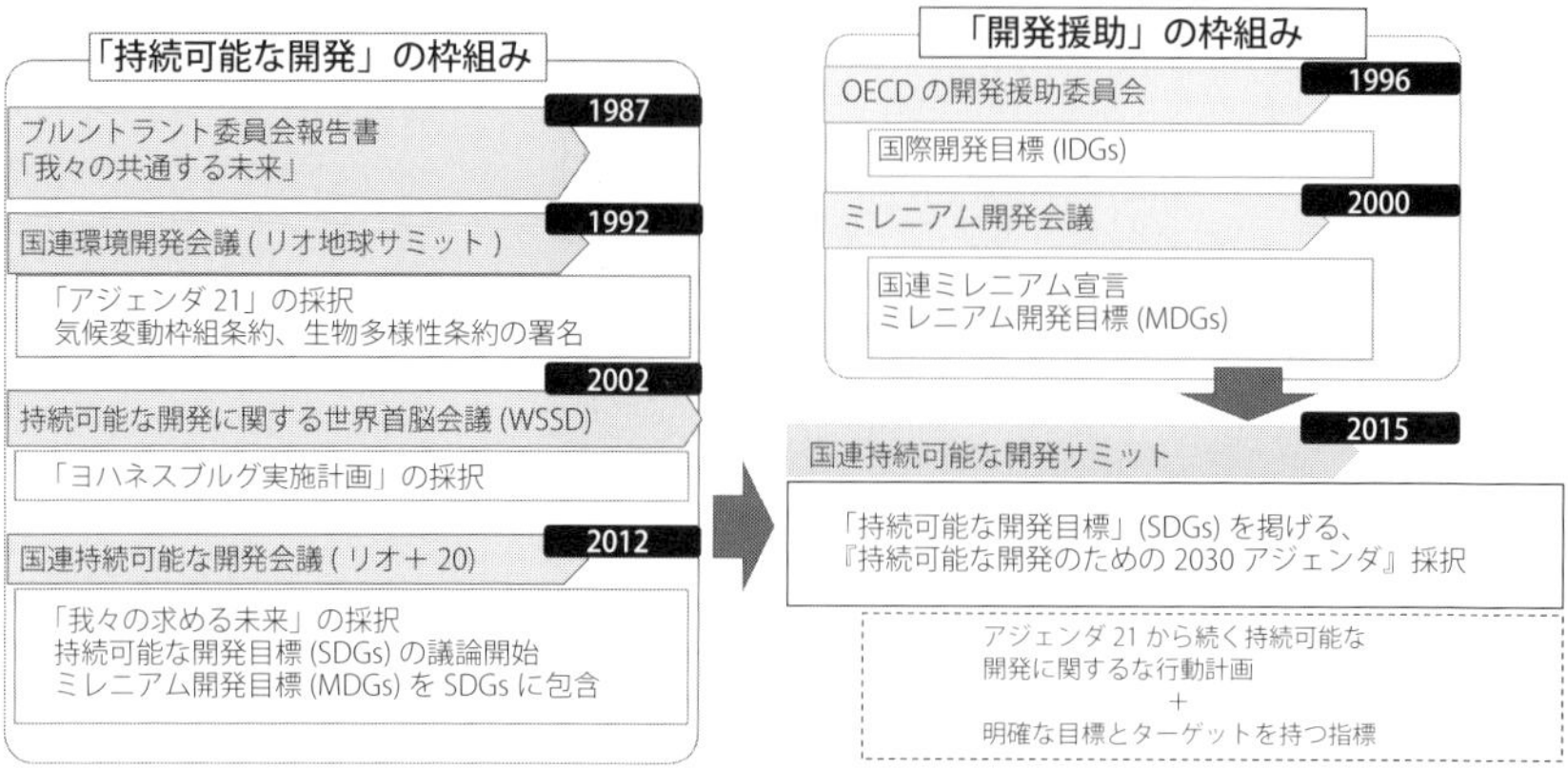

図４　SDGs に至る持続可能な開発に関する枠組み（筆者作成）

年の国連環境開発会議（リオ地球サミット）である。この会議では、持続可能な開発に関する行動計画である「アジェンダ二一」が採択されるとともに、気候変動枠組条約や生物多様性条約が署名されるなど、今日に至る海洋環境をはじめとした地球環境の保護の取組みに大きな影響を与える会議となった。

リオ地球サミットを起点とする海洋の持続可能な開発に関する取組みは、二〇〇二年の持続可能な開発に関する世界首脳会議（ＷＳＳＤ、ヨハネスブルグ・サミット）や二〇一二年の持続可能な開発会議（リオ＋二〇）に引き継がれている。例えば、二〇一二年のリオ＋二〇の成果文書「我々の求める未来」では、海洋・沿岸域の保全と持続可能な利用のために必要な行動を促している。

リオ＋二〇は、ＳＤＧｓに関する活発な議論が開始されたということでも意義深い会議となった。ＳＤＧｓに関する政府間交渉のプロセスを立ちあげること、および、ＳＤＧｓが二〇〇〇年から二〇一五年までの国際開発目標として定められたミレニアム開発目標（ＭＤＧｓ）と統合することが合意された。リオ＋二〇で明確に示された将来の持続可能な開発の在り方を受けて、二〇一五年の持続可能な開発目標（ＳＤＧｓ）の採択に至る。ＳＤＧｓは、世界全体で取組むべき課題を一七の目標と一六九のターゲットという形で明示しており、海洋に関する目標としては、目標一四「海洋・海洋資源の保全と持続可能な利用」が掲げられている（図４）。

これまで、海洋に関する世界各国の取組みをリードするため、法秩序の柱としては「国連海洋法条約」があったが、多くの議論はむしろ、国連気候変動枠組条約や生物多様性条約、世界貿易機関（ＷＴＯ）、国連食糧農業機関（ＦＡＯ）、世界海事機関（ＩＭＯ）など、分野別の枠組みにておこなわれ、分野を超えた議論が少なかったことが海洋の課題であった。国連海洋会議はＳＤＧ１４のもとで、海洋に係る分野横断型の議論をおこなったということで、画期的な会合となった。

国連海洋会議二〇一七

二〇一五年一二月の国連総会において「ＳＤＧ１４の実施を支援するためのハイレベル国連会議：持続可能な開発のための海洋及び海洋資源の保全と持続可能な利用」を開催することが決定された。これが、いわゆる国連海洋会議である。翌二〇一六年九月の国連総会決議において会議の骨格が定められ、フィジーとスウェーデンが共同でホスト国を務めること、ＳＤＧ１４の実施に係るすべての関係者を含めること、会議のテーマを「我らの海、我らの未来：ＳＤＧ１４実施のための提携」とすることなどが決められた。

六月五日〜九日にニューヨークの国連本部で開催された国連海洋会議では、バイニマラマ・フィジー首相とレビン・スウェーデン副首相が共同議長を務めた。会議には、政府（国家元首、大臣等のハイレベル含む）、国連・国際機関、ＮＧＯ、市民社会、学術機関、科学コミュニティ、民間セクター等から約四〇〇〇人が参加し、メインの会議体である「全体会合（プレナリー）」（全八回）、「世界海の日」特別イベント、七つのテーマのパートナーシップ対話（①海洋汚染、②海洋・沿岸生態系保全等、③海洋酸性化、④持続可能な漁業、⑤小島嶼開発途上国（ＳＩＤＳ）・後発開発途上国（ＬＤＣｓ）、⑥科学技術・能力開発、⑦国連海洋法条約等の施行）などの正式会合とともに、一五〇を超えるサイドイベントも開催された。

最終日の全体会議において、一四項目からなる「行動の要請（Call for Action）」が承認され（図５）、七つの「パートナーシップ・ダイアログ」の概要が報告された。また、登

図５　海洋・海洋資源の保全と持続可能な利用（SDG14）（『海洋白書2018』）

図６　ワールド・オーシャン・フェスティバルでのパレード（2017年6月4日ニューヨーク・ガバナーズ島、古川恵太氏撮影）

録された「自発的約束（Voluntary Commitments）」が一三二八に上ることが報告された。

印象的だったのは、世界の元首や政府の長、大臣が多数参加し積極的に発言し、パートナーシップ・ダイアログの議長なども務め、大局的かつ専門的な議論をリードしていたことである。当時国連総会議長のピーター・トムソン氏（フィジー）は、人類と海洋との関わりを考える上で、国連海洋会議を契機に歴史の潮目が変わったと高らかに宣言した。

国連海洋会議の成果は、「行動の要請」と「自発的約束」の二つを組み合わせることによって、ＳＤＧ１４の達成に向けてあらゆる関係者の具体的行動を支援するための柔軟で透明性の高い仕組みを創設したことにある。すなわち、「行動の要請」に示された理念や指針の下、各々が自主的におこなう取組みを登録・実施し、その取組みの進捗状況や成果を報告しあう。さらに、国連が知見共有の場の提供等を通じてフォローアップしていくことで、世界全体のＳＤＧ１４の実施を漸進的に強化していこうという仕組みである。

国連海洋会議は今回のみの単発のものではなく、この仕組みのもとで二〇二〇年に第二回目の会議を開催することが予定されている。今後長期にわたって、国連海洋会議が定期的に開催され、SDG14の着実な実施のための屋台骨となることが期待される（図6）。

私たちの海洋会議

「私たちの海洋」会議は、オバマ政権下の米国ジョン・ケリー国務長官（当時）が主導し、二〇一四年六月にワシントンDCにおいて、海洋汚染、海洋酸性化、持続可能な漁業の三つを主要テーマとして第一回が開催された会議である。その後、第二回は二〇一五年一〇月にチリで、第三回は二〇一六年九月にワシントンDCで開催され、二〇一七年の第四回目が欧州連合主催でマルタ共和国にて開催された。

このマルタ共和国での第四回は、オバマ政権下での米国主導の海洋保全にかかわる取組みが、欧州も含めた世界の大きなムーヴメントとして継続していく流れができたという点で、大きな意味をもつものとなった。マルタ共和国は、紀元前のカルタゴや共和政ローマ時代からすでに地中海貿易で繁栄し、その後イスラム帝国の支配下に入り、一九世紀以降はイギリスの領土となり一九六四年に独立した。二〇〇四年に欧州連合（EU）加盟を果たしたEUの最小加盟国であるが、二〇一七年一〇月の「私たちの海洋」（Our Ocean）会議の開催など、海洋分野での存在感を示すことにより、EUにおけるリーダーシップを発揮している。

この会議の特徴は、海洋に携わる国際的なリーダーが招待され、参加者は定量的な目標を掲げたコミットメントを携えて会議に出席する。政府、NGO、企業等の代表らを含む約一〇〇〇人が参加した。二〇一七年のテーマは、①海洋汚染、②海洋保全、③海洋の安全保障、④ブルーエコノミー（自然生態系から着想した経済モデル）、⑤持続可能な漁業、⑥気候変動であった。会議では、これらのテーマをかかげたパネル・セッションで、有識者による討論がおこなわれる一方で、会場の参加者による具体的なコミットメントが特設ステージから発表された。

主催者の意向から、この会議では、従来の漁業や海洋環境保全という枠組みをこえて、ブルーエコノミーや気候変動という多様なテーマもあつかったことが特徴的といえる。今回、海洋分野への取組みに四三七の施策が打ち出され、七二億ユーロの資金拠出が誓約された。また、二五〇万平方キロメートルの海洋保護区（MPA）を追加的に設置する目標が発表された。民間企業からの積極的な取組みの表明も多く、約一〇〇の誓約がなされた。

開会式でスピーチした、チャールズ皇太子（イギリス）は、「バランスのある文明が構築できるか人類は試されている」と力強く呼びかけた。ムスカット首相（マルタ）、ジョン・ケリー前国務長官（アメリカ）、アルベール二世大公（モナコ）、ヌール・アル＝フセイン王妃（ヨルダン）らも登壇し、強い覚悟とメッセージを発した。日本からは山下雄平内閣府大臣政務官が出席し、日本の取組みを紹介するとともに、「法の支配」と「科学的知見」の重要性を強調した。

今回の会議でもっとも注目を集めたのは、海洋ゴミ・プラスチックおよびブルーエコノミーであった。海ゴミ関連のコミットメントの具体例として、ムンバイでの世界最大の海ゴミ清掃活動、河口に海ゴミ回収機を設置する取組み、米国シアトルでプラスチックストロー使用が禁止されたこと、オーストラリアのホバートで使い捨てビニール袋使用が禁止されたことなどがあげられる。民間企業からのコミットメントも、菓子会社のプラスチックリサイクルの取組みなど多岐にわたった。

マルタでの第四回に続き、第五回が二〇一八年一〇月にインドネシア・バリで開催され、海洋プラスチックの課題などに引き続き積極的に取組むことが示されている。その後もノルウェー（二〇一九年）、パラオ（二〇二〇年）が開催国として名乗りをあげている。全コミットメントの一覧は、「私たちの海洋」のウェブサイトにて公開されている。今後は、蓄積されたコミットメントのモニタリングや検証も課題である。熱い思いとともに発表された多くのコミットメントが、今後は着実に実現されていくことが、「私たちの海洋」会議の成功の試金石になる。

行動への流れと課題

このような国連海洋会議や「私たちの海洋」会議の成功が、海洋における各国の取組みを促している。また、世界の産業界が中心となった「持続可能な海洋サミット二〇一七」（主催：世界海洋協議会）が二〇一七年一〇月にカナダで開催されるなど、二〇一七年はSDG14の達成に係るグローバルな会議が世界各地で開催され、産業界の動きも呼応しSDG14実施のための「行動元年」といえるような年となった。

一方で、課題も浮かび上がる。国連海洋会議の成果である「行動の要請」と「自発的約束」のうち、「行動の要請」

には新しい資金的なコメットメントに関する記載はない。また、自発的約束にはモニタリングや報告義務がない。SDGsはそもそも法的な拘束力をもたない。「私たちの海洋」会議のコミットメントも同様であり、拘束力をもたないものである。しかし、これらの会議の意義は、海洋に関わるさまざまな分野のアクターが一堂に会し、海洋と人類が直面する総合的な課題について対話と意識の共有と行動の確認をおこなったことにある。海洋の危機を目の前にして、海洋保護区の設置など、各分野での行動を促すこととなった。

海洋保護区の設置に関する世界の取組み

各国の行動は海洋保護区（MPA）の形でもあらわれている。柳谷（柳谷 二〇一八）によると、海洋資源の枯渇や海洋酸性化、海水温の上昇等による造礁サンゴの広範囲にわたる大規模な白化現象など、海洋環境の悪化を示すさまざまな情報、そして生態系や生物多様性の保全に対する国際的な意識の高まりなどを背景に、MPAの設置により海洋生態系の保全を推進しようとする動きが活発になっている。

MPAは、国際自然保護連合（IUCN）の定義によると、「生態系サービス及び文化的価値を含む自然の長期的な保全を達成するため、法律又は他の効果的な手段を通じて認識され、供用され及び管理される明確に定められた地理的空間」としている。そして、生物多様性条約第一〇回締約国会議（二〇一〇年）で採択された「生物多様性戦略計画二〇一一―二〇二〇および愛知目標」において、「海域の一〇%が保護地域等により保全される」という目標（愛知目標一一）が盛り込まれた。さらにこの目標は、SDG14・5にも引き継がれ、各国にMPAの拡大を促している。

二〇一七年七月に開催された持続可能な開発のための国連持続可能な開発に関するハイレベル政治フォーラム（HLPF）では、SDGsの進捗状況が、国連事務総長より報告された。SDG14・5については、二〇一七年の時点で、国家管轄権内海域（領海および排他的経済水域）の一三・二%、国家管轄権外海域（公海）の〇・二五%、全体として地球上の海域の五・三%が海洋保護区となっている、と伝えられた。

また、国際的な保護区のデータベースである世界保護地域データベースによると、世界のMPAは一貫してその面積を

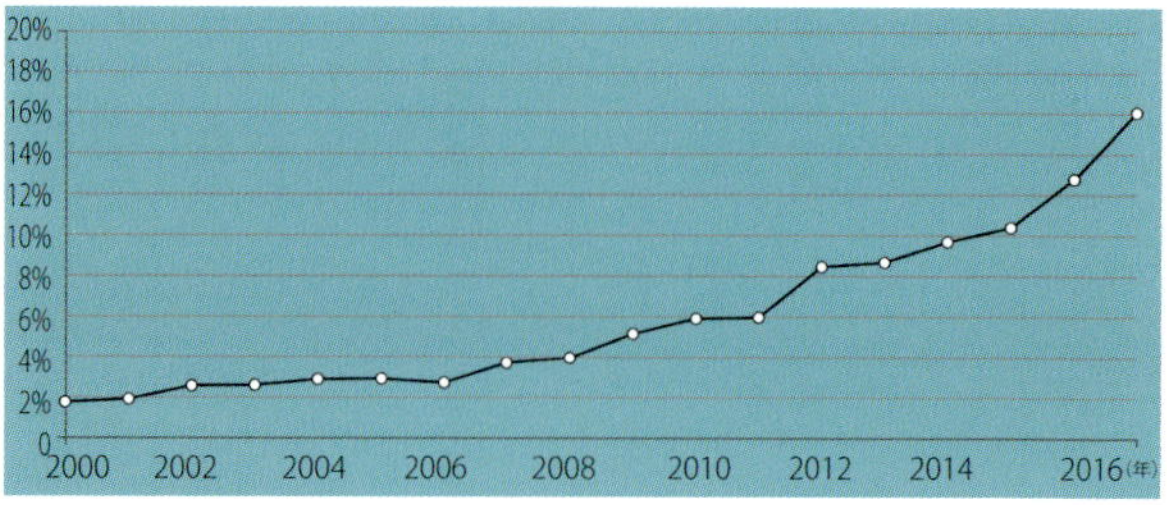

図７　国家管轄権内海域におけるMPAの被覆率（世界保護地域データベース、http://www.protectedplanet.net）

増やしており、それは特に国家管轄権内海域において顕著である（図7）。

近年設定されたＭＰＡには、パラオ共和国や英国セントヘレナ島の周辺の事例など、沿岸域のみならず、排他的経済水域（ＥＥＺ）を含む広大なＭＰＡを設定しようとする動きが進んでいる。広大なＭＰＡの設定およびその管理効果については、その検証などが進み、公海域を含むＭＰＡの効果的管理についての検討がなされることが重要である（以上、柳谷　二〇一八より）。

「公海」での海洋生物の保全と持続可能な利用

国家が管轄権を有する海域においては、生物多様性条約などの枠組みの下、このように積極的な海洋保護区設置の動きが世界的に進んでいる。一方で、広大な海洋は、さまざまな人間の活動により影響を受けており、特に世界の海の約六割を占める「公海」における海洋生態系や生物種の保全と持続可能な利用について、セクター横断的に総合的に規制する国際的な枠組みが欠如しているという認識に立ち、海の憲法ともいわれる「国連海洋法条約」（ＵＮＣＬＯＳ）のもと新しい法的拘束力を有する文書（実施協定）を策定するため、国家間の正式な交渉が開始し、公海でのＭＰＡを含む区域型管理ツールのあり方について、国連の場で活発な議論が展開されている。

このいわゆる「国の管轄区域を超える領域における生物多様性（ＢＢＮＪ）」の保全と持続可能な利用については、国連海洋法条約や生物多様性条約等の既存の国際法の枠組みでは明確な規律がないことから、二〇一二年の国連持続可能な開発会議（リオ＋二〇）において、その成果文書「我々の求める未来」（一六二節）の中で、ＢＢＮＪの重要性が指摘された。このような流れを受けて、ＵＮＣＬＯＳのもと法的拘束力をもつ新しい国際的な枠組みを策定すべく二〇〇四年から二〇一五年まで合計九回開催された国連総会非公式公開特別作業部会および二〇一六年から二〇一七年までBBNJ準備委員会が合計四回、ニューヨークの国連本部で開催された。

そして、これらの一二年間におよぶ国際的な検討の成果を踏まえて、二〇一八年九月四日から一七日まで、国連本部にて、BBNJの保全と持続可能な利用に係る政府間会議（IGC：Intergovernmental Conference）の第一会期が開催された。この交渉が最終的にまとまれば、二〇年以上ぶりのUNCLOSの改訂となり、一九九五年に採択された「国連公海漁業協定」に続く国連海洋法条約のもとの三つ目の実施協定となる。

この政府間会議（IGC）は、二〇一七年の第七二会期国連総会にて採択された国連決議七二／二四九に基づいて招集されたもので、二〇二〇年前半までに四回開催し、「法的拘束力を有する文書」をできるだけ早期に策定するために草案を練ることが求められている。

筆者は、笹川平和財団海洋政策研究所から、BBNJ準備委員会およびIGC第一会期に出席する機会を得たので、その経験および公開情報をもとに以下、BBNJに関する国際交渉の動向について記載する。

IGC第一会期は、主要テーマごとに非公式会合（informal working group）を順番に進めていく形式が採用され、二〇一一年に国連において採択されたBBNJに関する主要な四つの議題である、一．海洋遺伝資源（利益配分の問題を含む）、二．区域型管理ツール（海洋保護区を含む）、三．環境影響評価、四．能力構築・海洋技術移転について、BBNJ準備委員会での議論もふまえて、交渉がなされることとされた。IGCに先立ち公開された「議論を補助するための議長文書」（President's Aid to Discussions）に基づき、いわゆる条約の「ゼロ・ドラフト」（草案）の作成に向けて、補助文書に盛り込まれた「質問事項」に答える形式で、各国から具体的な提案やその根拠となる考え方が示された。

主要テーマごとの議論を振り返ると、まず、第一の「海洋遺伝資源（利益配分の問題を含む）」については、海洋遺伝資源へのアクセスと利益配分（Access and Benefit- sharing：ABS）の問題について、先進国と開発途上国の間で大きな立場の相違が見受けられ、法的文書を策定する上での課題が改めて認識された。多くの先進国は、「公海自由の原則」（どの国の主権の下にも置かれることなく、すべての国の自由な使用に開放されること）に依拠しているのに対し、開発途上国はいわゆる「人類共同の遺産原則」（特定の空間やその資源の所有権は、国際社会全体に帰属し人類全体のために利用され管理されるべきものであるという概念）を適用し、海洋遺伝資源およびその資源から得られる利益についても人類全体で管理配分するべきであると主張している。海洋遺伝資源の利益配分については、その妥当性および形式（金銭的利益配分または非金銭的利益配分）、義務的または任意の拠出であるべきかについて激しい対立がみられた。

第二の「区域型管理ツール（海洋保護区を含む）」について、IGC第一会期でもっとも具体的な議論が進んだテーマであった。まず、「BBNJの保全と持続可能な利用に資する」という区域型管理ツールの目的が確認された。その意思決定とガバナンスのあり方について、既存の地域およびセクター別の枠組みの穴埋めをする強力な国際的な機能を付与するという「全球的アプローチ」、むしろ国際的には一般的な原則とアプローチを定め海洋保護区の設置等に関わる意思決定は既存の地域機構等で担うという「地域的アプローチ」、そして意思決定について、国際機構と地域機構等である程度分担するという「複合的アプローチ」の主に三通りの主張が展開された。

第三の「環境影響評価」（ＥＩＡ）に関する議論では、UNCLOS第二〇四～二〇六条が、ＥＩＡ実施義務の基礎となること、既存のＥＩＡ実施義務との重複を避けること、ＥＩＡの標準的な手順、隣接沿岸国への通知の重要性等について、意見が収斂したといえる。一方で、ＥＩＡに関する意思決定を国際的な機構または国家が担うべきかについて意見の相違がみられた。戦略的環境影響評価（ＳＥＡ）を法的文書に挿入することに対しては、根強い反対の意志表明が数か国からみられた。

そして、第四の「能力構築・海洋技術移転」については、能力構築および海洋技術移転の必要性、既存の資金メカニズムの活用、UNCLOSに基づく協力義務の実施の必要性、クリアリングハウス機能の有用性等に賛意が集まった。一方で、能力構築・海洋技術移転を義務化または任意とするのか、資金メカニズム設立については、意見の相違がみられた。

各国の立場の相違はあるものの、BBNJ準備委員会までの概念的な議論を中心とした主張から、具体的な提案やアイディアが多く提示されたことが今回の会議の大きな成果であった。政府間会議第二会期に向けて、議長のレナ・

リー氏（シンガポール）の主導による条約テキストおよびその構成を含む、ゼロ・ドラフト「未満」の文書が準備されることとなった。

さらなる取組みに向けて

このように、MPAやBBNJなど海洋生物多様性の保全の取組みや議論が国連や各国で進んでいるが、一方で、国連からは新たな課題提起もなされている。すなわち二〇一七年のHLPFの報告では、「増加する気候変動の悪影響（海洋酸性化を含む）、過剰漁獲及び海洋汚染が、保護が増進した分を台無しにしている」との警告がおこなわれている。海洋保護区の設置などが進んでも、海洋が有限であるがために対応が追いつかない現実が示されている。

二〇一八年六月にカナダで開催されたG7シャルルボア・サミットにおいては、G7の全ての国が海洋環境の保全に関する「健全な海洋及び強靱な沿岸部コミュニティのためのシャルルボワ・ブループリント」を承認し、「海洋の知識を向上し、持続可能な海洋と漁業を促進し、強靱な沿岸および沿岸コミュニティを支援し、海洋のプラスチック廃棄物や海洋ゴミに対処」するとしている。また、カナダ及び欧州各国が達成期限付きの数値目標等を含む「海洋プラスチック憲章」を承認した。G7も含めたさまざまな場面おいて、より具体的な対応策が提起されているなか、今後、よりいっそう世界が一体となって取組んでいくための枠組みが求められる。

参考文献

山本智之　二〇一八『海洋白書二〇一八』コラム九
柳谷牧子　二〇一八『海洋白書二〇一八』第五章第一節
藤井麻衣　二〇一八『二〇一七年度各国および国際社会の海洋政策動向報告書』第一章
前川美湖　二〇一八『海洋白書二〇一八』コラム二

＊『「公海」での海洋生物の保全と持続可能な利用について』は東北公益文科大学公益学部の樋口恵佳講師、海洋政策研究所の藤井巌研究員の議事録を参照した。

おわりに

生物多様性の劣化をくい止めるために

秋道智彌・角南篤

本書を終えるにあたり、掲載された論考とコラムを踏まえて、日本と世界の海洋生物多様性の保全について今後どのような見通しがあり、どのような方策があるのかについて整理してみたい。ここでは四つの課題について取り上げる。そのキーワードは、（1）海洋ゴミ削減革命、（2）住民参加と離島振興、（3）生物多様性と漁業の相克、（4）日本発の海洋保護区である。

海洋ゴミの削減革命

海洋ゴミで焦眉の課題はプラスチックである。英国のエレン・マッカーサー財団は二〇一六年一月一九日、『新プラスチックス・エコノミー』を公表し、プラスチック製品の生産・消費が今後の経済システムにとって果たす重要な意義を提示している（Newfield *et al.* 2016）。

当該財団は、現在における海洋ゴミは世界で一億五〇〇〇万トン以上あり、毎年八〇〇万トン強が陸域から海に流出すると試算している。注目すべきは、プラスチックの廃棄をゼロにするビジョンを元に、一〇の方策が提示されている点である。具体的には循環型の生産・消費経済を目指すため、プラスチック包装の初回使用後の新たな使途の創出、海洋生態系へのプラスチック流出の大幅な削減、プラスチック生産に必要となる天然ガスと原油に代わる代替原料の発見・開発などが主要なものだ。

報告書によると、プラスチック製品は二〇一四年に世界で年間三億一一〇〇万トン製造されている。その四割は欧米諸国、四・五割はアジア、そのほかの地域で一・五割となっている。問題は海への投棄率であり、欧米で

表1　プラスチック・ゴミの海上投棄率の高い国上位２０位の一覧表（Jambeck et.al..2015）

() 内は推定される最大投棄量（トン）を表す。青字はアジア諸国を示す。2010 年における推定

1 位	中国（882 万トン）	11 位	南アフリカ（63 万トン）
2 位	インドネシア（322 万トン）	12 位	インド（60 万トン）
3 位	フィリピン（188 万トン）	13 位	アルジェリア（52 万トン）
4 位	ベトナム（183 万トン）	14 位	トルコ（49 万トン）
5 位	スリランカ（159 万トン）	15 位	パキスタン（48 万トン）
6 位	タイ（103 万トン）	16 位	ブラジル（47 万トン）
7 位	エジプト（97 万トン）	17 位	ミャンマー（46 万トン）
8 位	マレーシア（94 万トン）	18 位	モロッコ（31 万トン）
9 位	ナイジェリア（85 万トン）	19 位	北朝鮮（30 万トン）
10 位	バングラデッシュ（79 万トン）	20 位	アメリカ合衆国（28 万トン）

二%と少ないが、アジアでは八二%と圧倒的に多い。その他の地域は一六%である（op. cit）。アジアには、日本と韓国以外のほとんどの国が海洋投棄のワースト二〇位に含まれている（表1）。

プラスチック製品のなかで包装用のものの大多数は一回切りの使い捨てのものである。簡便なプラスチック包装は現代ではふつうのこととなり、大量生産・大量破棄の典型例といえる。プラスチックの生産量は二〇五〇年には一一億二四〇〇万トンと現在の三倍強と予想されている。しかも、現在のプラスチック海洋投棄量は魚類現存量（生物数量）の五分の一であるが、二〇五〇年には魚の数量よりも大きくなると前述のエレン・マッカーサー財団の報告書で試算されている。

海洋ゴミの根本問題

プラスチックのメリットとデメリットを人類史のなかで位置づけておく必要がある。プラスチックは石油に由来する点で、近代以降の技術の結晶であり、軽量性、可塑性、防水性、汎用性に優れた産業製品である。生産コストも廉価であり先進国のみならず途上国の隅々にまでいきわたっている。プラスチックの最大の汚点は生物と異なり、たとえ微小な大きさになっても分解されずに自然界に残存する点につきる。このことは由々しい問題であり、使い捨て製品を生産する技術の頂点にプラスチックがあり、この一方通行の消費を排除することが未来の地球にとり最重

要の課題となったわけだ。直近では、二〇一八年六月、カナダで開催されたG7サミットで「海洋プラスチック憲章」にイギリスやEU（欧州連合）は署名したが、日米は参加していない。海洋ゴミ対策への国別の温度差は深刻だ。

東アジアのゴミ投棄問題

日本、中国、韓国、ロシアなどの東アジア諸国の連携による海洋ゴミ対策の国際的な会合がある。それが日中韓三カ国環境大臣会合（TEMM）や北太平洋地域海行動計画（NOWPAP）である。また、平成二九（二〇一七）年五月には富山でG7富山環境大臣会合が開催され、これを受けて前述の会合でも引き続いて海洋ゴミについての議論がなされている。

NOWPAPは国連環境計画（UNEP）の提唱する地域海行動計画の一つで、日本海・黄海の海洋・沿岸環境の有効な利用・開発・管理を目的とし、日本、中国、韓国、ロシアが参画している。日本は人工衛星を活用したリモートセンシングなどによる「沿岸環境評価」、中国は地域内の海洋・沿岸環境に関する「データ情報ネットワーク」、韓国は原油流出事故のような緊急事態に対処する「緊急準備・対応」、ロシアは陸域などから流出する汚染物質の「汚染モニタリング」を担当することになっている。

しかし、海洋ゴミは課題分担式の対象ではない。該当する海域をトータルに把握する視座を堅持すべきであり、とくに大陸由来の海洋ゴミの多くが漂着する日本海沿岸域で、ゴミの種類に応じて漁業関係、非漁業関係、不明な分野に大枠で区分したサンプル調査を日本が率先しておこなう必要がある。この点で、IUU漁業にも匹敵するような海洋ゴミ投棄に関する規制作りが是が非でも必要であろう。

地域海と海洋ゴミ

海洋ゴミの大規模な集積例として、太平洋と大西洋におけるゴミベルト（Garbage Patch）が知られている。太

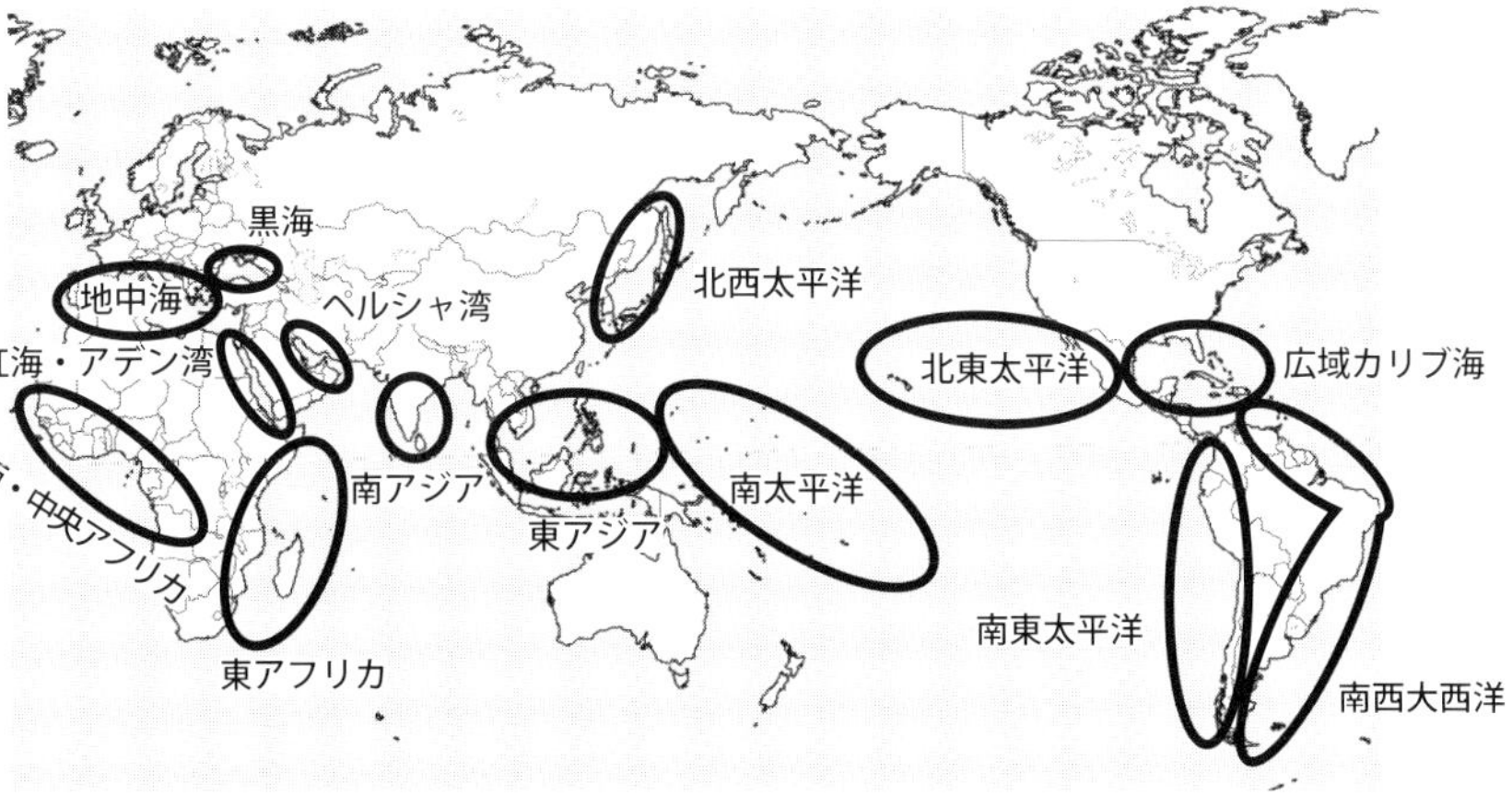

図１　国連環境計画（UNEP）の地域海行動計画

平洋の例でいえば、ゴミのたまり場は北太平洋の大循環（北赤道海流、黒潮、黒潮続流、カリフォルニア海流）の内部で発生し、地球の自転、亜熱帯高圧帯などの要因とともに、太平洋の大循環が電気洗濯機における渦巻き流の作用に似て、太平洋東部と西部のゴミを引き付ける要因がかかわっている。大西洋ゴミベルトもキューバ沖から米国のバージニア州あたりまでに広く分布する。

先述したＮＯＷＰＡＰが対象とする日本海・黄海のような中規模な海は世界にいくつもあり、カリブ海、地中海、黒海などが相当する。これらは日本海とおなじ半閉鎖性の海とはかぎらないが、海洋ゴミ問題を考える規模としては適切であろう。じっさい、海洋生態系を基盤として、国を越えた地域的なまとまりを想定して海洋ゴミをはじめとする海洋環境問題を考える取組みが国連環境計画により進められてきた。その戦略目標として選定されたのが地域海（Regional Sea）である。地域海では、環境保全、海洋ゴミの制御、海洋資源の持続的な利用を目指す大きな目標がある。地域海の健康診断を評価する一〇項目の指標もあげられた。

図１は世界で一四ヵ所設定された地域海を示したものである。なお、これと関連する『Ocean Newsletter』の記事が三五一号（Henocque 2015）と四一七号（長谷川　二〇一七）に掲載されている。地域海について、海洋ゴミだけでなく歴史や文化にも言及した仕

事は地中海（ブローデル　二〇〇四）や環日本海を対象とした一連の業績（日本海学推進機構編　二〇〇八）があるものの、海洋ゴミ問題にふれたものはない。今後、先述のＮＯＷＰＡＰと連携した日本海における研究の進展が期待される。

ゴミをめぐる離島振興と住民参加

リサイクルから埋め立てまで

ゴミ問題では廃棄されるゴミの行方が問題となる。ＯＥＣＤによる二〇一三年度の報告によると、排出されたゴミのうち、回収後に再利用されるのは全体の九％にすぎない。ついで焼却分は一二％、残りの七九％は埋め立てられるか海などに投棄された。焼却分でも、エネルギー源として回収された量とされなかった量の割合は国により大きく異なっている。

たとえば、ドイツ、韓国、スロベニア、オーストリアなどでは一般廃棄物の半分以上はリサイクルないし堆肥とされている。焼却してエネルギーを回収する割合の高いのは日本（七一％）であり、オランダ、デンマーク、スウェーデンなどでも廃棄物の半分以上が、ベルギー、スイス、フィンランドなども四割以上がおなじような処理をされている。廃棄物を埋め立てる割合の高い国は、ニュージーランド（一〇〇％）、トルコ、チリ、メキシコ（九〇％以上）、スロヴァキア、エストニア、カナダ、ギリシャ、イスラエル（七〇％以上）などである。国により廃棄物の処理方法には大きな違いのあることが分かる。資料が西洋中心のＯＥＣＤ加盟国にかぎられ、それ以外の国ぐにの数値が不明である。廃棄物の処理法をリサイクル型、焼却・エネルギー回収型、埋め立て型に類型化するとして、廃棄物の多いアジア諸国における処理法の比較と、大多数を占める海洋ゴミ投棄の関連性を探る調査研究がなされるべきだろう。

プラスチック廃絶を目指して

現在、日常的な消費生活におけるプラスチック製品を排除する運動がヨーロッパで巻き起こっている。使い捨て容器や袋・ストローなどのプラスチック製品の不買を目指す「脱プラ運動」が各地にある。コーヒーの世界的チェーン店のスターバックスは二〇二〇年までに世界中の店でプラスチック製品を追放する声明を出している。東京オリンピックの年でもあり、世界中から来日する脱プラ志向の団体や個人の動向と、対する日本の食品・飲料業界の対応が注目されるだろう。

ストロー（straw）は元々「わら、麦わら」を指した。今後、プラスチック製のストローに代わり、ふたたび麦わらストローが復活するのか、新たな紙製品が工夫されるのか。生活の広い分野でプラスチック製品が深く浸透しているだけに、二一世紀中葉に脱プラの材料革命がおこることは必至であろう。技術面で再生可能な素材の開発、環境負荷の少ない製品の考案のため、日本企業の世界貢献が期待されている。たとえば、石油起源の製品でなく石灰岩の炭酸カルシウムを元にしてプラスチック樹脂を配合した新しいライメックス（LIMEX）素材が紙の代用品として注目を集めつつある。ライメックスの使用の利点は、同製品の製造過程で二酸化炭素を約三・七割も削減できる点にある。

マイクロプラスチックは微小な粒子であり、本書でも大きく取り上げられている。人工物である微小なマイクロプラスチックが動物プランクトンに類似していることから小魚の餌となる。このことは、微小な人工物が海洋生態系に取り込まれる結節点となることを意味する。しかも、マイクロプラスチックに付着している重金属や有害物質も生物体内に吸収される。問題はプラスチック自体や汚染物質が生物によって分解・消化されることなく、食物連鎖を通じてより栄養段階の高い位置の生物に取り込まれることである。そして、最終的にプラスチック汚染の魚介類が人間の体内に入ることになる。人間が技術文明の果てに作り出したプラスチック物質が再び人間に取り込まれることは、人類史におけるあらたな悲劇のはじまりを意味する。

海岸清掃と離島振興作戦

日本にはいくつの数の島があるのだろうか。数え方にもよるが、海上保安庁の調査（一九八七年）では、六八五二とされている。このうち、有人島と無人島に分けた国土交通省による平成二七（二〇一五）年の公表資料でみると、有人島四一八、無人島六四三〇となっている。無人島の多くは離島であり、その数は日本の島の九四％に相当する。

生活の場から離れた海岸に漂着ゴミがある場合、その場が私有地であれ公有地や国有地であれ、いったい誰が責任をもってゴミの回収と処理にあたるのか。海上をただよう漂流物は誰のものでもないが、いったん漂着したゴミを回収するための経費と労力を誰が負担するのかが問題となる。浜に漂着したゴミを元々投棄した人は特定できないが、その浜の所有者は否応なくゴミ処理に何らかの策を講じざるを得ない。理不尽なことかもしれないが、当該の個人、共同体ないし自治体が浜の清掃とゴミ処理作業に伴う経費や人件費を負担せざるをえないのが現実である。

近年、地震や津波、さらには集中豪雨で被災した地域に全国から多くのボランティアが救助活動やゴミ清掃に参加するようになった。だが、自然に漂着したゴミは突発的な災害の結果ではない。そのこともあって、見知らぬ地域の海岸で一斉に漂着ゴミの清掃に多くのボランティアが参加する事態はない。海洋ゴミの清掃を地域中心におこなう活動があるものの、日本列島の多くの離島では組織的な清掃活動はない。そこで、離島の振興策を含めたゴミ収集活動を展開する試みを都道府県や地方自治体が音頭をとって展開できないだろうか。学校教育の一環としてゴミ清掃を実践する例はそれほど多くはない。個人や団体をいかに巻き込んで離島の振興や人集めを組織するかの知恵を生み出してほしい。この点で、離島振興策の観点から、後述する海洋保護区における海洋ゴミの除去を推進する実践として特筆すべきであろう（清野　二〇一一）。

生物多様性保全の複合作戦

海洋の生態系は沿岸域、沖合、深海、外洋とで性格が大きく異なっている。寒帯・亜寒帯から温帯、亜熱帯にかけて、生態系を構成する生物種も多様である。しかも、定着性の生物だけでなく、広域を回遊する生物もあり、すべての海域を網羅して生物多様性の保全策を一括して論じることは現実的ではない。生物多様性の保全を空間規模に注目すると、大きく分けて二つのアプローチが想定できる。

第一は、規模は別として、森から里、海に至る水や物質の循環に注目するものである。

第二は生態系保全のための海洋保護区の設定に関するものである。

まず、生物多様性と水や物質の循環についての具体的な方策を検討しよう。

生物多様性と水や物質の循環

二〇一〇年に名古屋で開催されたCOP10において、生物多様性保全に関する二〇二〇年までを目標とする愛知目標が採択された。一〇年間にさまざまな措置を講じるとして、その成果を数値目標として実現することは容易ではない。なかでもそれぞれの生物種に注目するのではなく、生態系全体を基盤として取組むための方法をいかに実現するのかが注目された。海洋生態系には汽水域から沿岸、沖合、深海の各ゾーンで生息する生物種の数と構成は大きく異なっており、ゾーンごとに特化した議論が必要である。日本は南北に長く、北の冷水系から温水系、南の暖水系まで多様な生物種が分布している。生活周期も季節に応じて変化し、ネクトン（移動性のある生物）は索餌・産卵のために回遊する。

「はじめに」で取り上げた「海洋生物センサス」で、日本周辺の生態区（エコリージョン）は次頁図2にあるように区分されている。生態区は、水深二〇〇メートル以浅の水域に適用される。環境省による「海洋生物多様

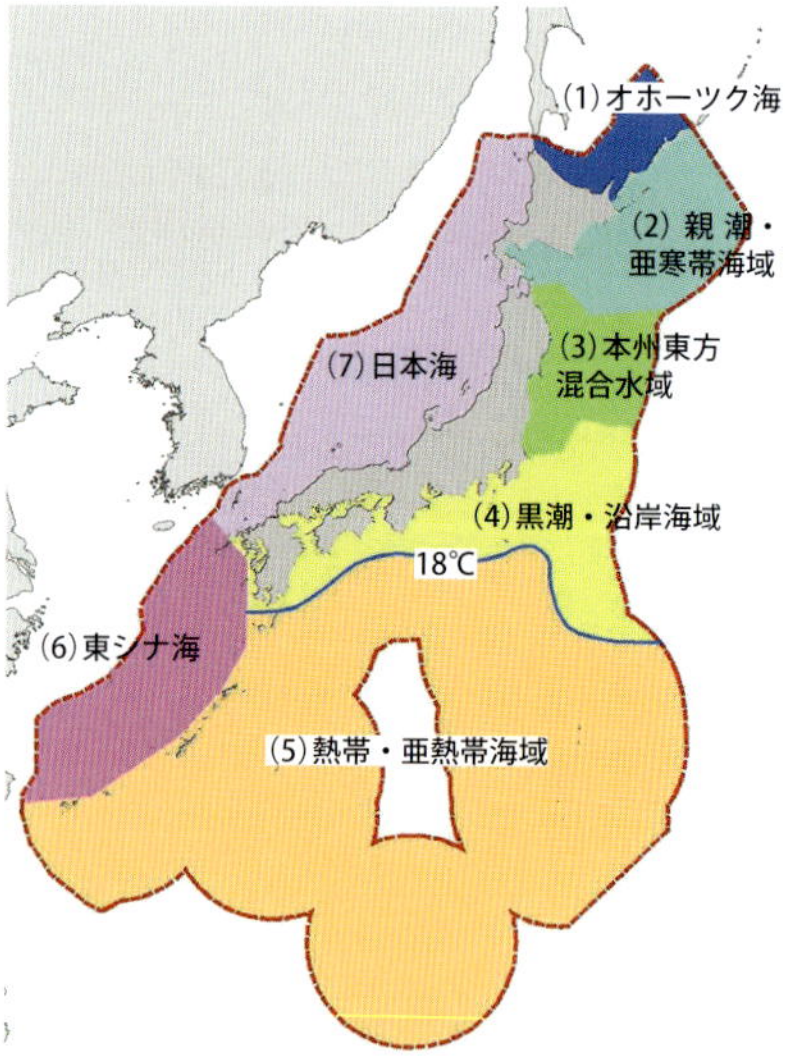

図２　日本周辺海域の生態区（環境省　2011）

性保全戦略二〇一一」の報告では、（１）オホーツク海、（２）親潮・亜寒帯海域、（３）本州東方混合水域、（４）黒潮・沿岸海域、（５）熱帯・亜熱帯海域、（６）東シナ海、（７）日本海に七区分されており（環境省　二〇一一）、それぞれの海域における海洋学的な特徴、海洋生物相、生態系の動態についてまとめた記載がある。

　注目すべきは、区分されたそれぞれの海域に固有ないし特徴的な海洋学的・生物学的な現象が存在する場合や、海域を超えて季節的・越年的な回遊にともなう越境的・広域的な生物分布がみられる場合が併存することである。たとえば、オホーツク海は、世界でもっとも低緯度で海氷が季節的に生成する日本で唯一の海域である。流氷とともに特異的な生物相が到来する。オホーツク海の豊かな栄養塩類は大陸のアムール川に由来するフルボ酸鉄が大きな役割を果たしており、大陸からオホーツク海に栄養塩類をもたらす点でオホーツク海の「魚附林」とも称される（白岩　二〇一一、二〇一三）。一方、筆者の秋道自身、二〇〇九年夏に紋別を訪れたさい、現地にある流氷博物館の地階にある野外展示水槽でアカクラゲを見た。温帯域に生息するクラゲがオホーツク海でみられるようになったのは数年前からと水族館の関係者から聞いた（秋道他　二〇一六）。

　瀬戸内海はかつて河川から流入する栄養塩によって豊かな海が形成されてきた。しかし、一九六〇年代の高度経済成長期をはさんで沿岸の開発と埋め立て、リン、窒素などの栄養塩類や汚染物質の排出などにより富栄養化が極度に進展し、赤潮の発生や養殖魚の大量死につながった。一九八〇年代以降は、環境修復の法令、下水処理などにより富栄養化は沈静化したが、今度は貧栄養化が進展することになった。この影響で海苔養殖業やアサリ・バカガイなどの貝類生産が落ち込み、プランクトン不足の海は深刻な事態を招くようになった。ここでも海洋の栄養塩の収支にとり、水や物質の循環が大きな役割を果たすことは明白である。

二〇〇〇年代、東シナ海方面から大量の大型クラゲが日本海沿岸域の広範な領域にわたって漂着した、その一部は津軽海峡を通過し、太平洋岸の茨城までに達した。また、北上したクラゲは稚内からオホーツク海に入り、知床半島にまで達した。大型クラゲによる被害は甚大であり、定置網や底曳網などへの入網による破損が顕著にみられた。

大型クラゲはなぜ発生したのか。本書で上真一氏がふれているように、発生の要因は複合的であり、すべてが解明されたわけではない（上 二〇一一）。地球規模では、地球温暖化と海水温の上昇をあげることができるが、陸域との関係ではとりわけ、中国の人口増加と経済発展により、河川由来の化学物質や汚染物質が沿岸域に流出したことが大きく関与することは明らかだろう。長江中流域に建設された三峡ダムにより土砂がダムで堰き止められ、下流域にケイ酸塩がもたらされなくなった。巨大な三峡ダムは森・川・海の循環を断ち切ることとなった（図3）。ケイ酸塩の不足は沿岸域における鞭毛藻類の増加にも影響し、プランクトン食のイワシ・アジ・サバの乱獲によりプランクトンを餌とする生物間の競合関係がなくなり、クラゲ大発生につながった公算は大きい。

前述のCOP10では豊かな海作りの活動として日本の里海が取り上げられた。人間が人工的に沿岸域を改変し、そのことで沿岸生態系が豊かになるシナリオを構築するのが里海の骨子である。具体的な活動として、藻

図3　中国・長江の三峡ダム

世界最大級のダムにより、農業用水や電力供給に寄与する反面、ケイ酸塩の運搬が阻害され、沿岸域のプランクトン組成や海洋生態系の甚大な影響が指摘されている。

場の再生とアマモ種苗の植え付け（岡山県日生）、枝サンゴの陸上増殖（沖縄県恩納村）、志摩市の里海再生などの例がある。里海復権のための広葉樹の植樹活動も、森と海をつなぐ循環に根差した試みである。

生物多様性と漁業の拮抗関係

インドネシアのスラウェシ島北端からフィリピンのミンダナオ島にかけ、南北に分布する七〇ほどの島々がサンギル・タラウド諸島である。一九九〇年代初頭の現地調査によると、そのひとつのナイン島ではキリンサイ（リュウキュウツノマタ）の蓄養ブームがあり、島の周囲はキリンサイの蓄養のためのはえなわがギッシリと張り巡らされていた。キリンサイはカラギーナン（硫酸多糖類）を多く含み、アイスクリーム、寒天などの食品やシャンプー、歯磨きペースト、化粧品などの原料として汎用され、乾燥したキリンサイがインドネシアから欧米諸国に大量に輸出されている。

ナイン島では、黒いプラスチック袋を細断したヒモが、はえなわの枝縄用に使われていた。島の若者に聞いたところ、はえなわ用の丈夫な繊維製の漁具が欲しいということだ。貧困ゆえに漁具を購入する余裕がなく、使い捨てのプラスチック袋を転用していたわけだ（図4）。

問題はキリンサイ蓄養のため、サンゴ礁の上部がキリンサイでおおわれ、十分に太陽光がサンゴに到達しないため、サンゴ礁の劣化が進んだ。加えて、採集したキリンサイを天日干しするため、沿岸域に杭上の多くの乾燥台が設置され、その用材として隣接するマンテハゲ島のマングローブが不法に伐採された（図5）。マンテハゲ島は海洋保護区となっており、マングローブ伐採は禁じられている。

島には貴重な原猿類ツパイが生息している。マンテハゲという島の名もこの原猿類に由来する。貧困にあえぐナイン島の漁民が現金収入を目的として開始したキリンサイの蓄養が生態系を劣化させることになった。生活向上と生態系保護が拮抗関係にあり、代替の漁業を導入するめどもない。北の産業発展により南の環境破壊が進んでおり、南北格差に目を向けないかぎり、生物多様性の保全は先進国だけの論理に蹂躙されてしまう危険性がある。

生物多様性を劣化させる要因となる直接的な漁業が広義のＩＵＵ漁業である。ＩＵＵ漁業は、違法・無報告・無許可の漁業を指す。具体的には、禁漁区や禁漁期における操業、体長制限のある魚種や海洋生物のアンダーサイズの個体の採捕、海洋生態系に悪影響を与える「破壊的漁業」などが相当する。

なかでも、破壊的漁業としてダイナマイト漁、青酸カリ漁、底曳き網漁、追込み網漁、筌漁など、熱帯・亜熱帯海域における小規模な漁業が指摘されてきた。ダイナマイト漁は一瞬にして生き物やサンゴ礁を死滅・破壊に至らしめる。青酸カリ漁は対象とされるハタ類や熱帯観賞魚などだけでなく、微小な生物群や稚仔魚を死滅させる。底曳き網漁は、海底を網でかき回すことで撹乱する、ムロアミと称される追込み網漁や筌漁《うけりょう》（編み竹を仕掛けて捕まえる漁：インドネシア語のブブ）も海底のサンゴを破壊し、生態系を劣化させる。

ＩＵＵ漁業のもたらす弊害が指摘されているなかで、これを根絶するための法令や規則、予防措置が各国ではかられてきた。にもかかわらず、いぜんとして陰で違法漁業が蔓延する理由は、漁民が貧困ゆえに現金収入源とすることや、不法な漁業で収益を計ろうとする業者が絶えないことによる。しかも、漁民と漁獲物を買い取る仲買人業者とは持ちつ持たれつの契約

図４　枝縄作り（インドネシア・北スラウェシ州のナイン島）

廃棄物のビニール袋からキリンサイの種苗を取り付ける枝縄を作り、これをサンゴ礁の浅海にはえなわ状に設置して蓄養する。

図５　キリンサイを乾燥する台（インドネシア・北スラウェシ州のナイン島）

浅海の杭上に収穫したキリンサイを広げて日干しする。杭は伐採禁止のマングローブ材が使われている。

関係を結ぶ例が多い。セリ市場での競争入札（オークション）でなく、魚の買い手と漁民とがパトロン・クライアント関係をもつ場合、個別契約による隠匿性、買い手による搾取性が顕著となる。筆者の秋道の調査によると、タイ南部では買い手の仲買人は頭家（タウケー）と称される。政府は頭家と漁民との関係を断ち切るために魚市場におけるセリ制度を導入したが、セリでの落札価格より少しだけ上乗せした価格で漁民から魚を買い取る手段に出たため、セリ市場が形骸化することになった事例がある。

以上みたように、生物多様性保全の目標に、生態学的な側面だけでなく、社会経済的な側面にも大きな関心を寄せて取組む必要がある。このため、いくつもの方策が考えられる。たとえば、代替漁業としての養殖・蓄養業の推進、漁具の提供、魚価の向上に向けての流通機構の新規開拓、破壊的漁業根絶に向けての教育・啓発プログラムの推進などの案が想定されるが、地域の実情に合ったプログラムを起案して実現するため、地域ごとに漁民や漁業に熟知したファシリテーターが是が非でも必要である。日本の漁業協同組合のような漁民の組織を作る案もかつては提案されたが、実現可能性の面からも失敗に終わる例が多い。インドネシア東部におけるようなサシやインドネシア西部のパングリマ・ラウト（海の首長）制度はそのなかでも共同体基盤の組織による資源管理の事例として注目すべきであろう。

生物多様性の劣化は熱帯・亜熱帯海域だけでなく、温帯・冷温帯、寒帯でも起こりうる。外洋において数十キロにわたり網を設置してサケ・マス類を獲る流し網漁が乱獲だけでなく、イルカや海鳥をも混獲することから一九七九年に全面禁止に至った例がある。アラスカで産卵のために接岸するニシンの大群が来遊することが知られている。コンブに付着したニシン魚卵は「子持ちコンブ」として大量に獲られ、日本に運ばれた。アラスカ南部のシトカに居住するトリンギット族は来遊する産卵ニシンをめぐる豊漁儀礼をおこなってきたが、来遊するニシンが沖合で一網打尽にされたため、沿岸に来遊しなくなった。ニシンの大量捕獲が海と関わる先住民の文化や暮らしにも由々しい影響をあたえることが露呈した。

国連の主導する持続的発展の目標（SDGs）の掲げる「豊かな海」は海洋生物の多様性を維持することだけでなく、海とかかわる漁民や地域の人びとの文化の多様性を適正に持続・発展させるものであるべきだろう。この点からも、トリンギット族の例は商業主義的な漁業が生物多様性と文化多様性の両側面に負の影響を及ぼすものであることを如実に示している。

これまでみたように、生物多様性の保全と維持には広域からの検討が必要であり、個別の事例であっても広範な知見を持ちよったアプローチを目指す方策が重要である。とくに、水や物質の循環は陸域の広い領域にまたがるため、海の研究に取り、陸域との相互作用に力点を置いた究明が望まれる。また、貧困問題、魚の買い取り業者と漁民との契約関係の有無などの社会経済的な要因にも目配りをする必要がある。

さらに注視すべきは、深刻化する海洋の浮遊プラスチック問題である。浮遊プラスチックは元々、人類文明が産み出した人工物であり、世界中に商品として拡散し、廃棄されて海に漂うことになった。プラスチックに付着した有害物は分解されることなく海の生き物に蓄積され、人類はその有害物を食物として摂取することになる。海の生態系の未来はわれわれの未来ともかかわっている。プラスチック・ゴミの悪循環を断ち切る英断がいまこそ必要だ。

海洋保護区―ノーテイクから海洋動物との共生まで

生物多様性保全のうえで、海洋保護区の果たす役割はたいへん大きい。国により、あるいは立脚する立場のちがいで、海洋保護区そのものの位置づけは多様である。保護区における生物の採捕禁止はいわゆるノーテイク（no take）の原則であり、生態学的保護区といえる。これには、南氷洋においてニュージーランド、オーストラリア、アルゼンチンなどが主張するクジラの聖域、ハワイ諸島におけるザトウクジラの聖域、世界（自然）遺産における核心領域（コア・エリア）などがある。これらは国際的ないし国が合意した保護区であり、世界遺産でいう「卓越した普遍的価値（ＯＵＶ：Outstanding Universal Value）」をもつ領域にあたる（杉本　二〇一六）。

一方、世界には特定の地域や民族集団が自らの保護区を決めている場合が数多くある。たとえば、筆者の秋道が調査したソロモン諸島マライタ島北東部に住むラウ族は、この地に最初に移住してきて居住した沿岸のマングローブ地帯を「聖地」（バレオと呼ばれる）として一切の樹木の伐採や漁撈・採集活動を禁止している（秋道　一九七六）。また、オーストラリア北部のアーネムランドに居住するヨルング族は、生活領域にあるアマモ場をディムル（Dhimurru）と呼ばれる保護区とし、一切の漁撈採集活動を禁じている。ここに外資系のエビトロール船が侵入したことで現地社会との対立が発生した。保護区は世界中が認めるものだけではないことを周知すべきであろう（Davis 1984）。

海洋保護区が資源管理のためのものとされる好例が日本の沿岸域における共同漁業権第一種共同漁業権漁業（藻類、貝類、定着性の水産動物を目的とする漁業）にある。漁場や季節を限定して集団の成員権をもつもののみが参画できる共同体基盤型の自主的な資源管理方策として注目されてきた。類似の資源管理法はインドネシア東部におけるサシ（sasi）の対象となるサンゴ礁海域（タカセガイ・ナマコ）の事例も当てはまる（村井　一九九四、一九九八、秋道　二〇〇四）。

漁民による自主的な管理は本シリーズの第1巻でもふれたように、トップダウン式の方策とは異質の、地域の実情に根差した性格のものである。ただし、これはＳＤＧｓのなかで設定された一四の「豊かな海づくり」と矛盾するものではない。クジラのような大型の海洋動物やウミガメ類については、ノーテイクの原則と聖域の設定がなされる一方、索餌場、産卵場（ウミガメにおける陸域の砂浜）の保護が課題とされてきた。

国連主導のＳＤＧｓの目標として設定された「豊かな海づくり」について、具体的方策をふまえておく必要がある。そのためにも海洋保護区に関するモデルとして日本の実情に即応した事例を詳細に検討して世界に発信する試みがあってもよい。本書で八木信行氏が指摘するように（第2章11）、生物多様性のための保護区の考え方を超えて、地域住民の生活向上や漁撈活動との相克、調整を踏まえた実質的な事例を積み上げる必要がある。

ジュゴンの保護区をめぐって

この点で筆者の秋道がタイ国トラン県のリボン島でジュゴン調査に参画したさいの事例を提示しておきたい。ジュゴンは現在、絶滅危惧種として世界的に保護の対象とされている。しかし、かつては食用に利用されてきた長い歴史がある。ジュゴンの生息する熱帯・亜熱帯地域の国々でも、ジュゴン捕獲を禁止する法律が制定されており、現在も生息地における保護区の範囲をめぐる議論がある。

タイでは南部のトラン県にハドチャオマイ海洋国立公園があり、公園内での漁撈はいっさい禁止されている。二〇一七年ころからリボン島における海洋保護区の設置をめぐる地方政府と漁民、NGOらによる協議がなされている。いったん、ジュゴンの保護区が決められると、漁業ができなくなる。その分、漁民は漁場をほかに探さなければならなくなる。ジュゴンの保護区には索餌対象となる海草藻場がふくまれているが、漁民にとり藻場は干潮時に貝類を採集する漁場でもある。満潮時にはジュゴンが索餌する場であるが、干潮時にヒトが貝類を採集できる漁場にもなる。ヒトとジュゴンが時間的な棲み分けのできる海洋保護区があってもよい。

藻場は稚仔魚の生育場でもある。生物多様性を保全するためにも小規模な貝類採集活動はよいとして、沖合で捕獲されるタイワンガザミ（*Porturus pelagicus*）の稚ガニを販売目的で採取するような愚行は禁止すべきであろう。カニが大きくなって沖合でカニ籠漁や底刺網で捕獲された場合に得られる収益は稚ガニの場合より格段に大きいはずである。

海洋保護区をめぐる議論だけからでも、地域固有の解決すべき課題があり、世界全体における取組みまで、多様な問題群に向けての階層化されたプログラムの構築が今後の大きな課題となるであろう。

最後に日本がなすべき政策的な取組みの重層的な見取り図を示しておきたい（次頁図6）。図では、日本各地におけ

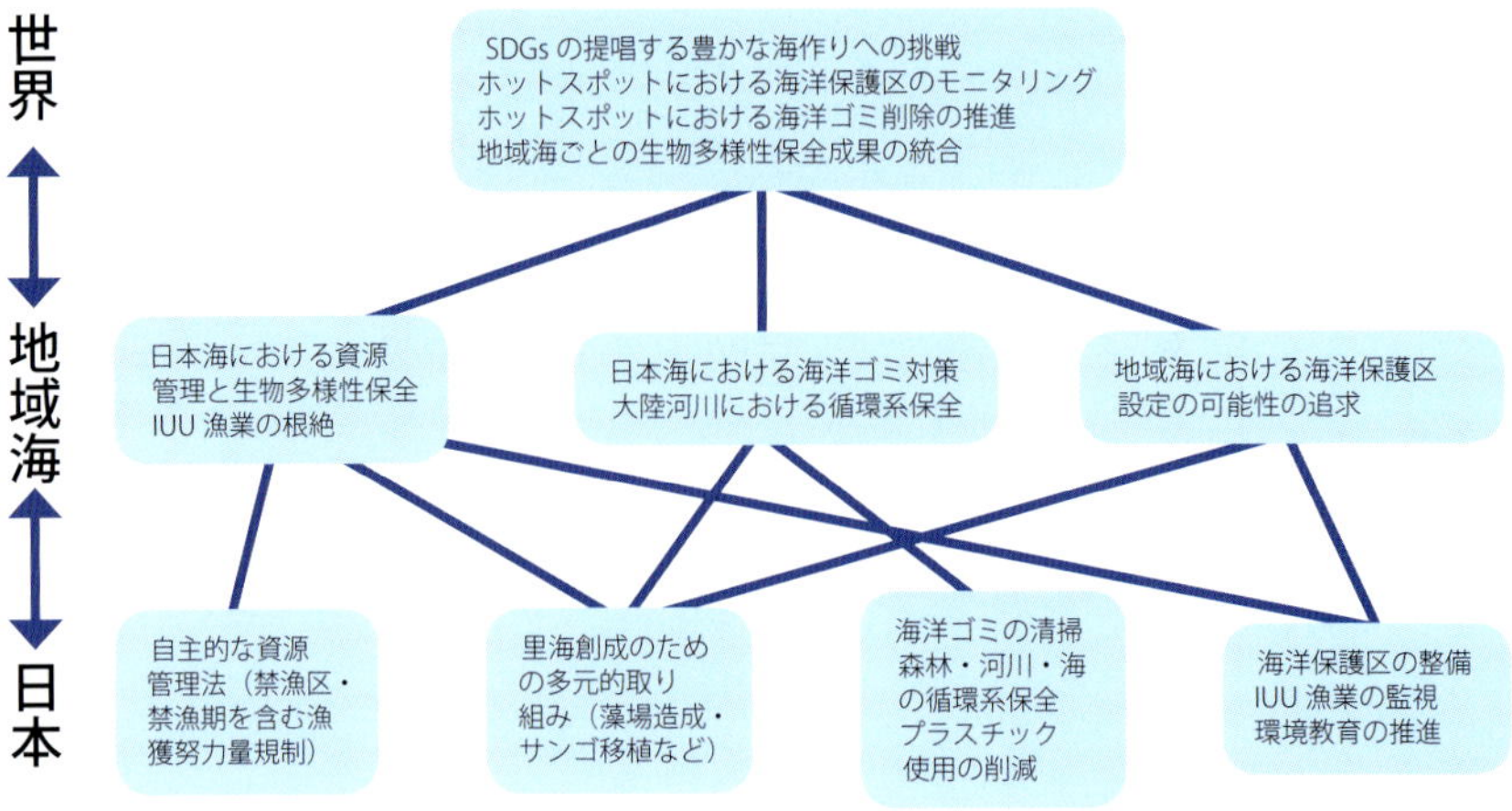

図６　生物多様性の保全をめぐる重層的な取組みの政策展開

る取組み、地域海の日本海における取組みをあげている。さらに、世界全体として統合的な取組みへと連携する構成になっている。各階層をつなぐ役割を部分的にせよ担うのは、当海洋政策研究所である。とくに、日本国内の諸課題と、アジア地域における諸問題の解明に向けた連携に大きく寄与する役割を担っている。また、世界に向けては日本独自の海洋生物多様性の保全方策の発信に力を注ぎたい。

参考文献

秋道智彌　一九七六「漁撈活動と魚の生態―ソロモン諸島マライタ島の事例」『季刊人類学』七(二)：七六―一二八

秋道智彌　二〇〇三「野生生物の保護政策と地域社会―アジアにおけるチョウとジュゴン」池谷和信編『地球環境問題の人類学―自然資源のヒューマンインパクト』世界思想社：二三〇―二五〇

秋道智彌　二〇〇四『コモンズの人類学―文化・歴史・生態』人文書院

秋道智彌・上田宏・関野樹　二〇一六「シジミが映す海・川・暮らし―北海道と青森県の汽水域を歩く」『フィールドから考える地球の未来―地域と研究者の対話』（地球研叢書）昭和堂：一〇―二七

上真一　二〇一二「グローバル化するクラゲ類の大量発生：原因と対策」『地球環境』一六(二)：一一七―一二四

環境省　二〇一〇『生物多様性国家戦略二〇一〇』環境省

白岩孝行　二〇一一『魚附林の地球環境学』昭和堂
白岩孝行　二〇一三「鉄が結ぶ「巨大魚附林」―アムール・オホーツクシステム」桜井泰憲・大島慶一郎・大泰司紀之編著『オホーツクの生態系とその保全』北海道大学出版会：四七―五二
杉山卓史　二〇一六「顕著な普遍的価値とは何か」『世界遺産学研究』一：三五―三九
清野聡子　二〇一一「離島振興策としての「海洋保護区」―生物多様性保全と越境汚染の解決の枠組」『土木学会論文集』B３（海洋開発）六七(二)：七八四―七八九
日本海学推進機構編　二〇〇八『日本海学の新世紀８　総集編「日本海・過去から未来へ」』角川学芸出版
長谷川香菜子　二〇一七「国連環境計画地域海プログラムとは」『Ocean Newsletter』四一七：五―六
HENOCQUE, Yves 二〇一五「海の健康管理は地域海の「良好な環境状況」達成にはじまる」『Ocean Newsletter』三五二：一―二
村井吉敬　一九九四「東インドネシア諸島における伝統的資源保護慣行―サシについての覚え書き」『社会科学研究』一一七：九五―一二一
村井吉敬　一九九八『サシとアジアと海世界―環境を守る知恵とシステム』コモンズ
ブローデル・フェルナン　二〇〇四『地中海１』（浜名優美・翻訳）藤原書店

Davis, S. 1984, "Aboriginal claims to coastal waters in north-eastern Arnhem Land, northern Australia.", in K. Ruddle and T. Akimichi eds., *Maritime Institutions in the Western Pacific* (Senri Ethnological Studies. No.17): 231-251.
Jambeck, Jenna R./ Geyer, R./ Wilcox, C./ Siegler, T. R./ Perryman, M./ Andrady, A./ Narayan, R./ Law, K. L. 2015, "Plastic waste inputs from land into the ocean.", *Science* 347: 768-771.
Neufeld, L./ Stassen, F./ Sheppard, R./ Gilman, T. 2016, *The New Plastics Economy Rethinking the future of plastics*, World Economic Forum.

用語集

ＢＢＮＪ（marine Biological diversity Beyond areas of National Jurisdiction）

公海と深海底の国家管轄権外区域における海洋生物多様性を指す。海洋法条約では公海と深海底に国の管轄権が及ばず、生物多様性の保全及び持続可能な利用について、独自の問題として扱うこととなった。

ＣＢＤ（Convention on Biological Diversity）

生物多様性条約。一九九二年六月、リオデジャネイロで開催された国連環境開発会議（ＵＮＣＥＤ）で調印式後、一六八ヵ国・機関が署名し、一九九三年一二月に発効。アメリカ、イラク、ソマリア、バチカンなど七ヵ国は署名していない。

ＦＡＯ（Food and Agriculture Organization）

国連食糧農業機関。一九四五年に設置。世界の飢餓撲滅に向けて食糧生産と分配の改善と生活向上を目指す。農林水産分野における政策提言と国際協議の仲介役、技術改善による食糧の安定供給、食の安全保障策なども進めている。

ＧＯＯＳ（Global Ocean Observing System）

全球海洋観測システム。全世界の海洋環境やその変動を監視し、長期的系統的な海洋観測システムを構築する国際計画。ユネスコ政府間海洋学委員会（ＩＯＣ）、世界気象機関（ＷＭＯ）などが共同で推進。

ＩＭＯ（International Maritime Organization）

国際海事機関。一九五八年設立の政府間海事協議機構が一九八二年に国際海事機関と改称。海上航行の安全性や海運技術の向上、タンカー事故による海洋汚染の防止、海運をめぐる諸国間の差別撤廃などを目指す。

ＩＵＣＮ（International Union for Conservation of Nature and Natural Resources）

国際自然保護連合。一九四八年創設の国際的自然保護団体。日本は環境庁が一九七八年に、一九九五年に国として加盟。世界一六〇ヵ国から約一万一〇〇〇人の科学者・専門家が種の保存、生物多様性などに関する六専門家委員会に所属。

ＩＰＣＣ（Intergovernmental Panel on Climate Change）

気候変動に関する政府間パネル。国連環境計画（ＵＮＥＰ）と世界気象機関（ＷＭＯ）が一九八八年に共同で設立。地球温暖化に関する知見を集約し、数年ごとに評価報告を作成。気候変動に関する科学的貢献から二〇〇七年にノーベル平和賞を受賞。

ＭＡＢ（Man and Biosphere）

人間と生物圏計画。ユネスコが一九七六年に設定。人間と生物圏との関わりから、核心地域、緩衝地域、移行地域に区分するゾーニングの発想が特徴である。この考えは世界遺産（自然遺産）の保全にも応用されている。

MDGs (Millennium Development Goals)

ミレニアム開発目標。二〇〇〇年九月の国連ミレニアム宣言を基に、二〇一五年までに達成すべき八目標。貧困と飢餓の撲滅、ジェンダーの平等と女性の地位向上、HIV・エイズ、マラリアなどのまん延防止、環境の持続可能性の確保などが含まれる。

MPA (Marine Protected Area)

海洋保護区。海洋と環境保護のために国や地域が定めた海域。保護区には漁撈・採集が禁止の場合から、小規模漁業やダイビングを認める場合、祖先の聖地として立ち入り禁止とされる場合まで多様で、その規模もさまざまである。

NOWPAP (Northwest Pacific Action Plan)

北西太平洋地域海行動計画。国連環境計画が進める地域海計画の一つで、一九九四年九月、日本、韓国、中国、ロシアが第一回政府間会合で、協同で取組むことを承認。現在、六つの具体的な行動計画が進行中。

PCB (Poly Chlorinated Biphenyl)

ポリ塩化ビフェニル。熱に強い塩素系化合物で工業面での応用範囲が広いが、生体に対する毒性が高く、脂肪組織に蓄積しやすい。発癌性があり、皮膚や内臓の障害、ホルモン異常を引き起こす。

POPs (Persistent Organic Pollutants)

残留性有機汚染物質。分解しにくく、脂肪などに蓄積する。長距離移動性をもち、人体や生態系に有害とされる。地球規模の汚染への懸念から、「残留性有機汚染物質に関するストックホルム条約」が二〇〇四年五月に発効。

PSSA (Particularly Sensitive Sea Area)

特別敏感海域。国際海事機関（IMO）が、海洋環境を保護するために指定した海域。グレートバリア・リーフ、トレス海峡、トゥバハタ岩礁海中公園、カナリア諸島、ガラパゴス諸島などの例がある。

SDG14

持続可能な開発目標のうち、とくに海洋・海洋資源の保全と持続可能な利用に関するものがSDG14である。二〇一七年六月、SDG14実施支援国連会議がニューヨークで開催された。一九〇ヵ国以上の国、国際機関、NGOが参加し、一三〇〇以上の自主的な取組みが公表された。

SDGs（Sustainable Development Goals）
持続可能な開発目標。二〇一五年九月の国連サミットで採択された「持続可能な開発のための二〇三〇アジェンダ」に記載された二〇一六年から二〇三〇年までの国際目標。一七のゴールと一六九のターゲットで構成

UNCLOS（United Nations Convention on the Law of the Sea）
国連海洋法条約。一九八二年四月に第三次国連海洋法会議で採択、一九九四年一一月に発効。領海・公海・排他的経済水域・大陸棚・深海底・紛争・海洋技術など包括的に成文化したもの。世界で一六五ヵ国以上が批准。

UNEP（United Nations Environment Programme）
国連環境計画。国連の補助機関で、環境に関する諸活動の総合的な調整と問題解決に向けての国際協力の推進を図る。ワシントン条約、ボン条約、バーゼル条約、生物多様性条約などの条約の管理を担う。

UNEA（UN Environment Assembly）
国連環境総会。二〇一二年の国連持続可能な開発会議（リオ+20）において、国連環境計画の強化策として、すべての国が参加する国連環境総会が創設。オゾン層保護、気候変動、海洋環境保護、水質保全、土壌劣化の阻止などを扱う。

WSSD（World Summit on Sustainable Development）
持続可能な開発に関する世界首脳会議。二〇〇二年八―九月、南アフリカ共和国のヨハネスブルグで国連により開催された地球環境問題に関する国際会議（ヨハネスブルグサミット）。地球環境問題をめぐる先進国と開発途上国の溝が大きな問題となった。

大型クラゲ大発生
今世紀初頭から日本海沿岸に巨大な大型クラゲが大量に出現した。大発生のメカニズムは特定されていないが、東シナ海の海洋環境の変化が関与している。定置網、底曳網への入網により大きな被害が出た。

愛知目標（Aichi Targets）
二〇一〇年、生物多様性条約締結国会議が名古屋市で開催され、二〇二〇年までに二〇項目が愛知目標として採択。目標6で適正漁業による生態系の維持、目標11で陸域・内水域の一七%、沿岸域・海域の一〇%に保護区を設定することが掲げられた。

オープン・アクセス（open access）
海洋だけにかぎらないが、ある領域に入る制限がない場合、アクセス権は自由であり、オープン・アクセスと呼ぶ。公海はかつてその対象であったが、さまざまな条件により制限

が加えられるようになっている。

海洋深層水（産業用）

水深二〇〇メートル以深の深層水。表層水と混合せず、溶存酸素量の少ない点、太陽光がかないのでプランクトンが生育せず、栄養塩類が豊富な点、水温が一定で水質が安定しているなどの特徴がある。

海洋生物センサス（Census of Marine Life）

二〇〇〇～二〇〇九年までの一〇年間、世界の海の生物センサス調査が実施された。二七〇〇人もの研究者が参画し、多くの新種発見をはじめ、二〇〇メートル以浅の海洋で二三三の生態区が決められた。

海洋生物地理区

海洋生物の生物分布を元にした生物地理学的な区域。日本周辺ではオホーツク海、親潮・亜寒帯海域、本州東方混合水域、黒潮・沿岸海域、熱帯・亜熱帯海域、東シナ海、日本海に七つの海洋生物地理区が設定されている。

外来種（alien species）

在来種にたいして、自然・人為的な要因により外部から侵入・導入された種が外来種。外来種が在来種に与える影響や新しい生態系にとっての意味はさまざまであり、外来種すべてが負の影響をあたえるわけではない。

ゴースト・フィッシング（ghost fishing）

海上で投棄された漁網や籠などに海洋生物がからまり、死亡することがあり、ゴースト・フィッシングと称する。ＦＡＯは「責任ある漁業」をおこなうため、ゴースト・フィッシングの根絶を提案している。

国連持続可能な開発会議（リオ＋20）

二〇一二年六月にブラジルのリオデジャネイロで開催された国際会議。持続可能な開発を実施するための具体的方策を記載した成果文書を採択。本会議はＳＤＧｓの提案の元となった。

ゴミベルト（garbage patch）

北太平洋の中央部と北大西洋北西部にある海洋ゴミの集積した海域。海洋ゴミの大半は陸起源で、とくに浮遊プラスチックゴミが集中している。

コーラル・トライアングル（coral triangle）

インドネシアからメラネシアにかけての海域には多様な種類のサンゴ礁とサンゴが分布する。分布域の形状から「サンゴの三角形」と称される。

再生産仮説

スルメイカの産卵場は水深一〇〇～五〇〇メートルの大陸棚から大陸棚斜面で水温一五～二三度の表層暖水域で水温躍層の顕著な海域

とされ、スルメイカの再生産を時空間で想定する仮説。

在来種（native species）

ＩＵＣＮは、在来種を「（過去または現在の）自然分布域と分散能力域の範囲内に存在する種、亜種、またはそれ以下の分類群」としている。関連する用語に固有種エンデミック・スピーシーズ（endemic species）がある。

水中文化遺産保護条約（Convention on the Protection of the Underwater Cultural Heritage）

二〇〇一年の第三一回ユネスコ総会で採択、二〇〇九年一月に発効。少なくとも一〇〇年間水中にある文化遺産を水中文化遺産と定義し、商業的利用の禁止、現状での保全の優先、専門家による調査の徹底を決めている。

聖域（sanctuary）

特定生物種を含む環境の保全と種の維持を目的として、人為的介入が禁じられた領域。カミのいる場所も聖域とされるように、不可侵の領域は、生態面だけでなく歴史・文化ともかかわる。

生態区（eco-region）

生物地理区より小さな生物地理学的地域。海洋生物センサスにより、世界で二三二のエコリージョンが設定された。動物相や生物多様性の違いに特徴づけられている。

生態系サービス（ecosystem services）

生態系は、食料・原材料・エネルギー提供（供給）、気候調整・洪水制御（調整）、文化・観光・科学研究（文化）、栄養循環・水と大気の浄化（基盤）、遺伝的多様性の維持・災害予防（保全）などのサービス機能を果たす。

生物多様性（biodiversity）

生物多様性の定義はいろいろあるが、ふつう生態系の多様性、種間の多様性、種内の遺伝的多様性を指す。

生物濃縮（bioconcentration）

食物連鎖を通じて栄養段階の低い生物が高次の生物に摂取される。生物体内の重金属類やヒ素、マイクロプラスチックなどが分解されずに吸収される。有害物質の生物濃縮は高次消費者に甚大な被害をもたらす。

世界で最も美しい湾クラブ

湾を活かした観光振興と資源保護、人々の生活様式や伝統の継承、景観保全（シースケープ）を目的に、一九八七年三月にベルリンで設立。日本では松島湾、富山湾、駿河湾、宮津湾・伊根湾、九十九湾が登録されている。

船舶バラスト水規制管理条約
船の安定性を保つため船体に積まれるバラスト水中の水生生物が、外来種として移入・繁殖することになる。生態系への悪影響防止のため、二〇〇四年に国際海事機関において採択された条約で、二〇一七年に発効した。

地域海（regional sea）
太平洋、大西洋、インド洋などの海洋の大区分にたいして、その下位の分類単位。歴史・文化をふくめ、海洋の健康度調査、資源管理・安全保障・海洋汚染などの諸問題を扱う上で利害関係国を特定できる点がメリットとなる。

粒状プラスチック（ペレット）
プラスチックなどの工業原料を三～五ミリ程度の粒子状にしたものがペレットである。ポリエチレン（ＰＥ）のペレット、ポリプロピレン（ＰＰ）のペレットがある。

富山物質循環フレームワーク
二〇一六年五月、富山県でＧ７環境大臣会合が実施され、そこで資源効率性・３Ｒ（リデュース、リユース、リサイクル）の促進とワークショップの実施などに取組む枠組みが決められた。

バイオロギング・システム（bio-logging system）
小型のセンサーや発信機を用いて、とくに外洋域における個体群・群集ダイナミクスを解明するため、連続的に個体行動を追跡するのがバイオロギング・システムである。

破壊的漁業（destructive fishing）
海洋の資源や環境に悪影響を与える漁業。ＡＰＥＣによると、ダイナマイト漁、青酸カリ漁、海底のサンゴを破壊する筌漁とムロアミ（追込み網）漁、沿岸底曳網漁など熱帯・亜熱帯海域の漁があげられている。

パリ協定
二〇一五年一二月、パリ開催の第二一回気候変動枠組条約締約国会議で合意された温室効果ガス排出量削減に関する協定。各国は削減率を提示することになった。多くの国が合意したが、アメリカは二〇一七年六月、離脱を表明した。

ビーチコーマー（beachcomber）
海岸で漂着物を採集する人をビーチコーマーと呼ぶ。一八～一九世紀、太平洋各地の島々に来島した捕鯨夫らが海岸を徘徊していたことからかれらをビーチコーマーと呼ぶことがある。

ビーチコーミング（beachcombing）
海岸や浜辺の漂着物を拾い集める行為を指す。微小なものから大型のものまで、自然物だけでなく人工物も混じっている。浜辺をちょうど櫛の目のように丁寧に探索することからコーミングの名がある。

漂着物学（Driftology）
漂着物に関する総合学問。海岸の漂着物の種類や特性について、多様な学問分野の参画を経て、漂着物の由来、漂流物を運ぶ海流の動態、環境問題・歴史・文化などを探ることができる。

浮遊マイクロプラスチック
海洋の浮遊プラスチックゴミは、劣化と破砕によりマイクロプラスチックになる。海洋生物がこれを誤食すれば、表面に吸着した汚染物質が成長阻害をもたらす可能性がある。

プランクトン食（plankton feeder）
海中の植物・動物プランクトンを餌生物として摂取する食性を指す。イワシ、アジ、サバ、サンマなどの表層性多獲魚がその代表例である。

マイクロビーズ（microbeads）
スクラブ洗顔料、歯磨き粉などの一部に含まれる一ミリ以下のプラスチック粒子。二〇一五年一二月、アメリカでマイクロビーズ除去海域法が成立し、二〇一七年七月から製造禁止、二〇一八年六月に販売が全面禁止となった。

マリンスノー（marine snow）
海中プランクトンの死骸、分解物が懸濁物として大量に海底へと沈殿するのがマリンスノーである。生物だけでなく、微細なプラスチックの粒子もマリンスノーの一部となり、深海に沈殿し、深刻な汚染源となることが懸念されている。

離島振興策
本土から離れた島々は、交通の便、地場産業、人口面でかならずしも有利な条件下にない。生産人口の離島、学校の閉鎖などで生活基盤が劣化する事態も起こる。離島の生活や産業の振興には長期的な展望からの政策が不可欠である。

レジーム・シフト（regime shift）
気温や風、水産資源の分布・生息数などが数十年間隔で急激に変化すること。マイワシ→マアジ→マサバ（日本海）、カタクチイワシ→マイワシ（南米沖）、ニシン→サバ→イワシ（北海）の魚種交代の例がある。

秋道智彌

1946年生まれ。山梨県立富士山世界遺産センター所長。総合地球環境学研究所名誉教授、国立民族学博物館名誉教授。生態人類学。理学博士。京都大学理学部動物学科、東京大学大学院理学系研究科人類学博士課程単位修得。国立民族学博物館民族文化研究部長、総合地球環境学研究所研究部教授、同研究推進戦略センター長・副所長を経て現職。著書に『魚と人の文明論』、『サンゴ礁に生きる海人』『越境するコモンズ』『漁撈の民族誌』『海に生きる』『コモンズの地球史』『クジラは誰のものか』『クジラとヒトの民族誌』『海洋民族学』『アユと日本人』等多数。

角南 篤

1965年生まれ。1988年、ジョージタウン大学School of Foreign Service卒業、1989年株式会社野村総合研究所政策研究部研究員、2001年コロンビア大学政治学博士号（Ph.D.）。2001年から2003年まで独立行政法人経済産業研究所フェロー。2014年政策研究大学院大学教授、学長補佐、2016年4月より副学長に就任、2015年11月より内閣府参与（科学技術・イノベーション政策担当）、2017年6月より笹川平和財団常務理事、海洋政策研究所所長。

編集協力：公益財団法人笹川平和財団海洋政策研究所
（丸山直子・角田智彦）

海洋政策研究所は、造船業等の振興、海洋の技術開発などからスタートし、2000年から「人類と海洋の共生」を目指して海洋政策の研究、政策提言、情報発信などを行うシンクタンク活動を開始。2007年の海洋基本法の制定に貢献した。2015年には笹川平和財団と合併し、「新たな海洋ガバナンスの確立」のミッションのもと、様々な課題に総合的、分野横断的に対応するため、海洋の総合的管理と持続可能な開発を目指して、国内外で政策・科学技術の両面から海洋に関する研究・交流・情報発信の活動を展開している。https://www.spf.org/_opri/

シリーズ 海とヒトの関係学②

海の生物多様性を守るために

2019年2月23日　初版第1刷発行

編著者　秋道智彌《あきみちともや》・角南篤《すなみあつし》

発行者　内山正之

発行所　株式会社 西日本出版社
〒564-0044　大阪府吹田市南金田1－8－25－402
［営業・受注センター］
〒564-0044　大阪府吹田市南金田1－11－11－202
TEL 06－6338－3078　fax 06－6310－7057
郵便振替口座番号　00980－4－181121
http://www.jimotonohon.com/

編　集　岩永泰造

ブックデザイン　尾形忍（Sparrow Design）

印刷・製本　株式会社シナノパブリッシングプレス

© Tomoya Akimichi & Atsushi Sunami 2019　Printed in Japan

ISBN 978-4-908443-38-1

本書は、ボートレースの交付金による日本財団の助成を受けています。

乱丁落丁は、お買い求めの書店名を明記の上、小社宛にお送り下さい。
送料小社負担でお取り換えさせていただきます。

Supported by 日本財団 THE NIPPON FOUNDATION

西日本出版社の本

シリーズ 海とヒトの関係学

いま人類は、海洋の生態系や環境に過去をはるかに凌駕するインパクトを与えている。そして、それは同時に国家間・地域間・国内の紛争をも呼び起こす現場ともなっている。このシリーズでは、それらの海洋をめぐって起こっているさまざまな問題に対し、現場に精通した研究者・行政・NPO関係者などが、その本質とこれからの海洋政策の課題に迫ってゆく。

第１巻

日本人が魚を食べ続けるために

編著 秋道智彌・角南 篤

本体価格 1600円 判型A5版並製264頁
ISBN978-4-908443-37-4

いま日本の魚食があぶない

漁獲量の大幅な落ち込み、食生活の激変、失われる海とのつながり……

本書では国際的に合意された持続可能な発展がもつ問題点を指摘しながら、海の未来に向けての提言を魚食に関する諸問題から解き明かすことを最大のねらいとしている。（中略）そして、魚食の未来を自然から経済、文化、漁業権・ＩＵＵ漁業・地域振興などを含む複雑系の現象としてとらえる視点を共有したい。（本文より）

目次